微软办公软件国际认证（MOS）Office 2010大师级通关教程

张晓昆 徐日 编著

清华大学出版社
北京

内 容 简 介

本书全面介绍微软公司 Office 2010 办公软件系统的体系架构和功能，内容围绕 MOS Master 2010 展开，包括 5 个项目，分别是 Word 2010 Expert、Excel 2010 Expert、PowerPoint 2010、Access 2010 和 Outlook 2010，以微软公司 Office 2010 为平台，以 MOS Master 2010 为目标，以模拟题目解析和实训形式为主，适合广大读者学习。

本书结构清晰，案例丰富，图文并茂，容易理解，可作为各领域办公人员和组织机构的培训教材，也适用于高校学生，能够帮助他们提升在办公应用软件方面的专业技术实践能力与工作效率，顺利考取 MOS Master 2010。

图书在版编目（CIP）数据

微软办公软件国际认证（MOS）Office 2010 大师级通关教程/张晓昆，徐日编著. --北京：清华大学出版社，2013

ISBN 978-7-302-31773-9

Ⅰ. ①微…　Ⅱ. ①张…　②徐…　Ⅲ. ①办公自动化－应用软件－高等学校－教材　Ⅳ. ①TP317.1

中国版本图书馆 CIP 数据核字(2013)第 057817 号

责任编辑：张　玥　战晓雷
封面设计：傅瑞学
责任校对：时翠兰
责任印制：刘海龙

出版发行：清华大学出版社
网　　址：http://www.tup.com.cn，http://www.wqbook.com
地　　址：北京清华大学学研大厦 A 座　　**邮　　编**：100084
社 总 机：010-62770175　　**邮　　购**：010-62786544
投稿与读者服务：010-62776969，c-service@tup.tsinghua.edu.cn
质量反馈：010-62772015，zhiliang@tup.tsinghua.edu.cn
课件下载：http://www.tup.com.cn，010-62795954
印 刷 者：清华大学印刷厂
装 订 者：北京市密云县京文制本装订厂
经　　销：全国新华书店
开　　本：185mm×260mm　　**印　　张**：16.5　　**字　　数**：379 千字
版　　次：2013 年 5 月第 1 版　　**印　　次**：2013 年 5 月第 1 次印刷
印　　数：1～2300
定　　价：45.00 元

产品编号：051828-01

前言

近年来，随着计算机和信息技术蓬勃发展并广泛普及，计算机已经成为人们日常生活中必不可少的应用工具，正确使用计算机已成为人们的必要技能之一。

在计算机和信息技术发展的带动下，办公软件应用已普及到社会工作和生活的各个领域。日常工作和生活中的需求多种多样，相应的应用软件种类繁多，微软公司的办公软件套装涵盖了日常数据处理的基本功能，主要包含 Word 图文编辑软件、Excel 表编辑软件、PowerPoint 电子幻灯片制作软件、Access 数据库管理软件和 Outlook 电子邮件管理软件等。而 Office 2010 作为微软公司最新推出的 Office 办公软件，其中又增加了不少新的功能和应用，也更方便用户使用，从而提升了人们日常工作中处理事务的效率和协同工作能力。

"微软办公软件国际认证"(Microsoft Office Specialist，MOS)是微软公司于 2000 年 8 月正式推出的国际性专业认证，其证书作为唯一权威的办公自动化软件认证已获得全球众多知名企业和组织机构的认可。当大学毕业初入职场，向应聘单位证明自己的办公技能；当寻求新的职业发展或晋升，向他人展示自己的工作能力和业务水平时，"微软办公软件国际认证"大师级认证(MOS Master)证书无疑是上佳之选。MOS Master 证书展现了个人对 Office 各软件应用知识与技能的专业程度和实践应用能力。国内外的许多实例已经证实，经由参与 MOS 认证的学习、训练和考试测验，能有效提升个人的综合能力和竞争力。

本书针对微软公司 Office 2010 套件中的 Word、Excel、PowerPoint、Access 和 Outlook 五大常用软件，结合具体的认证考试设计模拟题目，从实际应用的角度出发编写而成，旨在提升读者的 Office 应用能力，并帮助读者通过 MOS 认证考试，顺利晋升为 MOS Master 2010。

在本书编写过程中，有陈昊、蔡铭秋、张裕、潘靓妮、王寰宇的参与和支持，在此向他们表示感谢。

本书对应的所有题目素材可以从清华大学出版社网站(www. tup. com. cn)下载。

书中因题目设计需要，涉及的人物姓名、货品名称、职务和网址等词语，仅用于题目训练，与实际无关，如有雷同纯属偶然。

作者

2013 年 2 月

—— 微软办公软件国际认证(MOS) Office 2010 大师级通关教程 ——

目录

第1章 关于MOS

1.1 MOS介绍

1. MOS认证简介

Microsoft Office Specialist 的中文名称为“微软办公软件国际认证”(简称 MOS),是微软公司为全球所认可的 Office 软件国际性专业认证,全球有 132 个国家地区认可该认证,截至 2011 年 7 月中旬,全球已经有超过 1000 万人次分别使用英文、中文、日文、德文、法文、阿拉伯文、拉丁文、韩文、泰文、意大利文和芬兰文等 24 种语言参加了该项考试。

MOS 的目的是为了协助企业、政府机构、学校、主管、员工与个人确认对于 Microsoft Office 各软件应用知识与技能的专业程度,包括 Word、Excel、PowerPoint、Access 以及 Outlook 等软件的具体实践应用能力,并且按照难易程度分为专业级和专家级的考试。在国外,许多实例已证实,经由参与 MOS 认证的教育训练与考试测验,能提升企业的生产力,进而提升企业与个人的竞争力。

在当今社会,计算机和办公软件已经成为人们生活和工作中的重要组成部分。要评估人们的办公软件应用能力,通过系统的培训和具有实践意义的认证测试是最有效的手段之一。MOS 认证就提供了这样一个契机,通过 MOS 认证可以有效测试个人对 Microsoft Office 的掌握情况。当用户通过 MOS 认证考试后,微软公司会颁发国际性专业认证的证书以证明个人对 Office 运用和掌握的能力。

MOS 2010 是微软和 Certiport 公司最新发布的微软办公软件国际认证,它也是目前世界上最知名的信息工作人员的认证计划。MOS 2010 延续了 MOS 专家认证的传统,很多用户都寻求获得最新的 MOS 2010 认证来验证他们的 Office 技能,推动他们的职业生涯发展。

2. MOS认证科目

目前,MOS 2010 认证考试科目主要有 Word、Excel、PowerPoint、Access 和 Outlook 等。

MOS 认证的每一科目考试时间均为 50 分钟。考试方式主要是模拟真实的 Office 操作环境,通过上机测试来检验考生对 Office 技能的掌握情况。

考试完毕后,系统会根据考生的作答情况自动计算成绩,并在考生完成在线考试后显示考试成绩。考生当场就可以知道自己是否通过了认证考试。同时,考生也可以打印成绩单作为留存。如果考生完成并通过测验，Office 认证中心会向考生注册时留下的 E-mail 地址发送信息祝贺考生顺利通过考试认证，随后向考生的地址寄发 MOS 证书。

当考生通过 Microsoft Office Word Expert、Microsoft Office Excel Expert、Microsoft Office PowerPoint 和 Microsoft Office Access 或 Microsoft Office Outlook（二者任选一门）4 科认证后，考生可获得相应版本的 MOS Master（MOS 大师）证书。

1.2 考生账号

1. 账号申请

1）进入网站

(1) 在地址栏中输入 http://www.certiport.com.cn/。

(2) 单击画面右上方的“注册”按钮，如图 1-1 所示。

图 1-1

2）选择语言和国家

(1) 选择语言 Chinese Simplified。

(2) 选择国家 China。

(3) 按提示输入验证码，如图 1-2 所示（注意：国外网站的验证码区分大小写）。

3）输入考生信息（账号、密码等）

(1) 姓氏：输入自己的姓。

(2) 中间名：可以不填。

(3) 名字：输入自己的名字。

(4) 选择自己的出生日期、月份、年份。

(5) 输入考生登录考试的账号和密码。

(6) 输入忘记密码时的验证问题和答案，如图 1-3 所示。

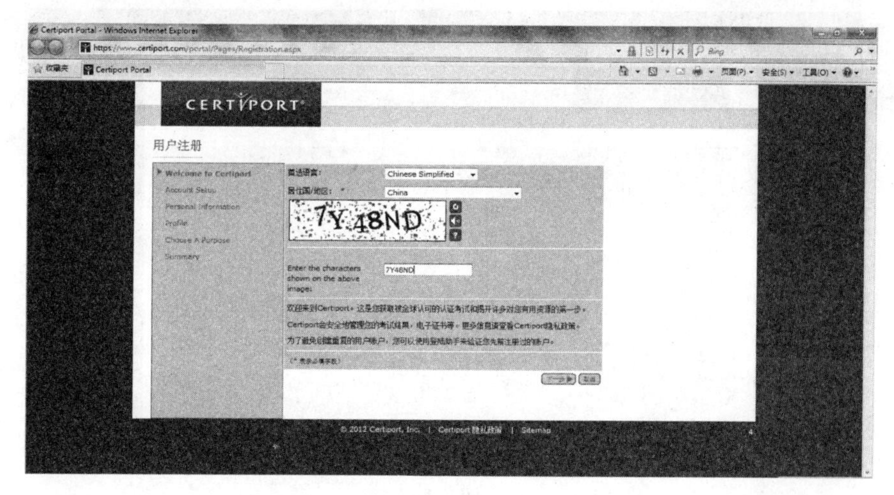

图 1-2

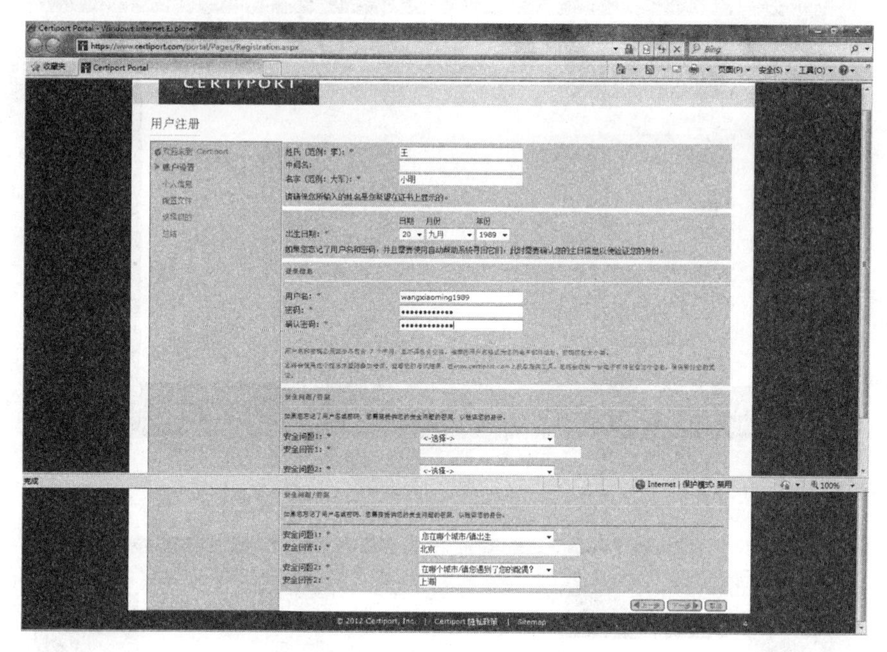

图 1-3

4）输入电子邮件地址和邮寄地址

（1）输入电子邮件地址。

（2）依次输入详细地址、所在城市、所在省份和邮政编码等信息，如图 1-4 所示。

5）选择自己的职业和性别

（1）选择“学生”或者其他，如图 1-5 所示。

（2）选择性别。

（3）单击“提交”按钮。

提交用户注册信息以后，出现如图 1-6 所示的界面，表示注册完成。

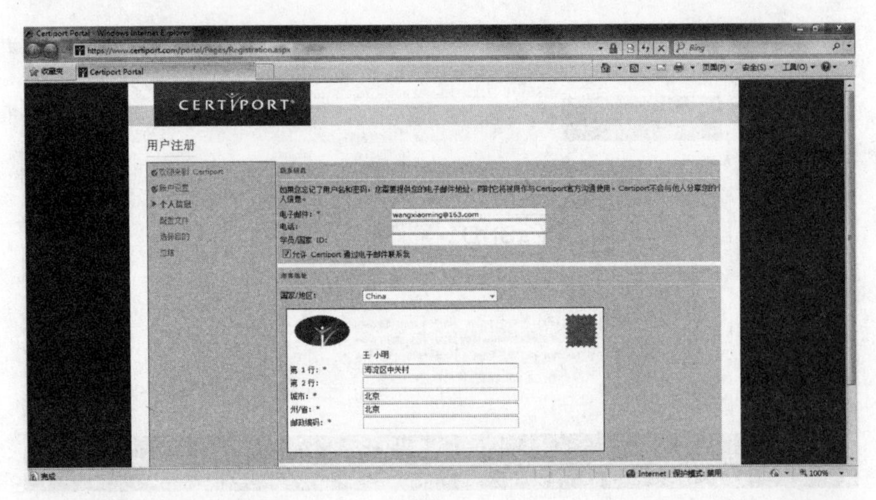
CERTIPORT
用户注册
电子邮件：*
wangxiaoming@163.com
电话：
国家/地区：
China
王 小明
第 1 行：*
海淀区中关村
第 2 行：
城市：*
北京
州/省：*
北京
邮政编码：*

图 1-4

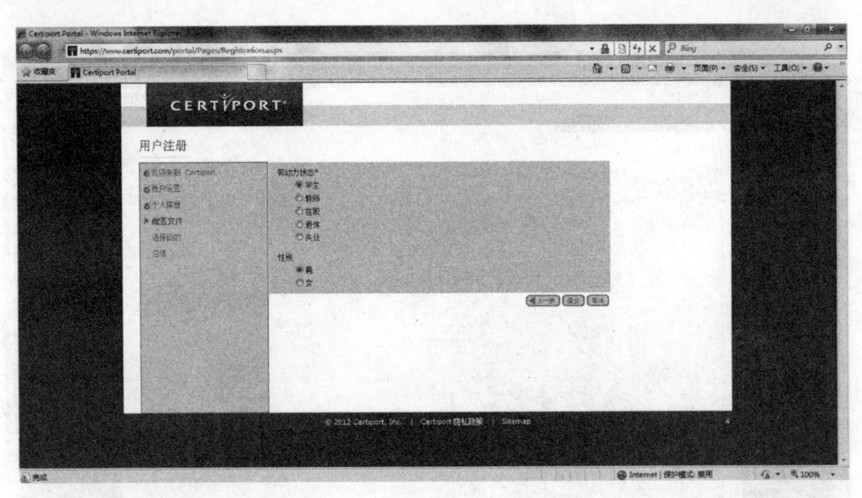
CERTIPORT
用户注册

图 1-5

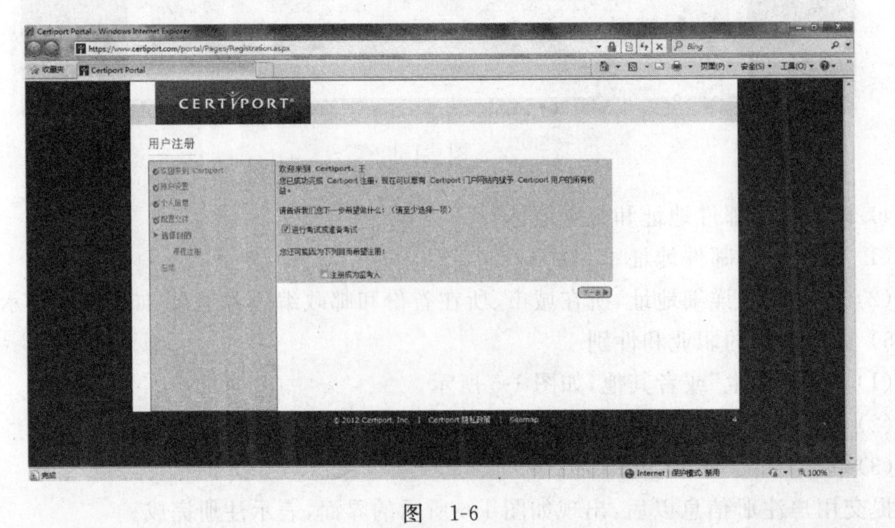
CERTIPORT
用户注册

图 1-6

6）注册 Microsoft 认证课程

单击 Microsoft 栏右侧的“注册”按钮，如图 1-7 所示。

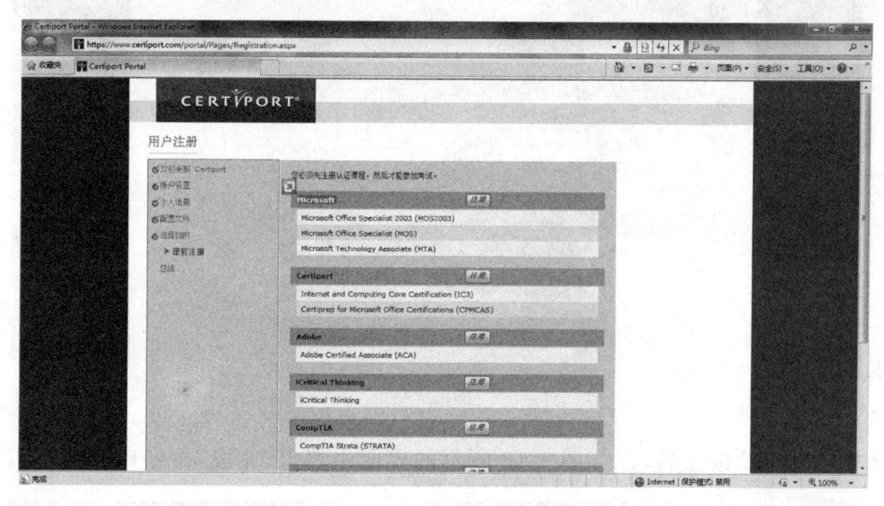

图 1-7

7）填写英文注册信息

(1) 单击“使用我的 Certiport 档案信息”按钮，导入刚才注册的中文信息。

(2) 在左栏中用英文填写注册信。

(3) 接受协议。

(4) 单击“提交”按钮，如图 1-8 所示。

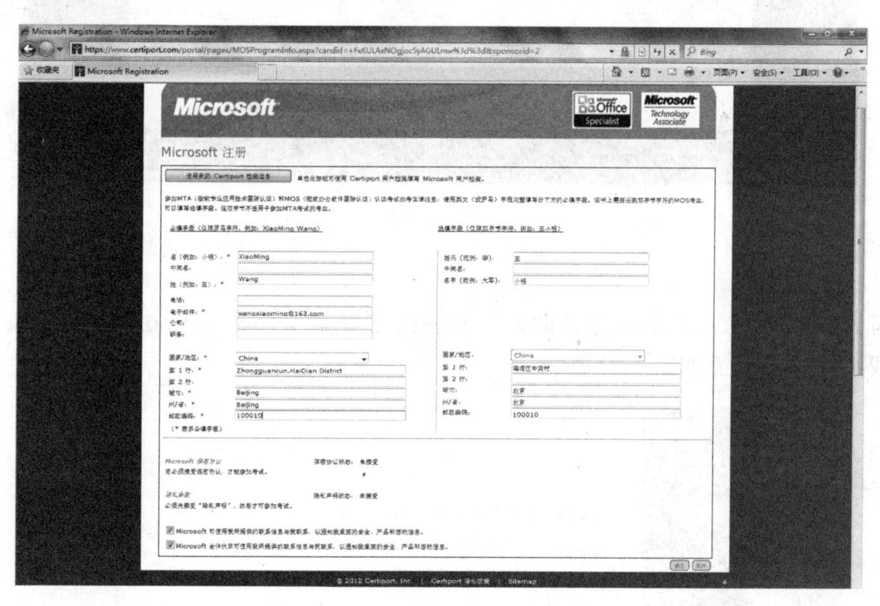

图 1-8

8）完成 Microsoft 的注册

注册认证课程以后的界面如图 1-9 所示。

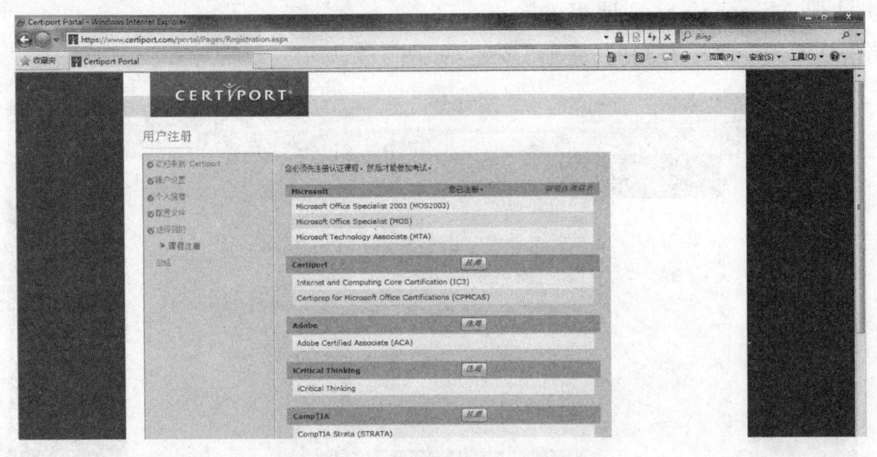

图 1-9

单击"下一步"按钮后,在如图 1-10 所示的界面中单击"完成"按钮以完成所有注册。

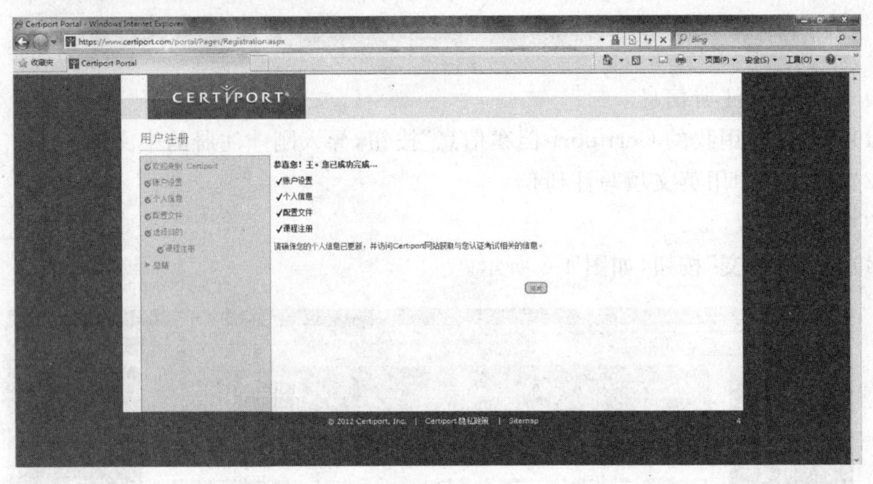

图 1-10

2. 账号使用

考试结束后,考生可以用考试的账号和密码来登录 www. certiport. com 查看自己的考试成绩。登录界面如图 1-11 所示。

图 1-11

(1) 打开 www.certiport.com.cn 网站。

(2) 单击“登录”按钮。

(3) 输入考生的用户名和登录密码。

(4) 查看自己所有考试成绩，成绩状况显示如图 1-12 所示。

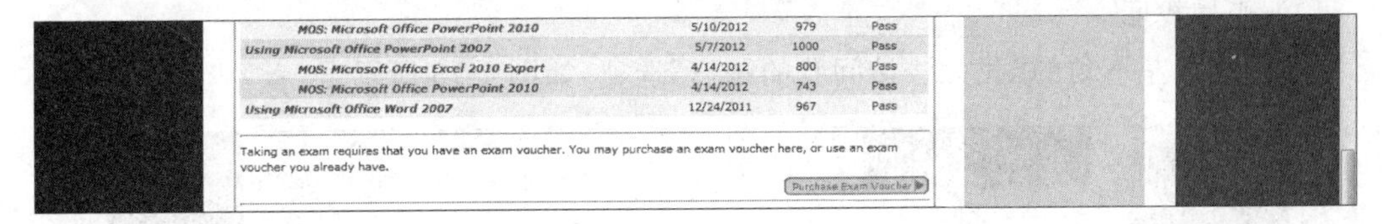

图 1-12

(5) 如图 1-13 所示，单击 Show the world you did it 条目查看自己的成绩。

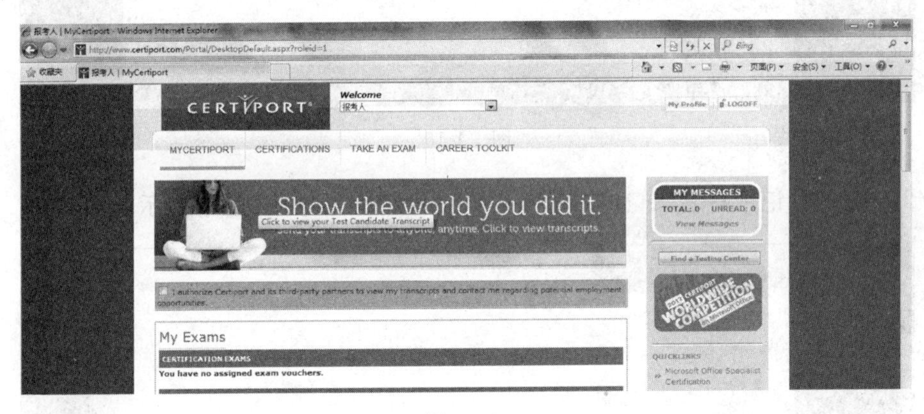

图 1-13

(6) 如图 1-14 所示，单击 PDF 或 XPS 条目查看相应科目的在线证书。

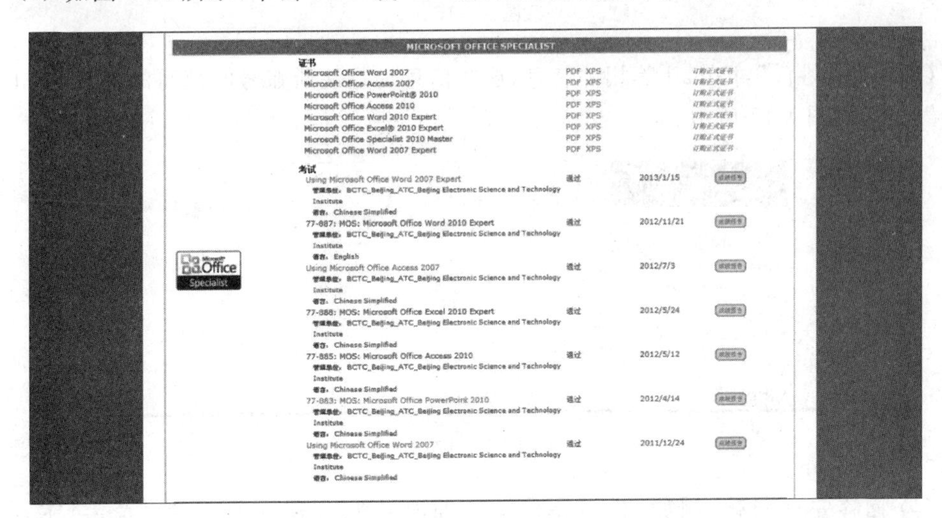

图 1-14

(7) 如图 1-14 所示，单击“成绩报告”按钮查看相应科目的得分情况和正确率。

3. 账号密码找回

如果考生忘记用户名或密码，可以通过 Certiport 网站提供的找回机制找回自己的用户名或密码(以下介绍的找回机制为截至 2013 年 1 月 Certiport 网站的实际运行机制，不含以后的修改升级，读者可根据实际情况调整)。

1) 账号找回

(1) 单击左下角的“我无法访问我的账户”选项，如图 1-15 所示。

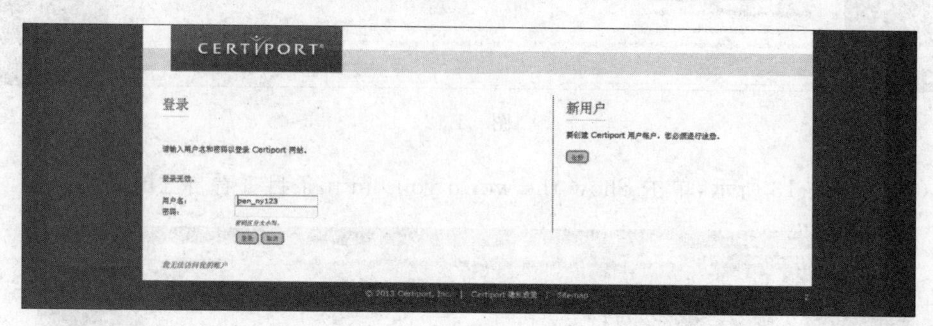

图 1-15

(2) 选择“忘记用户名”单选按钮，单击“下一步”按钮，如图 1-16 所示。

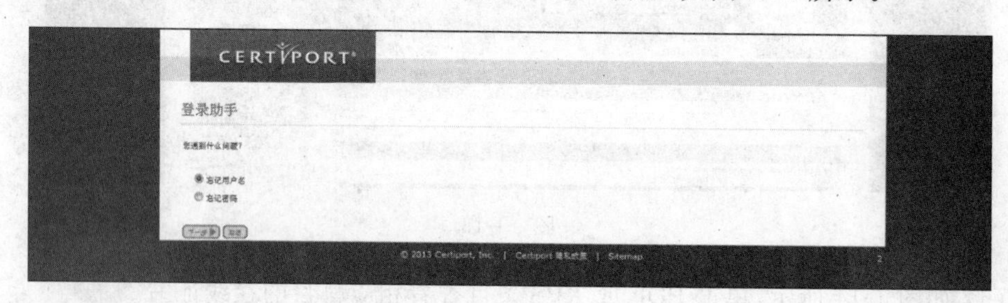

图 1-16

(3) 填写“姓氏”，E-mail 等相关信息，这些信息均是注册账号时填写的信息，单击“下一步”按钮，如图 1-17 所示。

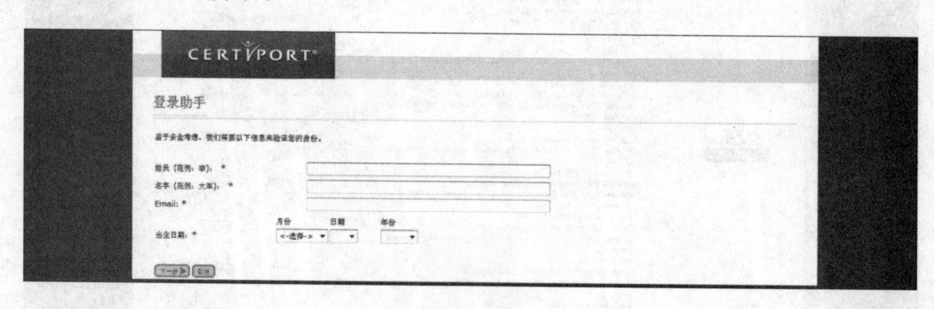

图 1-17

(4) 回答安全问题，例如“你母亲的名字是什么”，如图 1-18 所示，单击“下一步”按钮。

(5) 将找回用户的账号(用户名)，如图 1-19 所示。

图 1-18

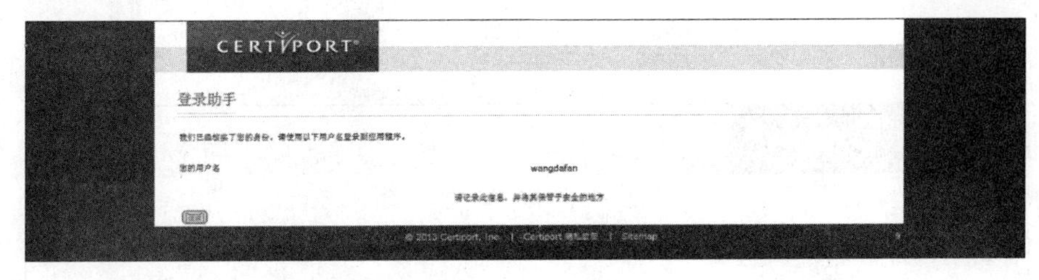

图 1-19

2）密码找回

（1）如果在第二步填写的是“忘记密码”，则下一步将要求填写用户名信息，如图 1-20 和图 1-21 所示。

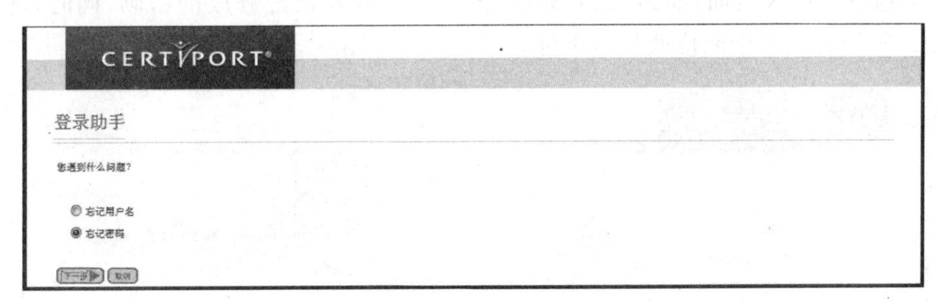

图 1-20

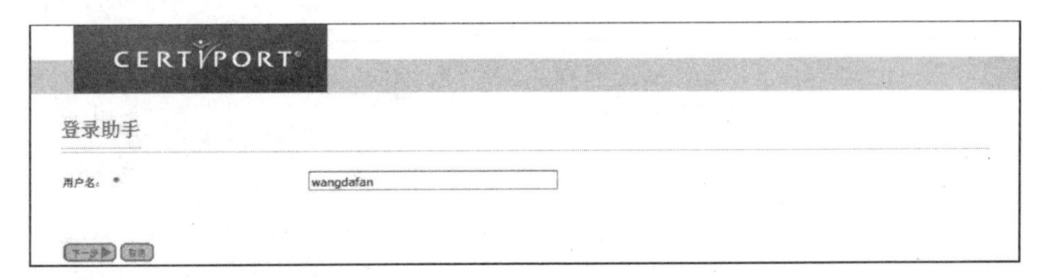

图 1-21

（2）填写“出生日期”和安全问题，注意该信息均是注册账号时填写的信息，单击“下一步”按钮，如图 1-22 所示。

（3）如图 1-23 所示，弹出新页面要求修改原密码，输入新密码，再次输入新密码确认。

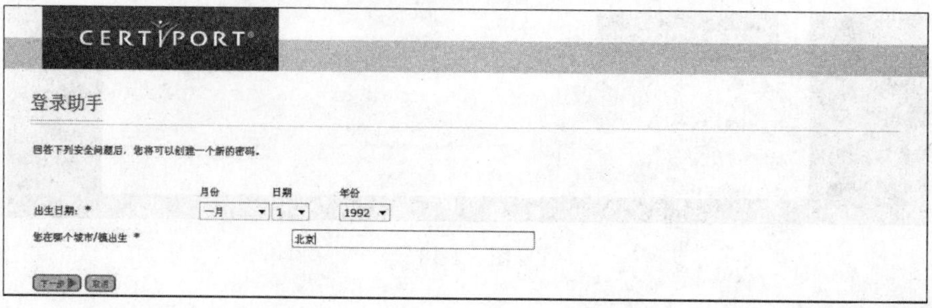

CERTIPORT

登录助手

回答下列安全问题后，您将可以创建一个新的密码。

月份 日期 年份

出生日期：* 一月 1 1992

您在哪个城市/镇出生 * 北京

下一步 取消

图 1-22

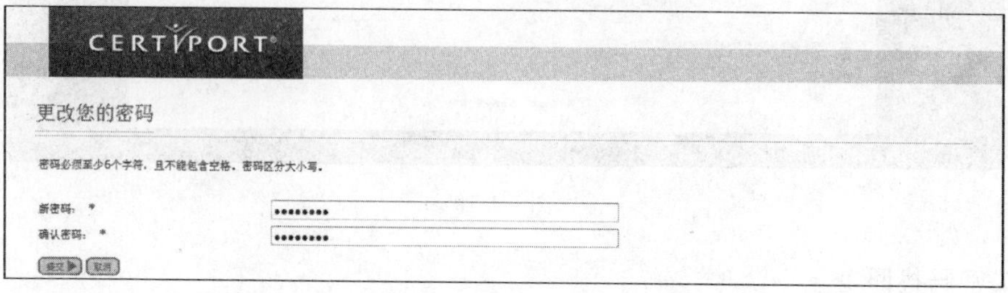

CERTIPORT

更改您的密码

密码必须至少6个字符，且不能包含空格。密码区分大小写。

新密码：*

确认密码：*

提交 取消

图 1-23

(4) 返回到登录页面,如图 1-24 所示,输入用户名和已经修改的密码,同时,注册时所登记的邮箱将收到密码修改提示邮件。

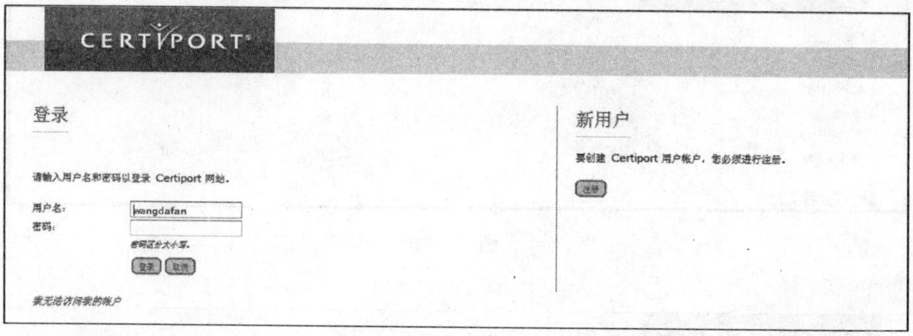

CERTIPORT

登录

请输入用户名和密码以登录 Certiport 网站。

用户名: wangdafan

密码:

密码区分大小写。

登录 取消

我无法访问我的帐户

新用户

要创建 Certiport 用户帐户，您必须进行注册。

注册

图 1-24

第2章 MOS Word 2010 Expert

文字处理是工作和学习等活动中经常使用计算机进行的操作之一。Word 2010 是 Microsoft Office 2010 软件的组件之一，具有良好的计算机图文处理能力，利用它可以轻松、高效地组织和编写文档。学会用好 Word 2010 能够极大地提高工作效率和工作质量，还可以轻松地与他人协同工作。

若 Office 2010 环境中没有显示出“开发工具”选项卡，请先打开“开发工具”选项卡以便练习操作，MOS 考试时不需考虑此项，打开“开发工具”选项卡的过程如图 2-1 和图 2-2 所示。

图 2-1

图 2-2

❶ 打开 Word 2010(也可在打开 Excel 2010 或 PowerPoint 2010 软件时设置)，选择“文件”选项卡。

❷ 在下拉列表中单击“选项”菜单项。

❸ 在弹出的窗口中单击“自定义功能区”。

❹ 在窗口右侧中勾选“开发工具”。

❺ 单击“确定”按钮，完成操作。

2.1 共享和维护文档

题目 1

试题内容

完成下列任务：

限制编辑，以便使用者只能在文档中进行修订。输入 0216 作为密码。（注意：接受所有其他的默认设置。）

准备

打开练习文档(\Word 素材\1 地球. docx)。

注释

本题考查对文档的共享维护功能。若仅允许对文档的特定部分进行修改，则可将文档限制编辑为“只读”状态，然后选择允许修改的文档部分。可将这些没有限制的部分设置为“任何打开文档的人”均可修改；也可仅授权特定人员，设置密码，此情况下仅特定人员可修改文档的无限制部分。

解法

如图 2-3 到图 2-5 所示。

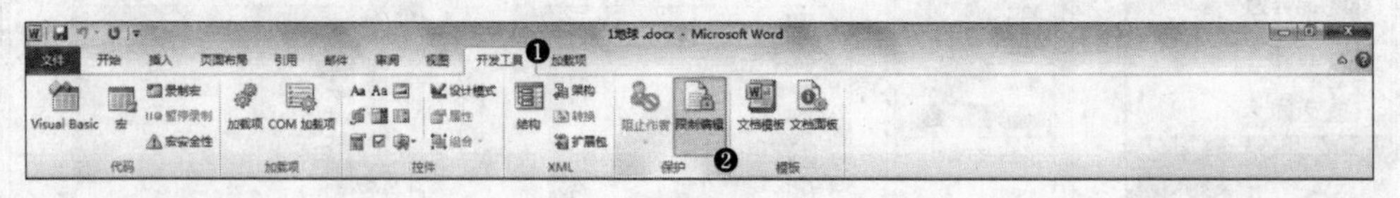

图 2-3

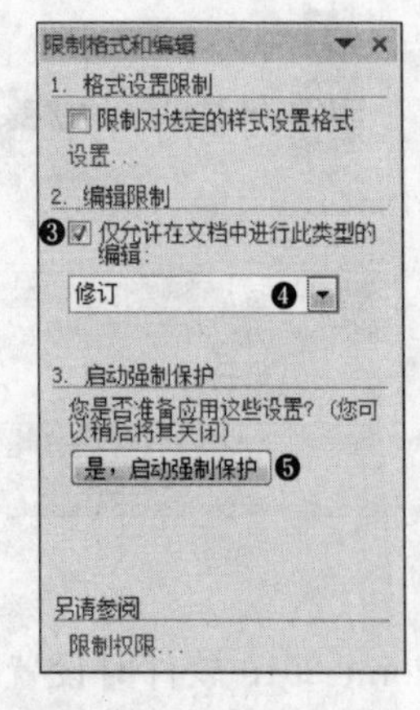

图 2-4

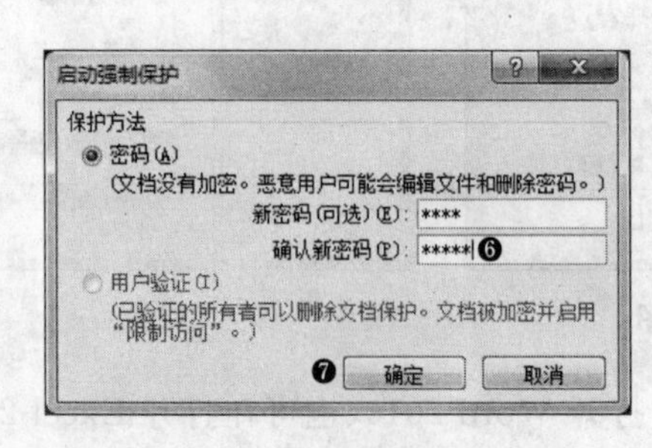

图 2-5

❶ 选择“开发工具”选项卡。

❷ 在“保护”群组中单击“限制编辑”按钮。

❸ 在“限制格式和编辑”窗口中勾选“仅允许在文档中进行此类型的编辑”复选框。
❹ 在下拉列表中选择“修订”选项。
❺ 单击“是,启动强制保护”按钮。
❻ 在弹出的“启动强制保护”对话框中输入新密码“0216”和确认新密码“0216”。
❼ 单击“确定”按钮,完成操作。

题目 2

试题内容

限制编辑,但不使用密码,以便使用者只能填写窗体的节 4 和节 5。

(注意:接受所有其他默认设置。)

准备

打开练习文档(\Word 素材\2 地球.docx)。

注释

本题考查对窗体的状态设置。若要允许仅可对文档的窗体部分进行修改,则可对文档添加限制编辑,先设置为“只读”状态,然后仅勾选能修改的窗体,再将这些无限制的部分设置为“任何打开文档的人”都可修改;也可仅授权特定人员,设置密码,在此情况下,只有被授权的特定人员可以修改文档的无限制部分。

解法

如图 2-6 到图 2-9 所示。

图 2-6

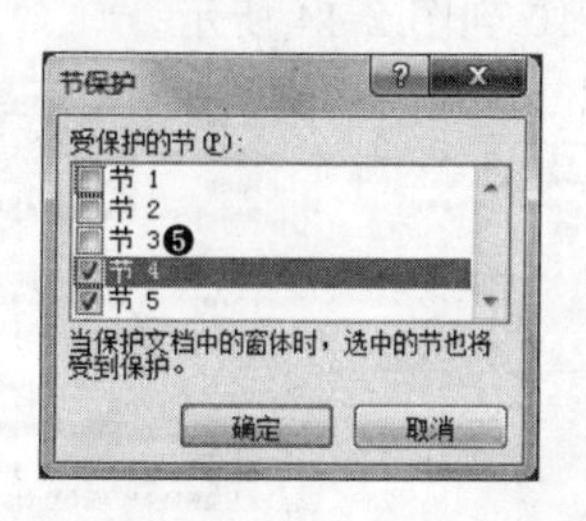

图 2-8

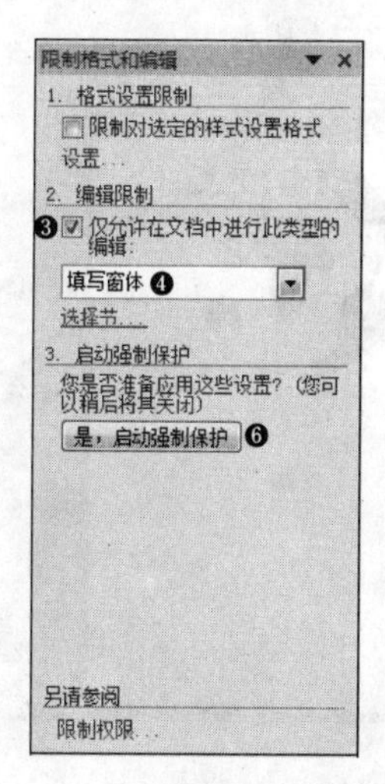

图 2-7

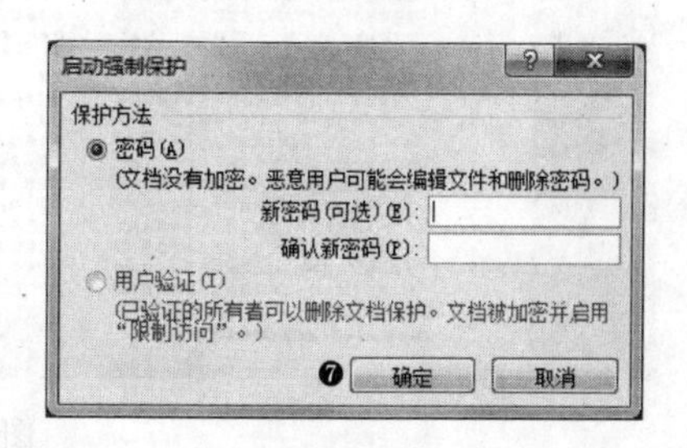

图 2-9

❶ 选择“开发工具”选项卡。

❷ 在“保护”群组中单击“限制编辑”按钮。

❸ 在“限制格式和编辑”对话框中勾选“仅允许在文档中进行此类型的编辑”复选框。

❹ 在下拉列表中选择“填写窗体”选项，并单击“选择节”。

❺ 在“节保护”对话框中取消对节 1、节 2 和节 3 的勾选，仅留下节 4 和节 5，单击“确定”按钮。

❻ 在“限制格式和编辑”对话框中单击“是，启动强制保护”按钮。

❼ 在“启动强制保护”对话框中不输入密码，单击“确定”按钮，完成操作。

题目 3

试题内容

比较“文档”文件夹中的“3 素材 a. docx”和“3 素材 b. docx”。将“3 素材 a. docx”作为原文档。显示新文档中的修订并接受所有修订。在“文档”文件夹中将新文档另存为“新素材. docx”。

准备

打开练习文档(\Word 素材\3 素材 a. docx)。

注释

本题考查文档修改“比较”功能的“比较”选项。文档“比较”功能能够显示两个文档的不同部分，原文档不变。在“比较”功能情况下，比较结果能显示在新建的第 3 个文档中。如果需要对多个审阅者所做的修改进行合并，则不选择“比较”功能中的“比较”选项，应选择“比较”功能中的“合并”选项。

解法

如图 2-10 到图 2-14 所示。

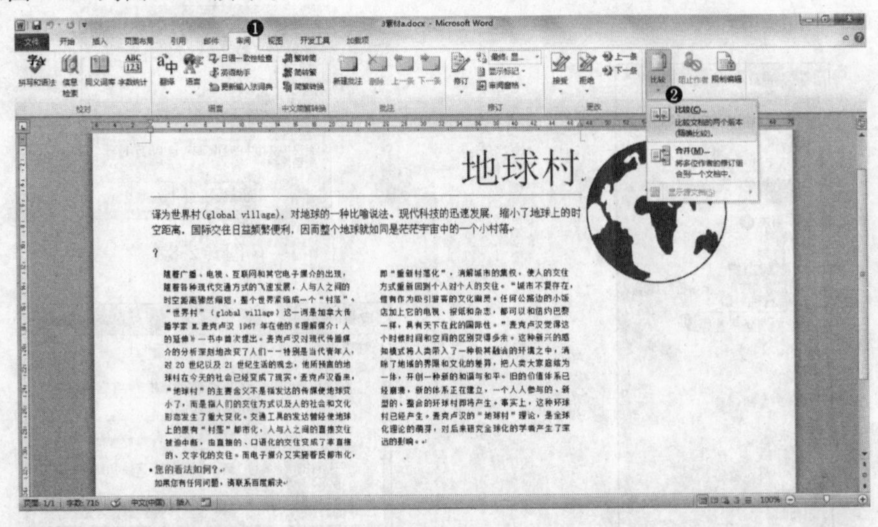

图 2-10

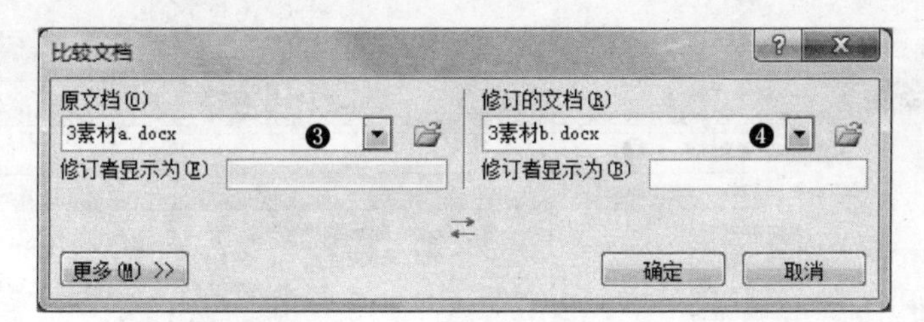

图 2-11

图 2-12

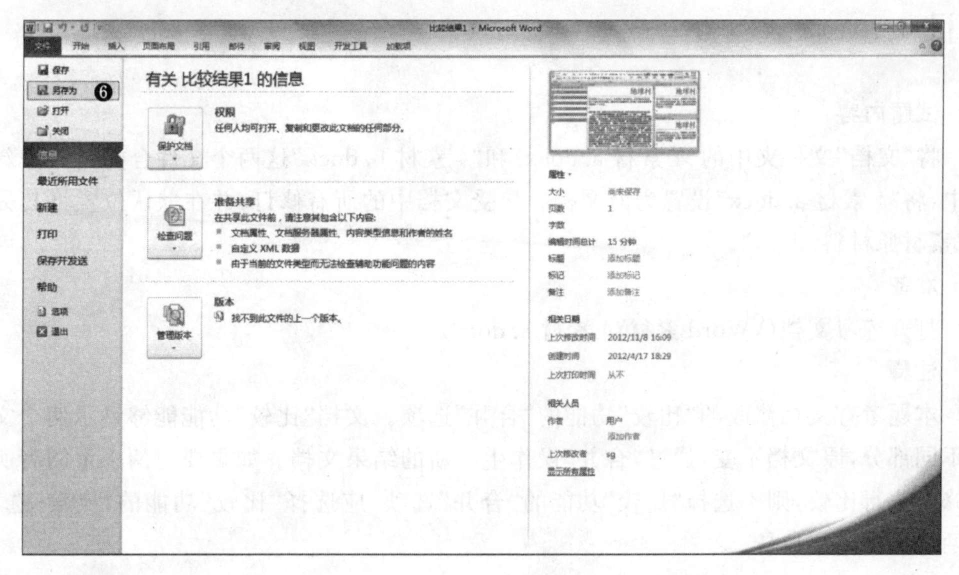

图 2-13

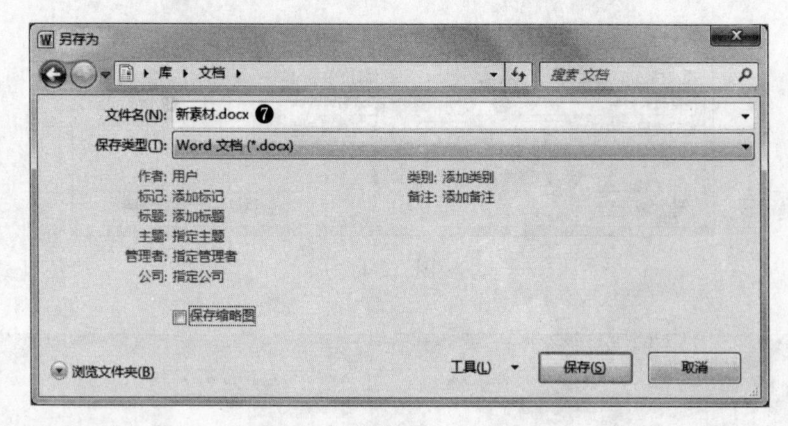

图 2-14

❶ 选择“审阅”选项卡。

❷ 在“比较”群组中单击“比较”按钮，选择“比较”命令。

❸ 在弹出的“比较文档”对话框中，在“原文档”栏的下拉列表中选择“3 素材 a. docx”选项。

❹ 在“修订的文档”栏的下拉列表中选择“3 素材 b. docx”，单击“确定”按钮。

❺ 在新打开的文档的“审阅”选项卡的“更改”群组中单击“接受”按钮，选择“接受对文档的所有修订”命令。

❻ 选择“文件”选项卡，单击“另存为”按钮。

❼ 在“另存为”对话框中将文件名改为“新素材. docx”，单击“保存”按钮，完成操作。

题目 4

试题内容

将“文档”文件夹中的“4 素材 a. docx”和“4 素材 b. docx”这两个文件合并到一个新文档中，将“4 素材 a. docx”设置为原文档。接受文档中的所有修订，并在默认位置将其另存为“素材原材料. docx”。

准备

打开练习文档(\Word 素材\4 素材 a. docx)。

注释

本题考查文档修改的“比较”功能的“合并”选项。文档“比较”功能能够显示两个文档的不同部分，原文档不变，通过“合并”操作生成新的结果文档。如果要对两个审阅者所做的修改进行比较，则不选择“比较”功能的“合并”选项，应选择“比较”功能的“比较”选项，对两个文档进行比较。

解法

如图 2-15 到图 2-19 所示。

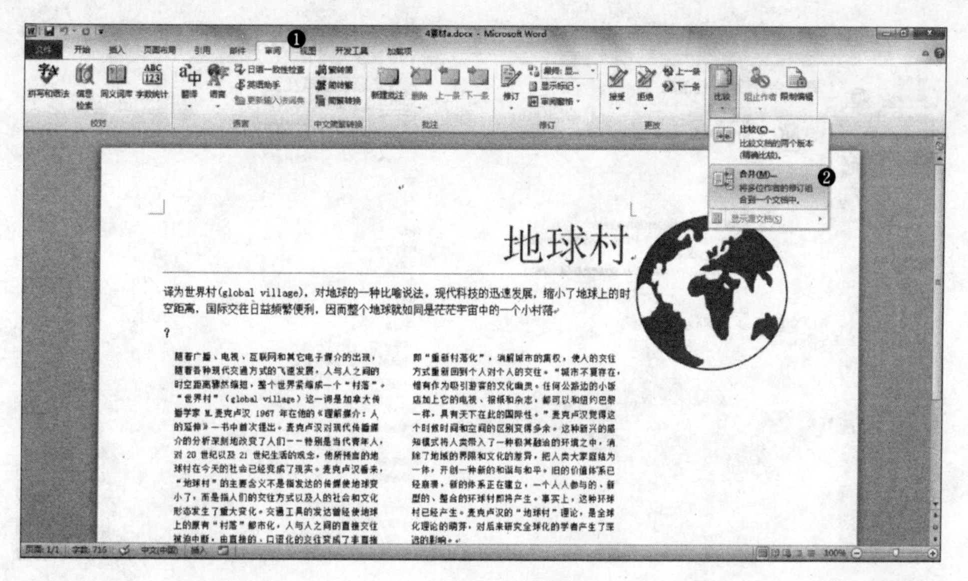

图　2-15

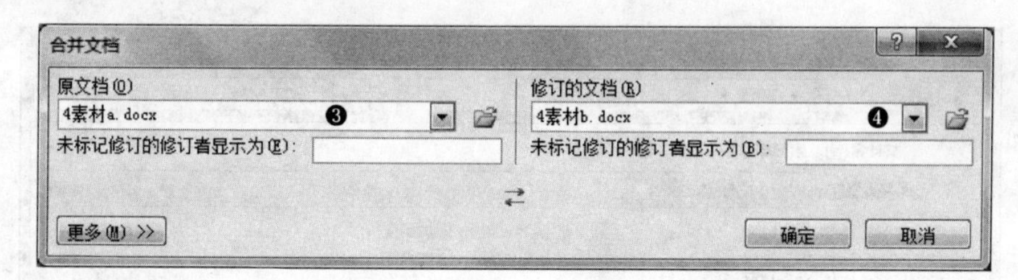

图　2-16

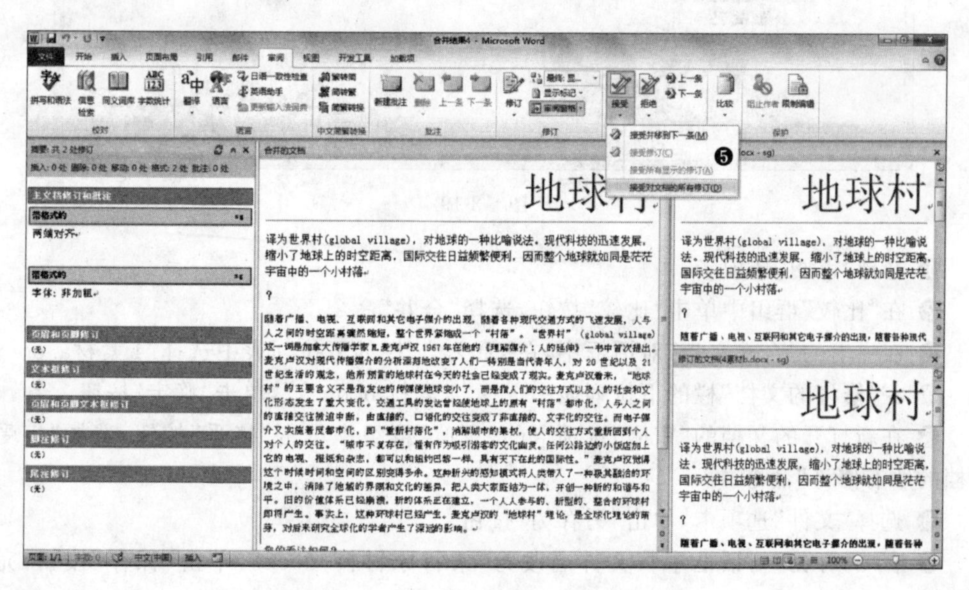

图　2-17

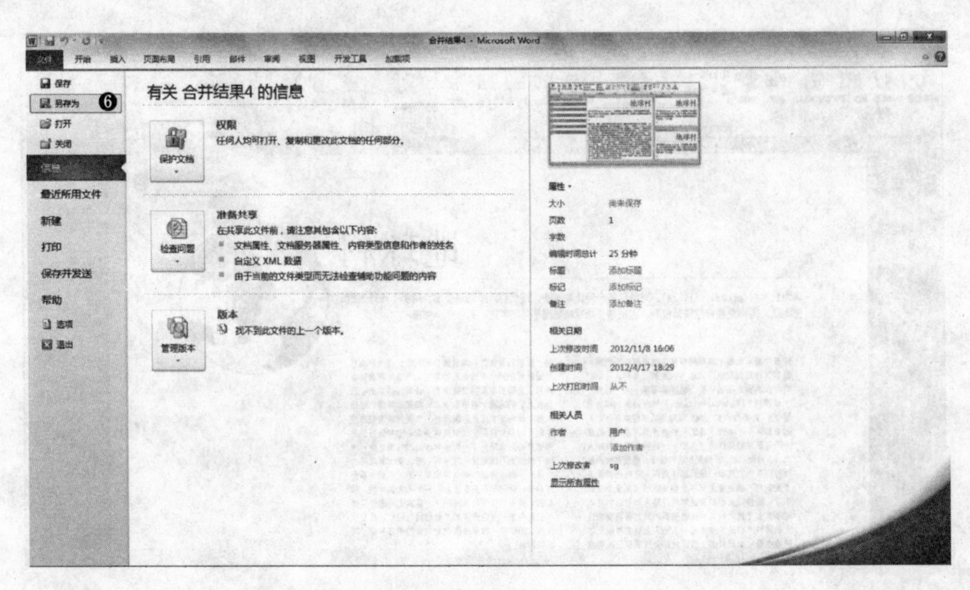

图 2-18

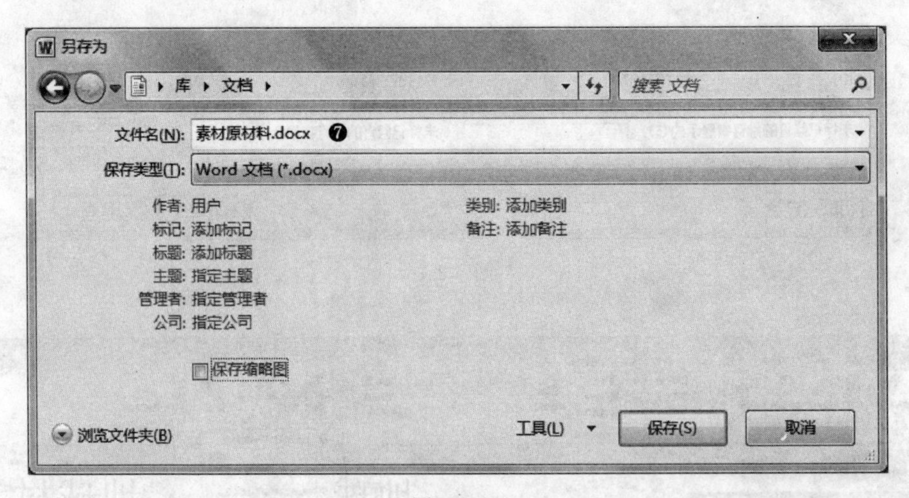

图 2-19

❶ 选择“审阅”选项卡。

❷ 在“比较”群组中单击“比较”按钮，选择“合并”命令。

❸ 在弹出的“合并文档”对话框中，在“原文档”栏的下拉列表中选择“4 素材a. docx”。

❹ 在“修订的文档”栏的下拉列表中选择“4 素材 b. docx”，单击“确定”按钮。

❺ 在新打开的文档的“审阅”选项卡的“更改”群组中单击“接受”按钮，选择“接受对文档的所有修订”命令。

❻ 选择“文件”选项卡，单击“另存为”按钮。

❼ 在“另存为”对话框中将文件名改为“素材原材料. docx”，单击“保存”按钮，完成操作。

2.2 设置内容格式

题目 5

试题内容

在兼容性选项中，设置当前文档的版式，使其与 Microsoft Word 2000 兼容。

准备

打开练习文档(\Word 素材\5 汽车.docx)。

注释

本题考查 Word 版本的兼容性功能。兼容性检查器可以列出文档中不支持的格式或者在使用 Word 各版本的文档时功能有所不同的格式。将高版本的文档保存为低版本的文档时其中的某些功能将永久改变，即使以后将该文档转换为 Word 高版本文档格式，也不会自动转换回 Word 高版本所支持的格式。

解法

如图 2-20 到图 2-22 所示。

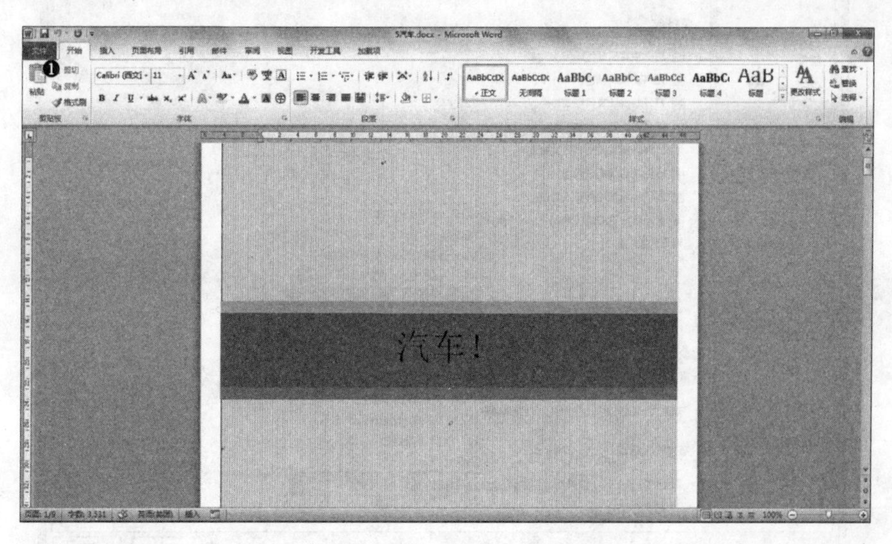

图 2-20

❶ 选择“文件”选项卡。

❷ 在窗口中单击“选项”按钮。

❸ 在弹出的“Word 选项”窗口中选择“高级”选项。

❹ 在“设置此文档版式，使其看似创建于”的下拉列表中选择“Microsoft Word 2000”。

❺ 单击“确定”按钮，完成操作。

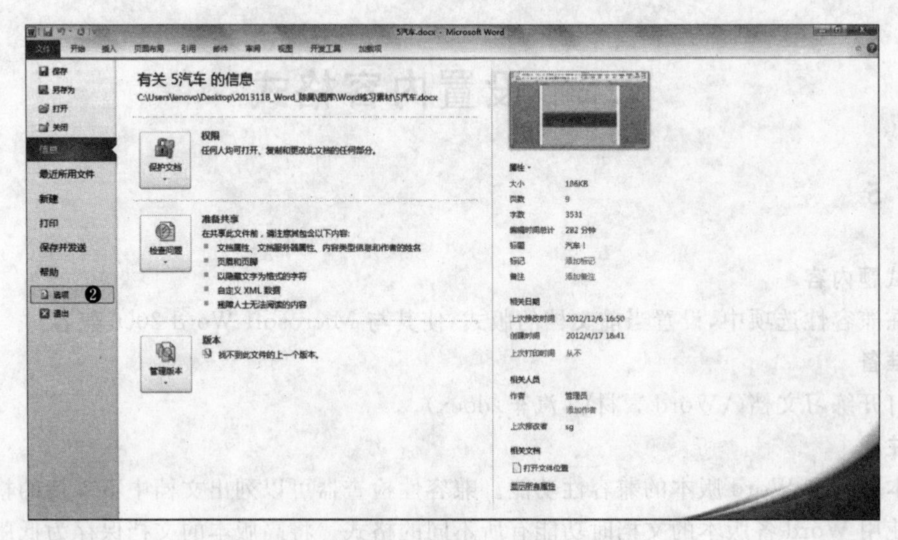

图　2-21

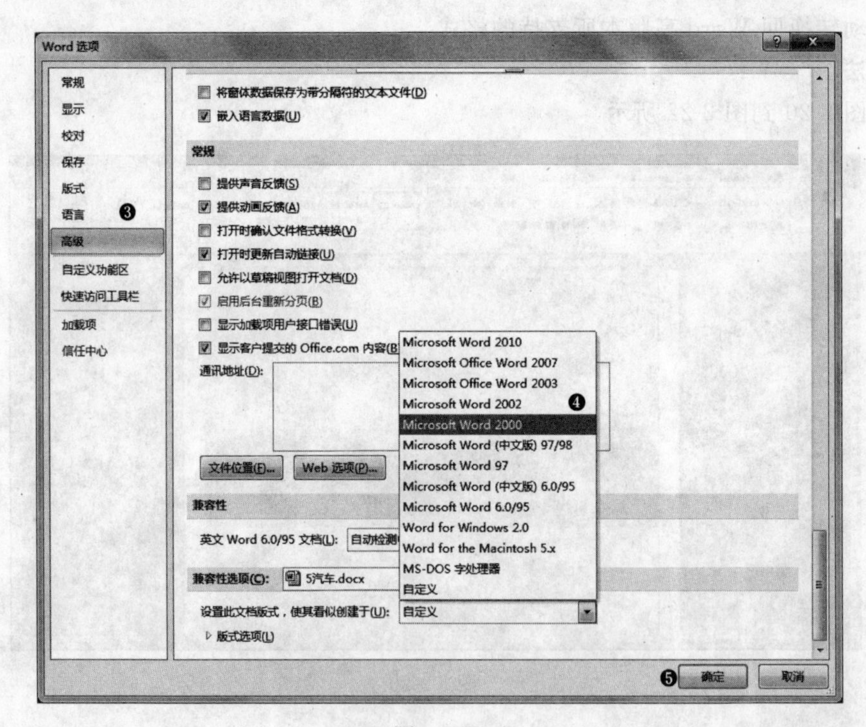

图　2-22

题目 6

试题内容

将“状态”文档属性添加至页眉。

准备

打开练习文档(\Word 素材\6 地球.docx)。

注释

本题考查文档部件和页眉的管理能力。文档部件库是可在其中创建、存储和查找可重复使用的内容片段的库,内容片段包括自动图文集、文档属性(如“标题”和“作者”等)和域,并能对文档部件进行添加和删除操作。

解法

如图 2-23 所示。

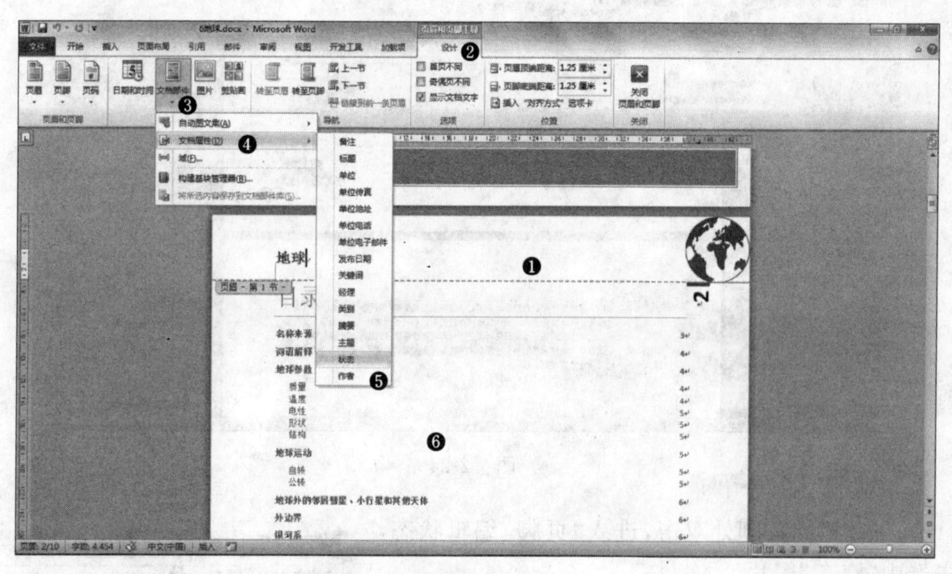

图 2-23

❶ 在文档的“页眉”处双击,进入“页眉”编辑状态。

❷ 选择“页眉和页脚工具设计”选项卡。

❸ 在“插入”群组中单击“文档部件”按钮。

❹ 在下拉菜单中选择“文档属性”命令。

❺ 在下一级菜单中选择“状态”命令。

❻ 在文档的正文部分空白处双击,以退出页眉编辑状态,完成操作。

题目 7

试题内容

将页脚中的图形另存为构建基块,将构建基块命名为“汽车”,然后将其保存到页脚库中。

准备

打开练习文档(\Word 素材\7 汽车.docx)。

注释

本题考查文档部件库的管理功能。在“插入”选项卡的“文本”组群中，单击“文档部件”按钮，然后单击“将所选内容保存到文档部件库”。在将所选内容保存到文档部件库后，可以通过“文档部件”按钮从库中选择相应内容来重复使用。

解法

如图 2-24 和图 2-25 所示。

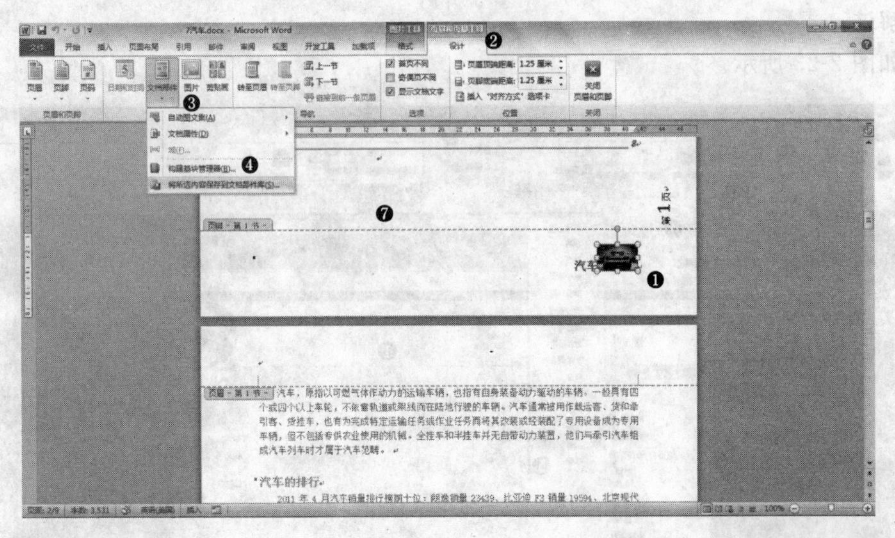

图 2-24

❶ 在文档的页脚处双击，进入“页脚”编辑状态，单击选中“汽车”图片。

图 2-25

❷ 选择“页眉和页脚工具设计”选项卡。

❸ 在“插入”群组中单击“文档部件”按钮。

❹ 在下拉菜单中选择“将所选内容保存到文档部件库”命令。

❺ 在弹出的“新建构建基块”对话框中将“名称”改为“汽车”。

❻ 在“库”下拉列表中选择“页脚”选项。

❼ 在文档的正文中双击鼠标退出页脚编辑状态，完成操作。

题目 8

试题内容

断开文档第一页上两个文本框之间的链接。

准备

打开练习文档(\Word 素材\8 农家致富.docx)。

注释

本题考查文本之间的链接功能。链接是一种快捷操作，文本框之间的链接可加强对复杂文本的区分性，使读者快速、准确地定位到下一段需要阅览的文本，断开链接即取消文本框之间的逻辑联系。

解法

如图 2-26 所示。

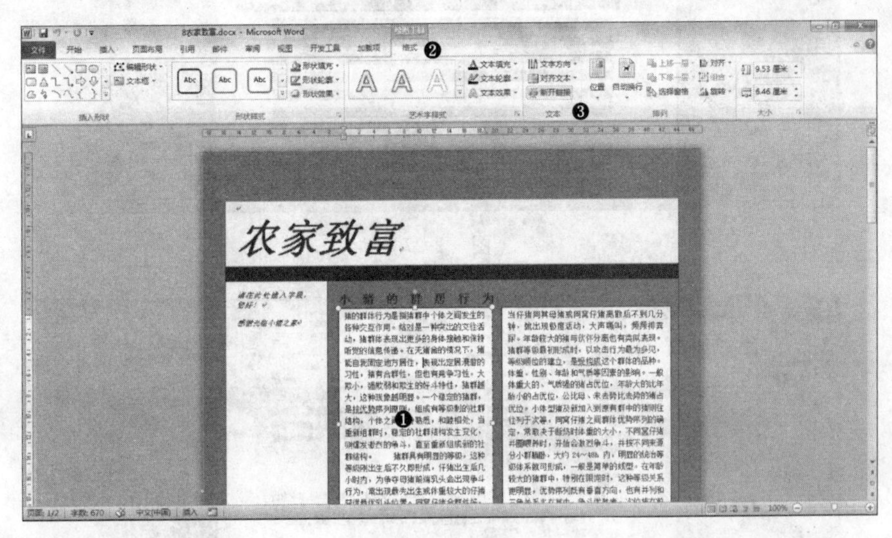

图 2-26

❶ 单击文档第一页中的左侧文本框，将光标定位在文本框中。

❷ 选择“绘图工具格式”选项卡。

❸ 在“文本”群组中单击“断开链接”按钮，完成操作。

题目 9

试题内容

为文档的第 2 页上的表格添加可选文字作为“可选文字”，并将表的“指定宽度”设置为 75%。

准备

打开练习文档(\Word 素材\9 汽车.docx)。

注释

本题考查表格格式管理。表格的可选文字是 Web 浏览器在加载表格过程中所显示的文本信息，主要是为特定用户提供帮助，也可服务于残障人士。可选文字多用于使用屏幕阅读器查看文档，同时用户也可以为形状、图片、图表、表格、SmartArt 图形或 Office 文档中的其他对象创建可选文字。

解法

如图 2-27 到图 2-30 所示。

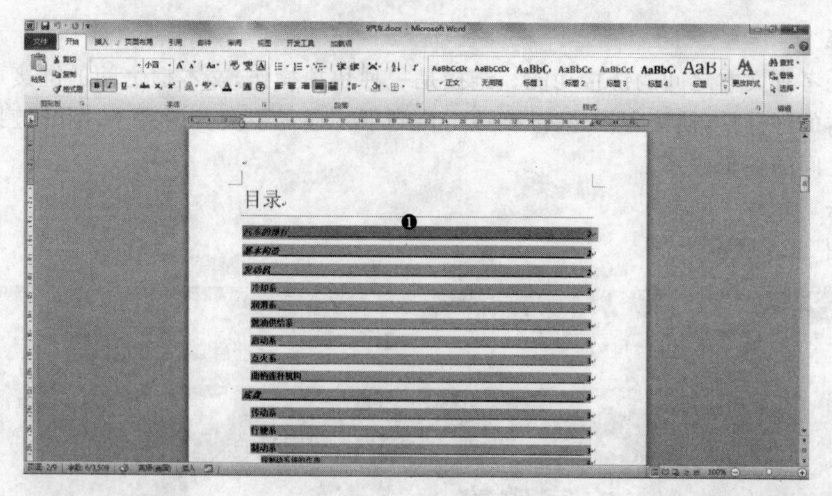

图 2-27

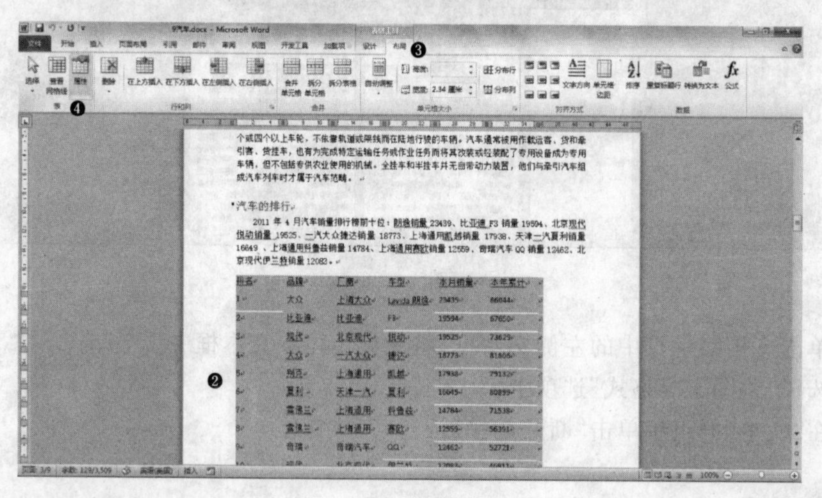

图 2-28

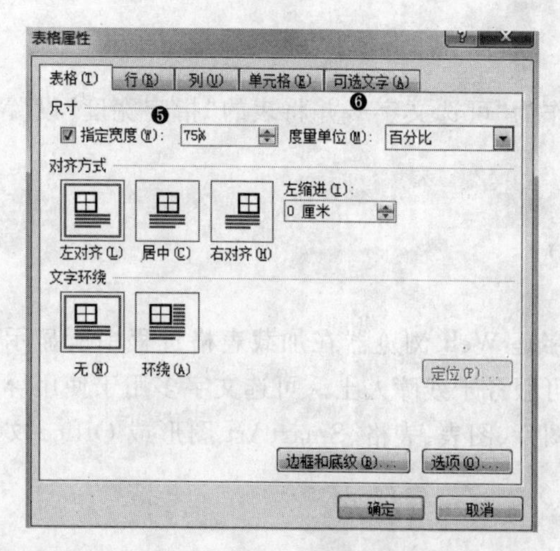

图 2-29

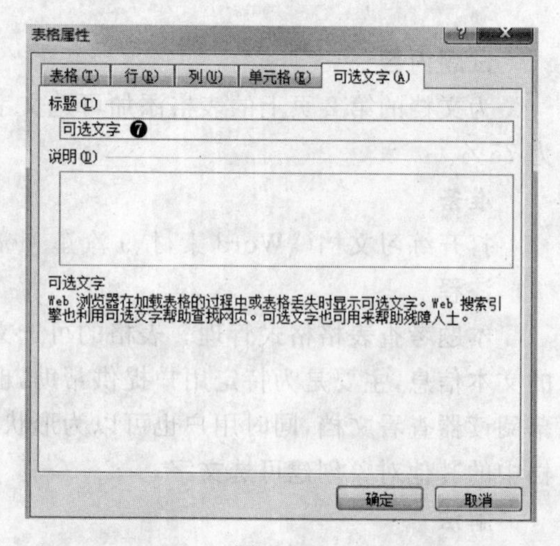

图 2-30

❶ 按住 Ctrl 键，单击目录中的“汽车的排行”一行。

❷ 单击表格左上角“十”字图标全选表格。

❸ 选择“表格工具布局”选项卡。

❹ 在“表”群组中单击“属性”按钮。

❺ 在弹出的“表格属性”对话框中勾选“指定宽度”复选框，设置度量单位为“百分比”，并设置“指定宽度”值为 75%。

❻ 选择“可选文字”选项卡。

❼ 在“标题”栏输入“可选文字”，单击“确定”按钮，完成操作。

题目 10

试题内容

设置所有“标题 1”文本的格式，使其首行缩进 0.75 厘米，并将行间距设置为 1.4。

准备

打开练习文档(\Word 素材\10 地球.docx)。

注释

本题考查样式“缩进”和“间距”格式管理。首行缩进，即将段落的第一行从左向右缩进一定的距离，段落中首行以外的各行都保持不变，以便于阅读和区分文章段落等整体结构，常见于 Microsoft Office Word 文档排版等处理中，也符合中文行文的排版规范。间距用于更改相应文字内容的间距。最简单的方法是应用所需间距的快速样式集。如果希望更改文档的一部分内容的间距，可以选择相应的段落并更改它们的间距设置。

解法

如图 2-31 到图 2-33 所示。

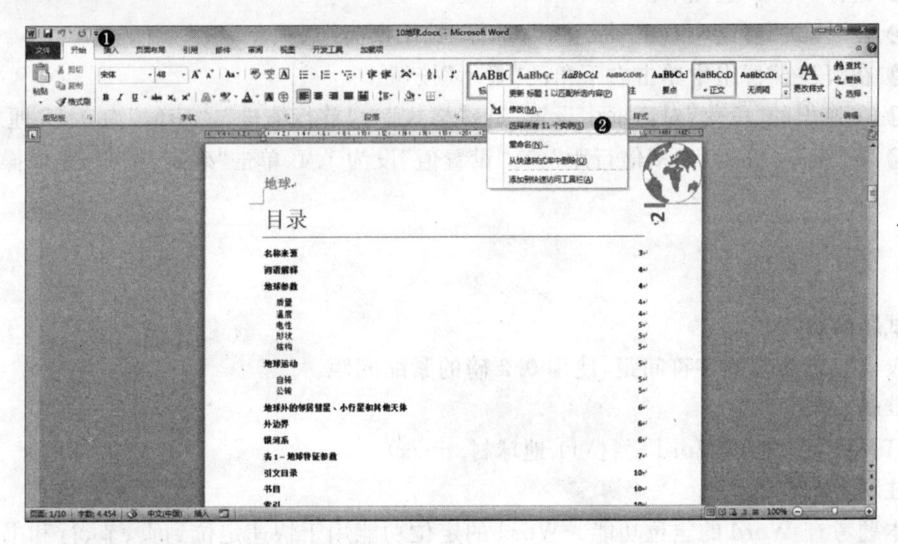

图 2-31

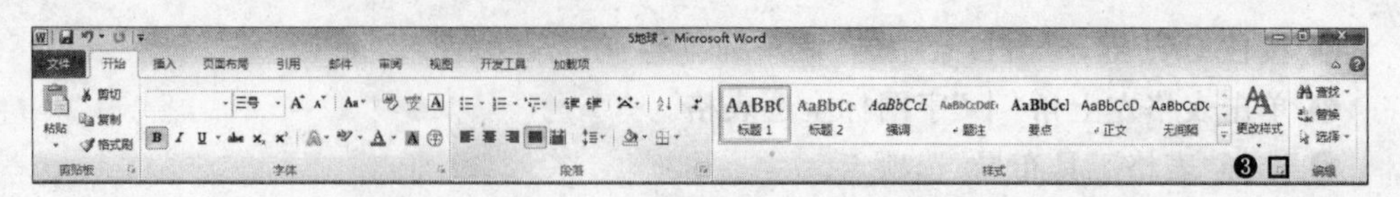

图　2-32

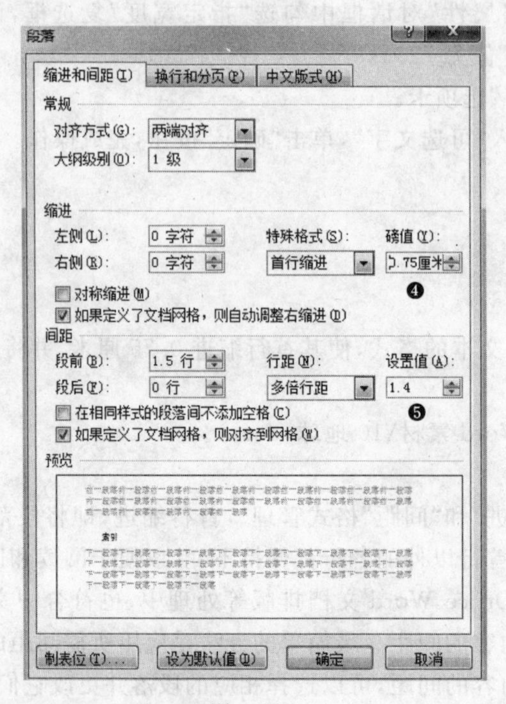

图　2-33

❶ 选择“开始”选项卡。

❷ 在“样式”群组中右击“标题 1”，选择“选中所有”选项。

❸ 在“段落”群组中单击右下角的“显示”按钮。

❹ 在弹出的“段落”对话框中设置“特殊格式”为“首行缩进”，“磅值”为 0.75 厘米。

❺ 将“行距”设置为“多倍行距”，其“设置值”设为 1.4，单击“确定”按钮，完成操作。

题目 11

试题内容

仅调节第 2 节的字符间距，使用 0.2 磅的紧缩间距。

准备

打开练习文档(\Word 素材\11 地球村.docx)。

注释

本题考查 Word 的定位功能。Word 的定位功能用于快速定位到页、节、行和书签等，快捷键为 Ctrl＋G。而紧缩或加宽字符间距使文档看起来更适合阅读，在字符间距中 72 磅相当于 2.54 厘米。

解法

如图 2-34 到图 2-36 所示。

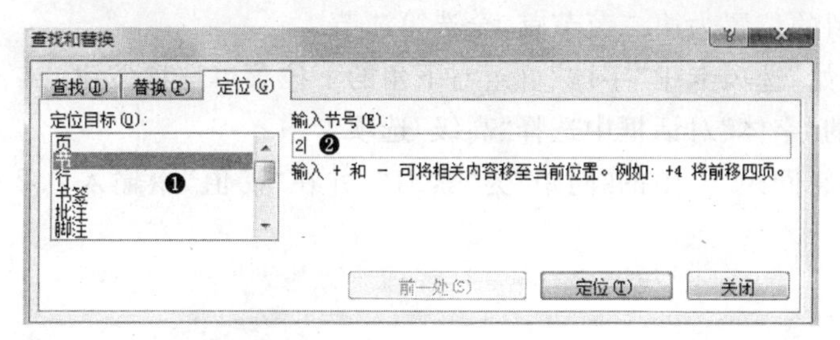

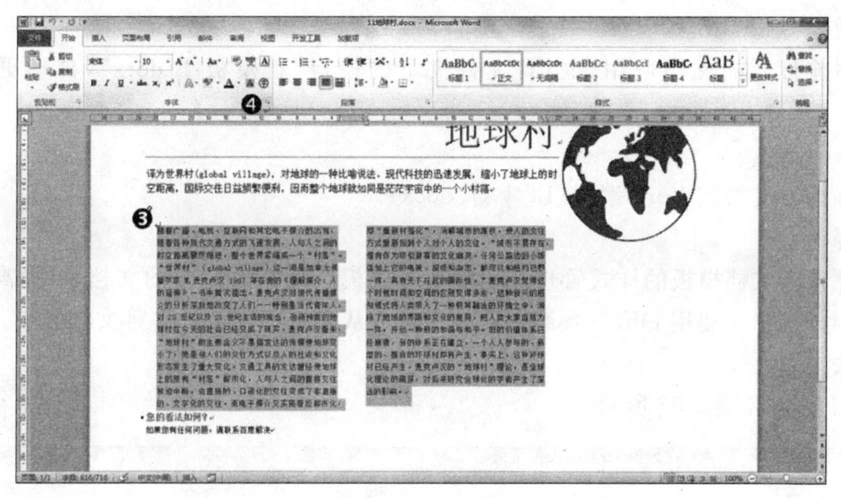

图 2-35

字体

字体(N) 高级(V)

字符间距

缩放(C): 100%

间距(S): 紧缩 磅值(B): 0.2 磅

位置(P): 标准 磅值(Y):

为字体调整字间距(K): 磅或更大(O)

如果定义了文档网格，则对齐到网格(W)

OpenType 功能

连字(L): 无

数字间距(M): 默认

数字形式(F): 默认

样式集(T): 默认

使用上下文替换(A)

预览

随着广播、电视、互联网和其它电子媒介的出现，随着各种现代交通方式的

这是一种 TrueType 字体，同时适用于屏幕和打印机。

设为默认值(D) 文字效果(E)... 确定 取消

图 2-36

❶ 按 Ctrl+G 键，在弹出的“查找和替换”对话框中，“定位目标”选择为“节”。

❷ 在“输入节号”框中输入 2，单击“定位”按钮。

❸ 光标停留的位置为第二节节首，全选第二节。

❹ 单击“开始”选项卡中“字体”群组右下角的下拉菜单选项按钮。

❺ 在弹出的“字体”对话框中选择“高级”选项卡。

❻ 设置“字符间距”栏中的“间距”为“紧缩”，并在“磅值”中输入 0.2 磅，单击“确定”按钮，完成操作。

题目 12

试题内容

对当前打开的文档应用“文档”文件夹下的模板“新模板 1. dotx”，自动更新文档样式。

准备

打开练习文档(\Word 素材\12 家畜. docx)。

注释

本题考查文档模板的样式管理。利用现有模板匹配需要修改的文档，可提高编辑文档的效率。用户可使用 Office 预装的文档模板或从互联网下载的各种文档模板。

解法

如图 2-37 和图 2-38 所示。

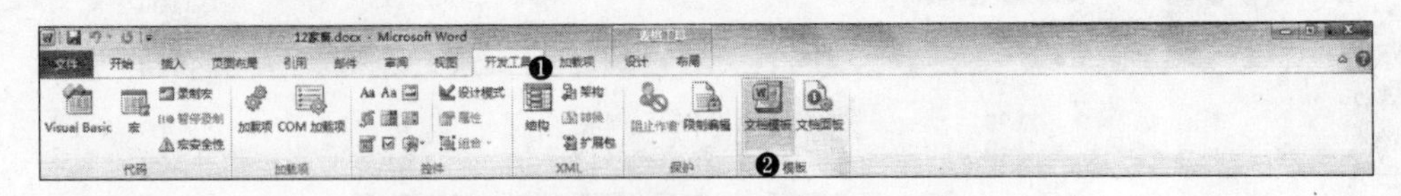

图 2-37

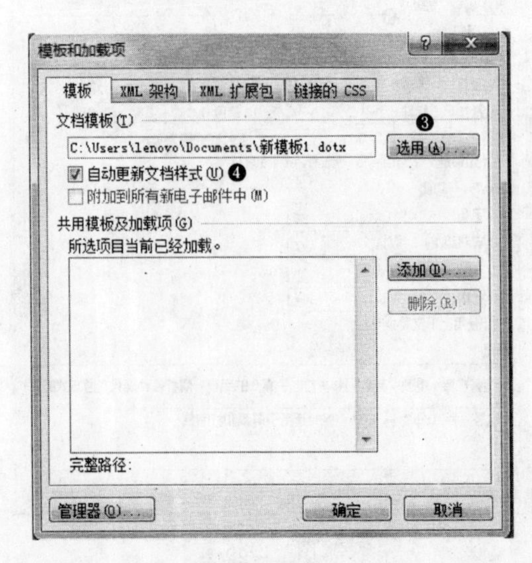

图 2-38

❶ 选择“开发工具”选项卡。

❷ 在“模板”群组中单击“文档模板”按钮。

❸ 在弹出的“模板和加载项”对话框中，在“模板”选项卡中的“文档模板”中，单击“选用”按钮，找到“文档”文件夹下的模板“新模板 1. dotx”，单击“确定”按钮选取该模板。

❹ 勾选“自动更新文档样式”复选框，单击“确定”按钮，完成操作。

题目 13

试题内容

从“文档”文件夹的“新模板 2. dotx”中删除样式“标题 1”，保存文件。

准备

打开练习文档(\Word 素材\13 汽车. docx)。

注释

本题考查文档模板管理器的使用。文档模板管理器可快捷地删除各文档模板的样式以及对文档模板进行保护。对其他文档的样式进行操作也可通过“文件”选项卡打开其他文档，再从需要修改的文档的“开始”选项卡的“样式”群组里修改。

解法

如图 2-39 到图 2-43 所示。

图 2-39

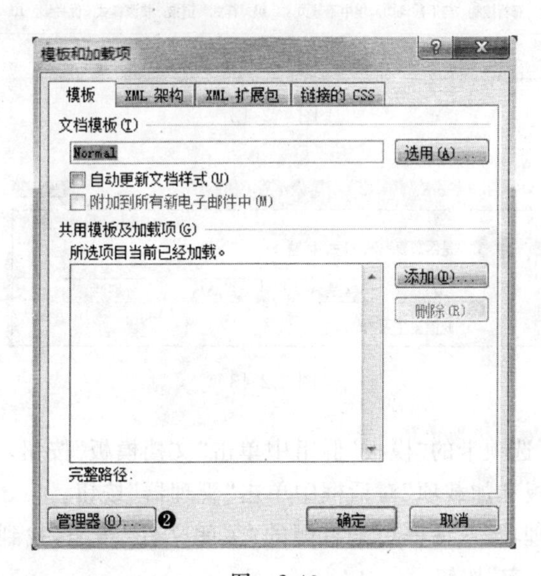

图 2-40

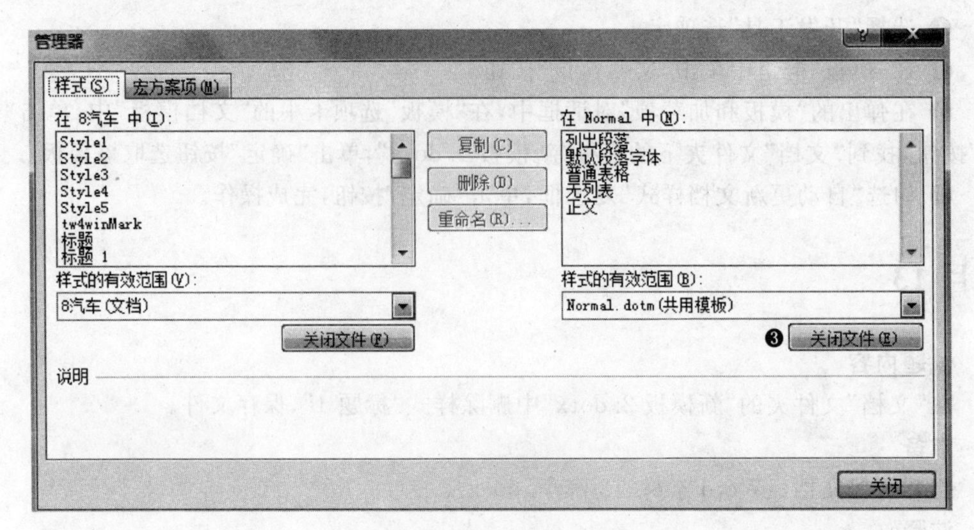

图 2-41

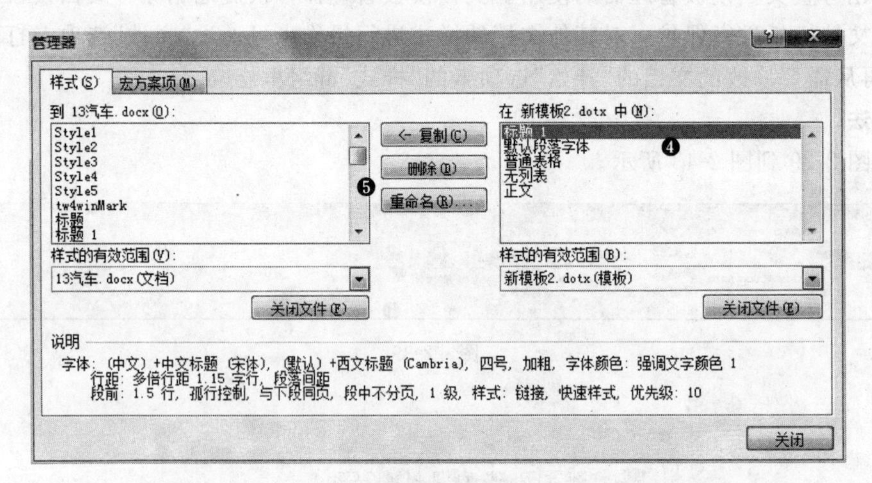

图 2-42

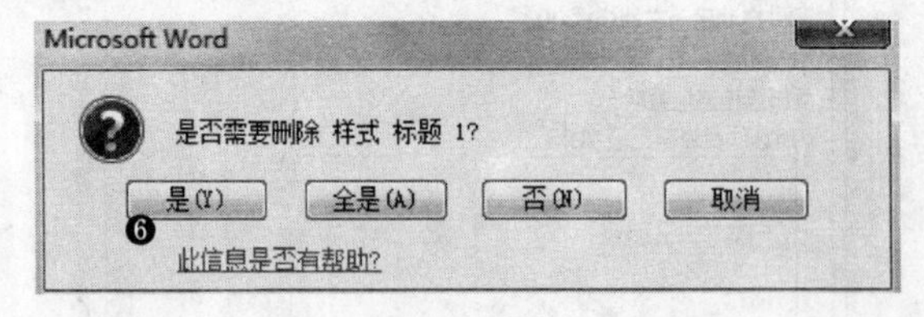

图 2-43

❶ 在“开发工具”选项卡的“模板”群组中单击“文档模板”按钮。

❷ 在弹出的“模板和加载项”对话框中单击“管理器”按钮。

❸ 在弹出的“管理器”对话框单击右侧的“关闭文件”按钮，找到“文档”文件夹的“新模板 2.dotx”，单击“确定”按钮。

❹ 在该对话框右侧的“在新模板 2.dotx 中”下的列表框中选择“标题 1”选项。

❺ 单击“删除”按钮。

❻ 在弹出的询问是否需要删除样式“标题 1”的对话框中单击“是”按钮，完成操作。

2.3 跟踪和引用文档

题目 14

试题内容

添加一个新的书籍源，设置如下：

- 作者为 Jack，Rose；
- 年份为 2012；
- 标记名称为 Jac12book。

准备

打开练习文档(\Word 素材\14 地球.docx)。

注释

本题考查参考引用的源列表功能。源管理是通过一定的链接方式，为文档添加引文或书目来源的快捷方式，通过使用“管理源”命令可搜索在其他文档中引用的源。向文档中插入一个或多个源后，可随时创建书目，如果尚未具有创建完整的引文所需的有关源的全部信息，则可以使用占位符引文，占位符引文指用特定符号代替的引文，此时引文处于未完成状态，之后可以在其中添加内容以完善源的相关信息。

解法

如图 2-44 和图 2-45 所示。

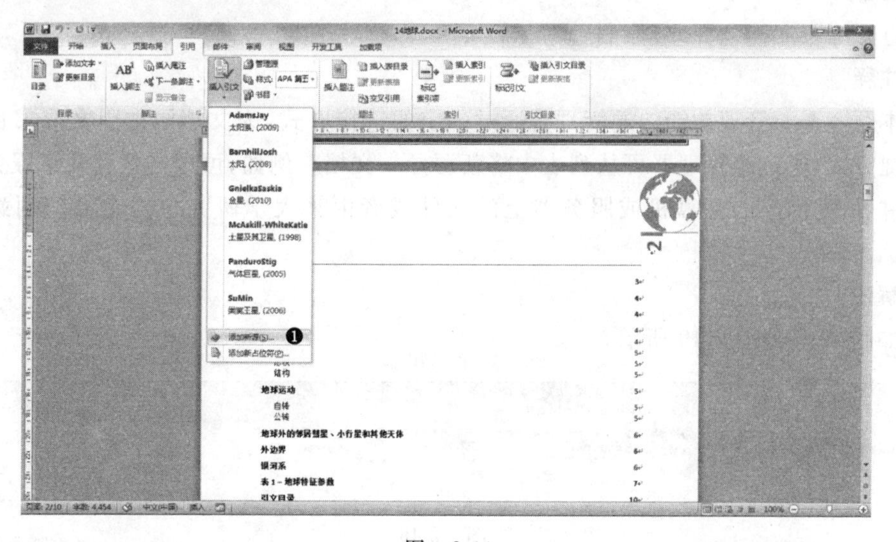

图 2-44

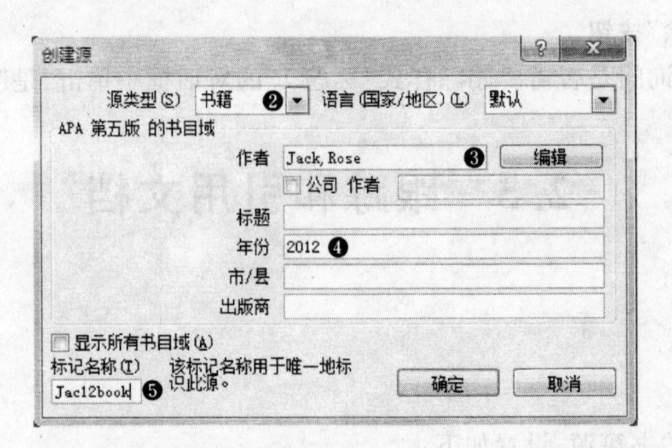

图 2-45

❶ 在“引用”选项卡的“引文与书目”群组中单击“插入引文”按钮，选择“添加新源”命令。

❷ 在弹出的“创建源”对话框中的“源类型”下拉列表中选择“书籍”选项。

❸ 在“作者”栏输入“Jack,Rose”。

❹ 在“年份”栏输入 2012。

❺ 在“标记名称”栏输入 Jac12book，单击“确定”按钮，完成操作。

题目 15

试题内容

使用“源管理器”将“文档”文件夹中的“引文.xml”添加到可用源列表。

准备

打开练习文档(\Word 素材\15 汽车 a.docx)。

注释

本题考查源管理功能。源管理是通过一定的链接方式，为文档添加引文或书目来源的快捷方式，通过源管理器可从列表中将新源导入文档。例如，可以链接到共享服务器上的文件、研究同事的计算机或服务器上的文件或者由某大学研究机构主办的网站上的文件。

解法

如图 2-46 到图 2-49 所示。

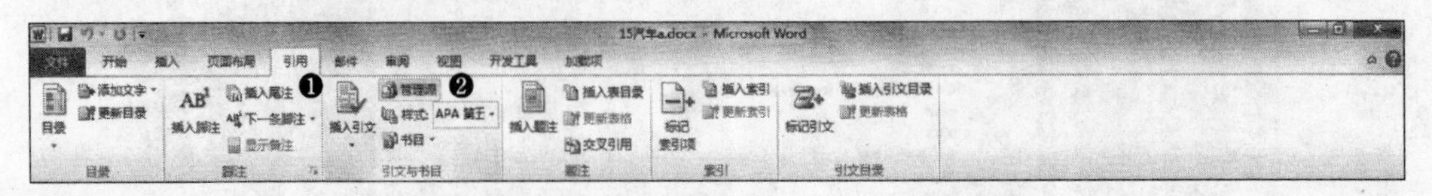

图 2-46

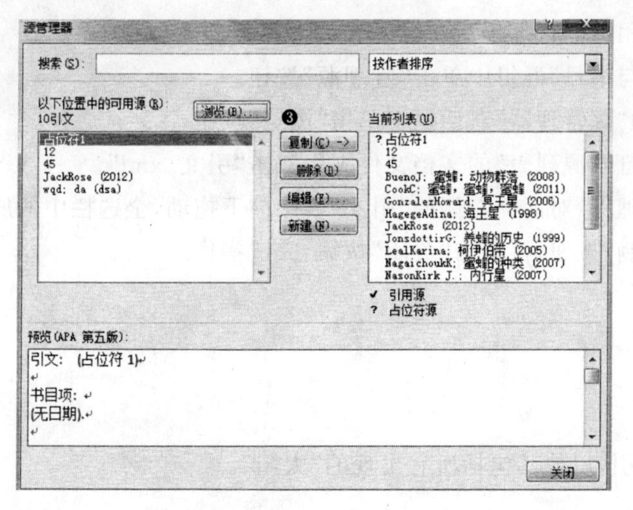

图 2-47

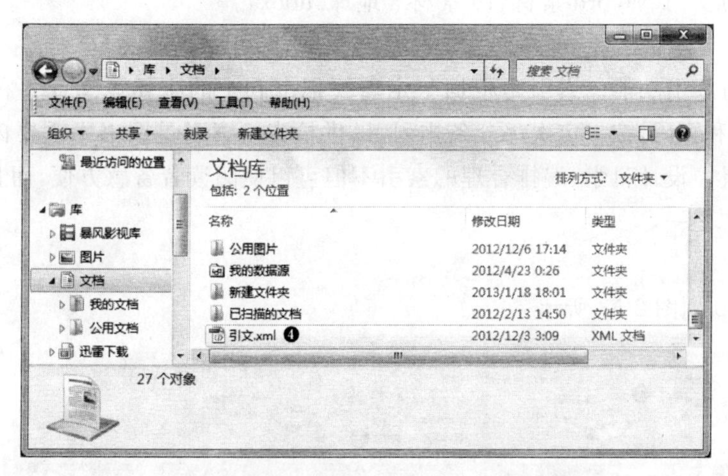

图 2-48

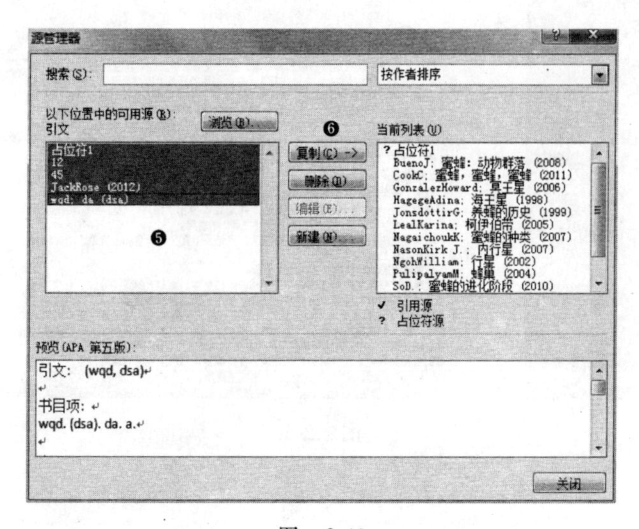

图 2-49

❶ 选择“引用”选项卡。

❷ 在“引文与书目”群组中单击“管理源”按钮。

❸ 在弹出的“源管理器”对话框中单击“浏览”按钮。

❹ 在窗口“打开源列表”的文档文件夹中双击“引文.xml”。

❺ 在“源管理器”对话框左侧的“引文”栏中向下拖动，全选栏中的所有项。

❻ 单击“复制”按钮，再单击“关闭”按钮，完成操作。

题目 16

试题内容

更新当前索引，以使其包括所有出现的“太阳”。

准备

打开练习文档(\Word 素材\16 素材 a 地球.docx)。

注释

本题考查索引功能。索引是根据一定需要把书刊中的主要概念或各种题名摘录下来，标明出处和页码，按一定次序分条排列，以供检索。索引是图书中重要内容的地址标记和检索工具。设计科学、编排合理的索引不但可以使阅读者备感方便，而且也是图书质量的重要标志之一。

解法

如图 2-50 到图 2-53 所示。

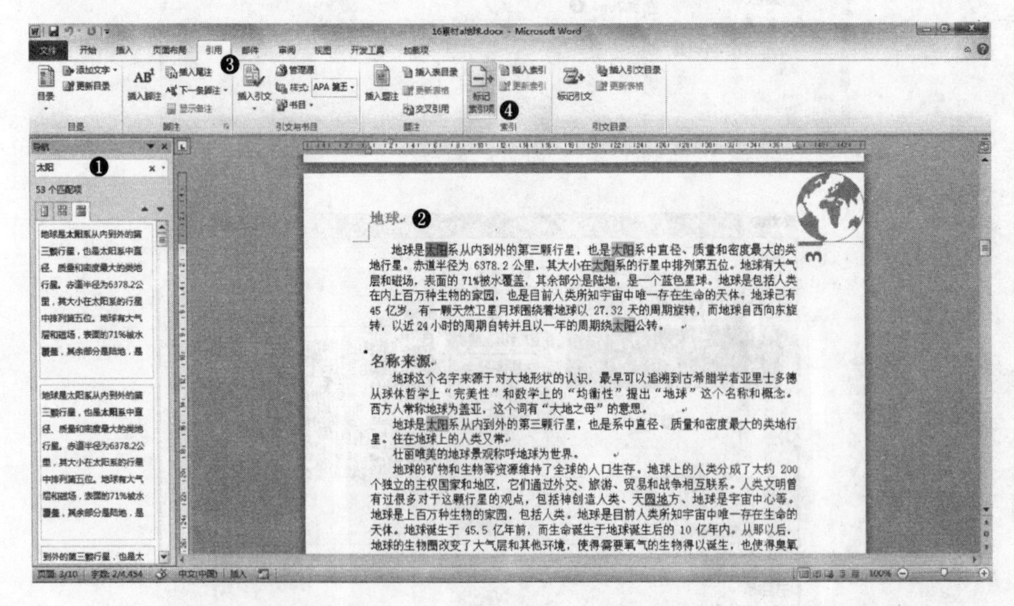

图 2-50

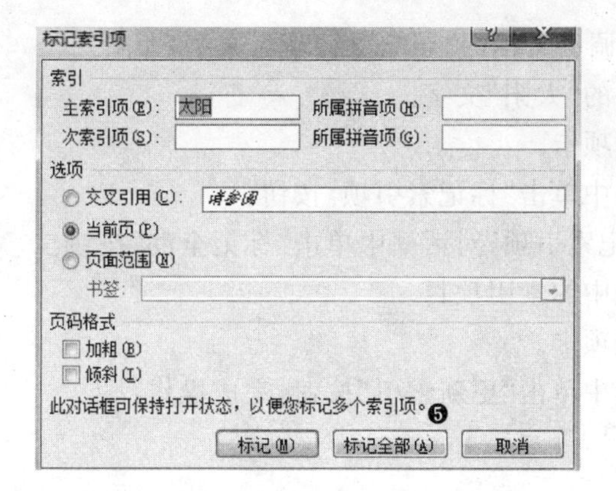

图 2-51

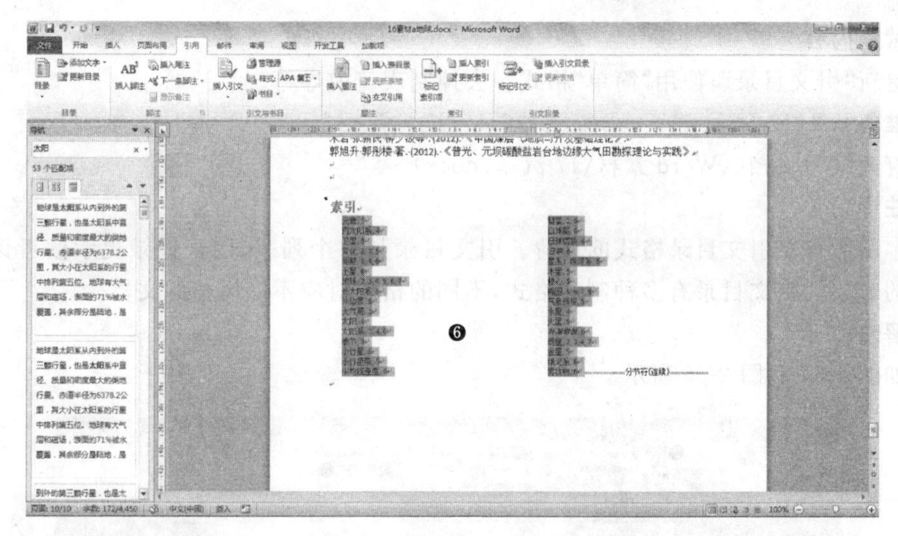

图 2-52

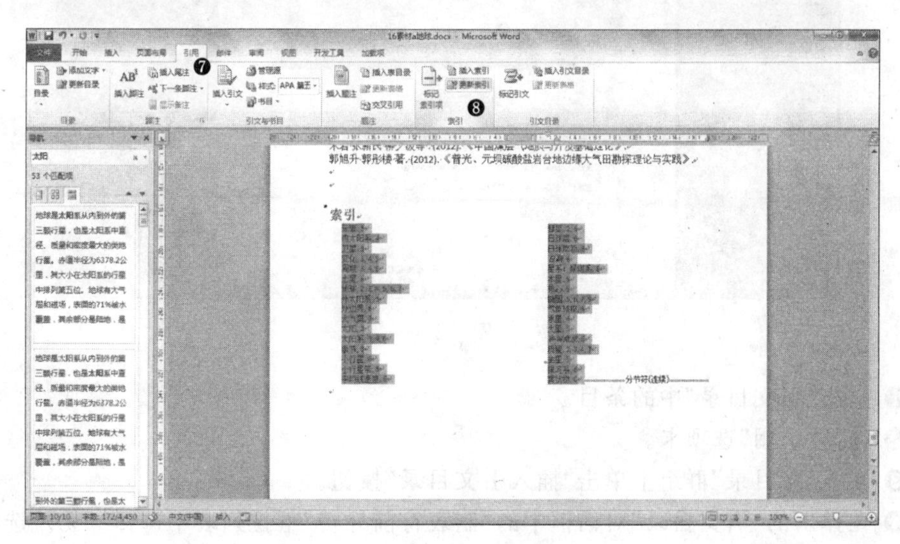

图 2-53

❶ 按 Ctrl+F 键调出文档的“导航”栏，输入文字“太阳”。

❷ 选中其中之一的“太阳”文字。

❸ 选择“引用”选项卡。

❹ 在“索引”群组中单击“标记索引项”按钮。

❺ 在弹出的“标记索引项”对话框中单击“标记全部”按钮。

❻ 全选“索引”栏中的索引项目。

❼ 选择“引用”选项卡。

❽ 在“索引”群组中单击“更新索引”按钮，完成操作。

题目 17

试题内容

更新“引文目录”，使用“简单”格式。去掉制表符前导符。

准备

打开练习文档(\Word 素材\17 汽车.docx)。

注释

本题考查对引文目录格式的设置。引文目录是一个列表，用于记录提示读者该文档引用的对象。引文目录有多种制表格式，不同的格式对应不同风格的文档。

解法

如图 2-54 和图 2-55 所示。

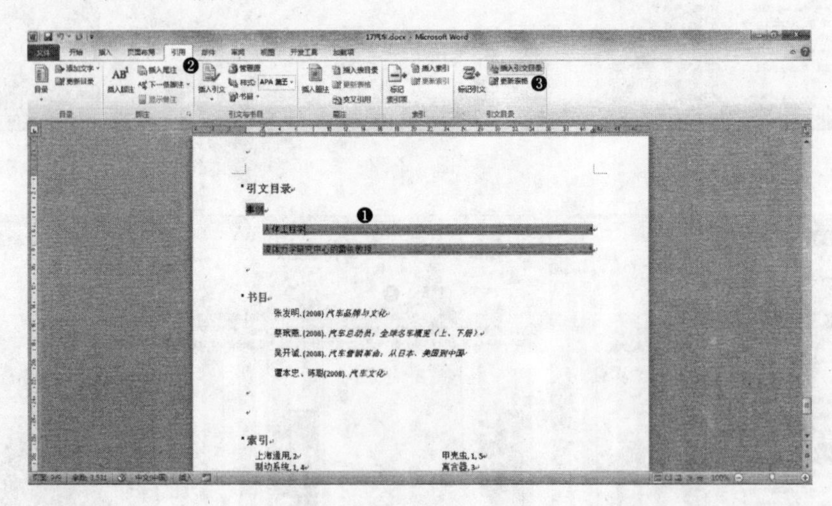

图 2-54

❶ 全选“引文目录”中的条目。

❷ 选择“引用”选项卡。

❸ 在“引文目录”群组中单击“插入引文目录”按钮。

❹ 在弹出的“引文目录”对话框中的“制表符前导符”下拉列表中选择“(无)”选项。

❺ 在“格式”下拉列表中选择“简单”选项，单击“确定”按钮，完成操作。

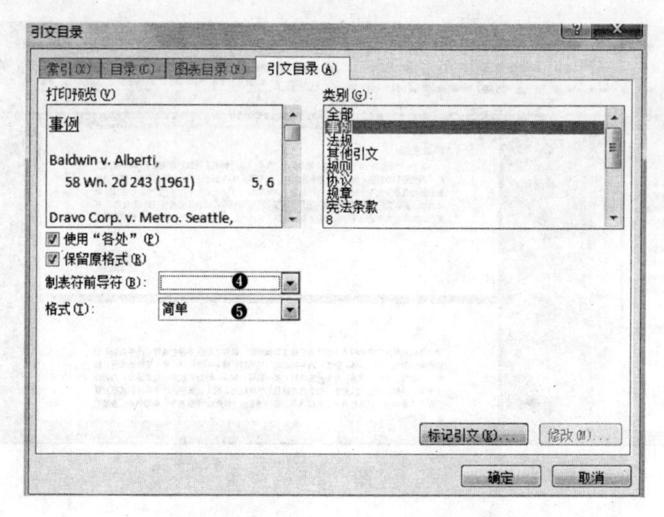

图 2-55

题目 18

试题内容

删除文档中与"人体工程学"相关的引文。更新引文目录。

准备

打开练习文档(\Word 素材\18 汽车.docx)。

注释

本题考查引文目录的制作,引文目录是一个列表,用于记录提示读者该文档引用的对象,相关引文会在显示编辑标记的状态下以大括号的形式显现。

解法

如图 2-56 到图 2-58 所示。

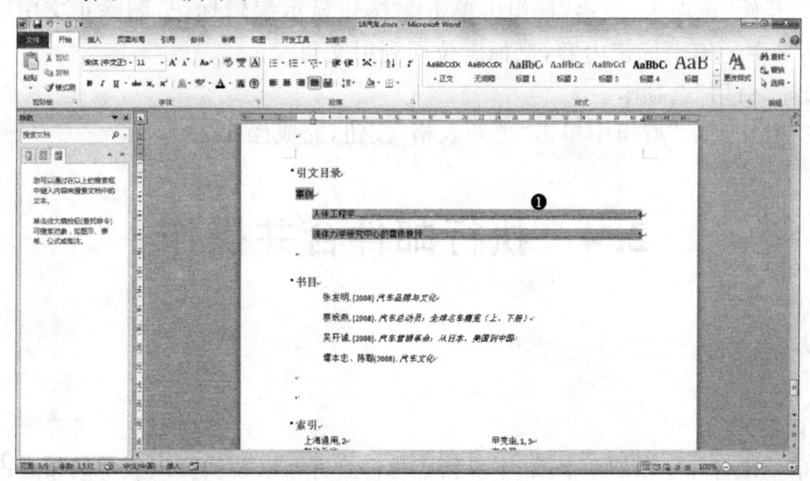

图 2-56

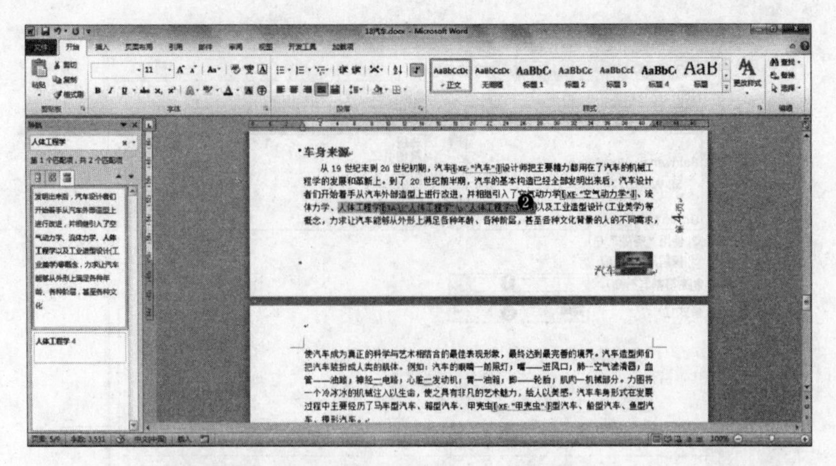

图 2-57

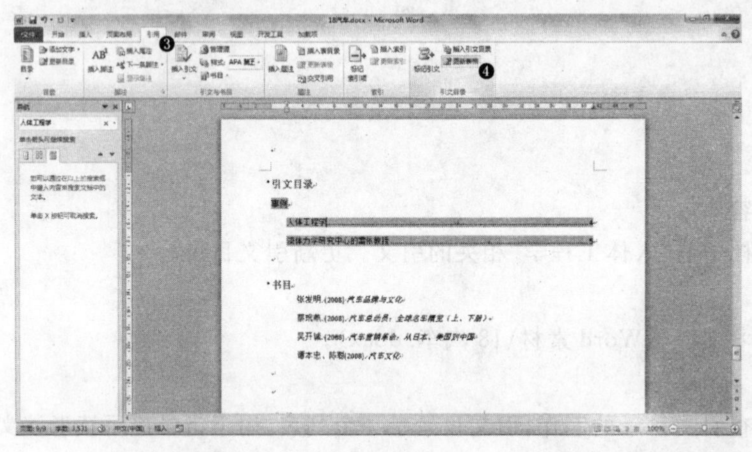

图 2-58

❶ 通过引文目录中的“人体工程学”条目找到正文中“人体工程学”相关的引文位置。

❷ 在“开始”选项卡“段落”群组中单击 按钮显示编辑标记，删除正文中“人体工程学”后大括号中的编辑标记内容，鼠标定位回到引文目录。

❸ 选择“引用”选项卡。

❹ 在“引文目录”群组中单击“更新表格”按钮，完成操作。

2.4 执行邮件合并操作

题目 19

试题内容

向当前信函合并中添加新字段(不要新建邮件合并)，以替换突出显示的相应占位符。使用“文档”文件夹中的“19 素材 a.docx”填充收件人列表。选择“编辑单个文档”以完成合并，然后在“文档”文件夹中将合并另存为“信”。(注意：请不要打印合并或通过电子邮件发送合并。)

准备

打开练习文档(\Word 素材\19 家畜论坛. docx)。

注释

本题考查使用电子邮件合并。每封电子邮件将单独邮寄，即每个收件人是每封邮件的唯一收件人。这与向收件人组广播邮件或在邮件的密送(bcc)行隐藏收件人不同。使用电子邮件合并来向地址列表中的收件人发送个性化电子邮件。每封邮件的信息类型相同，但具体内容各不相同。例如，在发给客户的电子邮件中，可对每封邮件进行个性化设置，以便按姓名称呼每个客户。每封邮件中的唯一信息来自数据文件中的条目。该题考查邮件合并中信函合并的有关设置数据格式、使用联系人列表、选择数据源、地址和问候语这类信息的占位符等操作。

解法

如图 2-59 到图 2-64 所示。

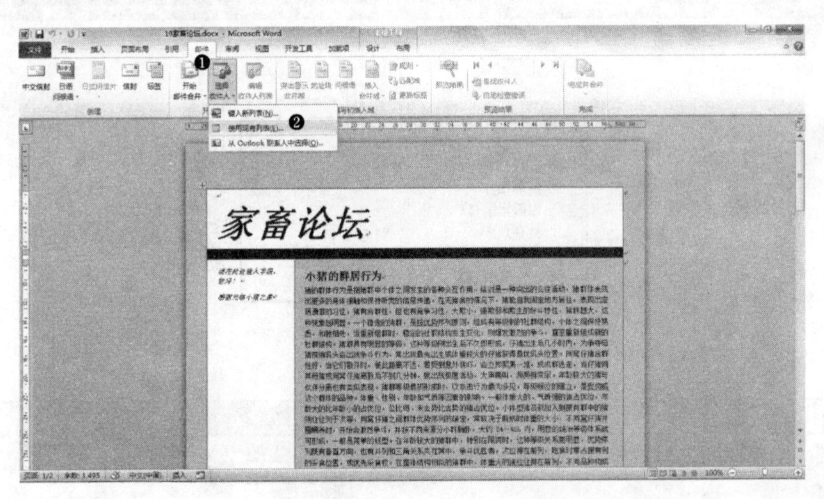

图 2-59

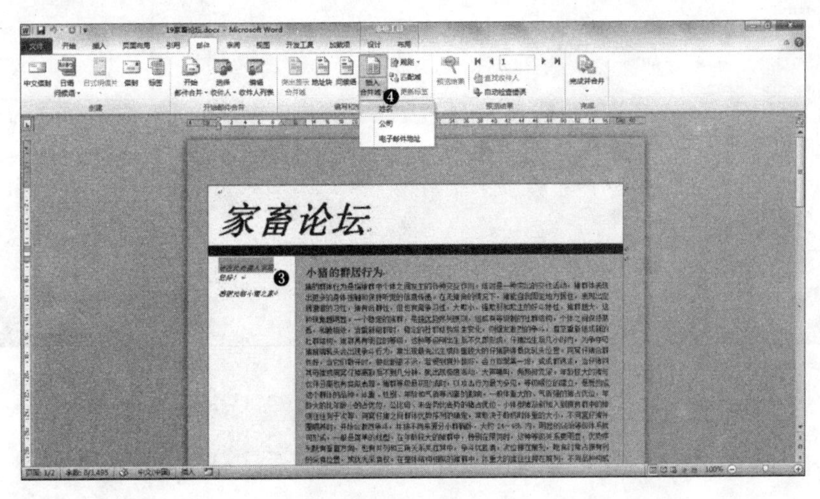

图 2-60

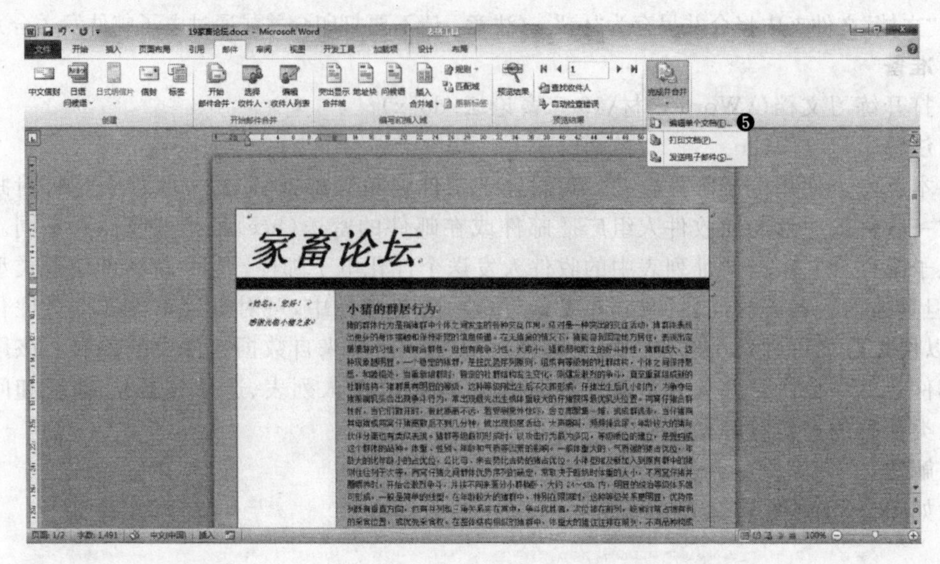

图 2-61

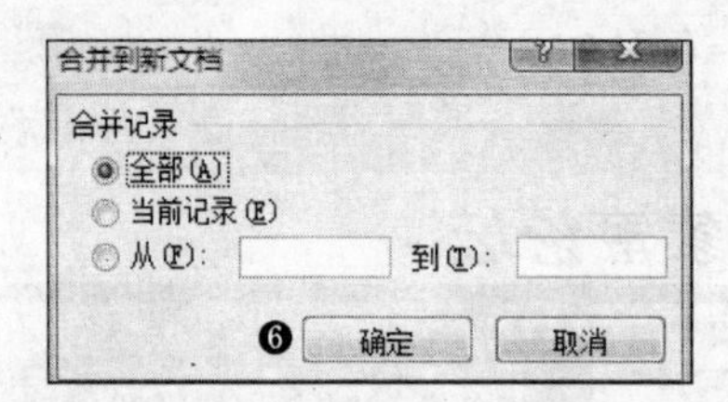

图 2-62

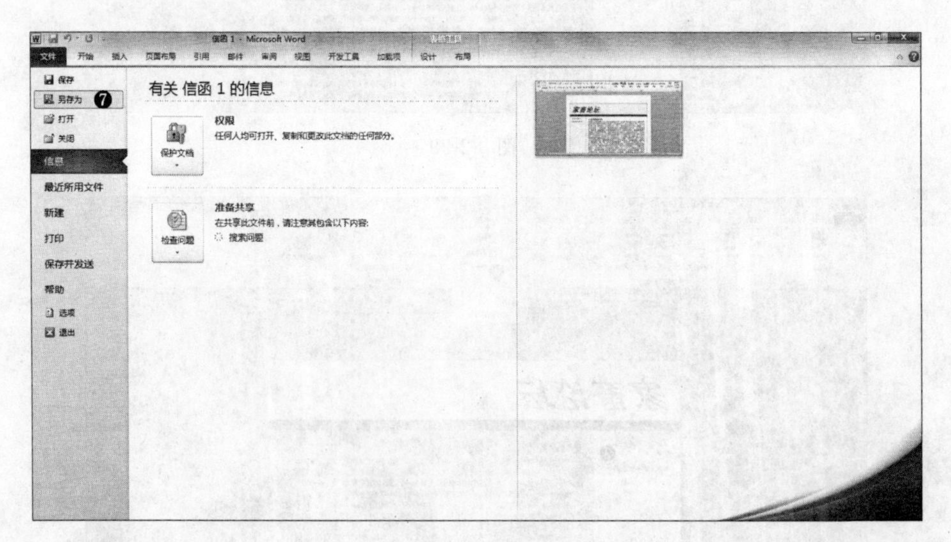

图 2-63

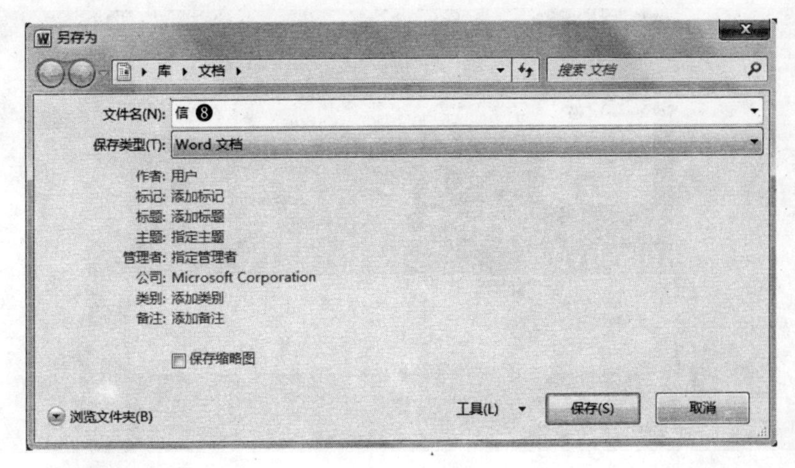

图 2-64

❶ 选择“邮件”选项卡。

❷ 在“开始邮件合并”群组中单击“选择收件人”按钮，选择“使用现有列表”命令，选中文档文件夹下的“19 素材 a. docx”。

❸ 拖动鼠标，全选黄色突出显示的相应占位符。

❹ 在“编写和插入域”群组中单击“插入合并域”下拉按钮，选择“姓名”选项。

❺ 在“完成”群组中单击“完成并合并”按钮，选择“编辑单个文档”命令。

❻ 在弹出的“合并到新文档”对话框中，单击“确定”按钮。

❼ 在“文件”选项卡中单击“另存为”按钮。

❽ 在“另存为”对话框的“文件名”栏输入“信”，单击“保存”按钮，完成操作。

题目 20

试题内容

请完成下列两项任务：

(1) 根据当前文档创建信函合并，使用“文档”文件夹中的“20 素材 a. docx”填充收件人列表，添加姓名字段，以替换注释“请在此插入字段”。(注意：接受所有其他的默认设置。)

(2) 从合并中排除重复的记录并预览合并结果。

准备

打开练习文档(\Word 素材\20 信函合并. docx)。

注释

本题考查邮件合并中的信函合并功能。具体涵盖信函合并的有关设置数据格式、使用联系人列表、选择数据源、地址和问候语这类信息的占位符操作，在实际完成合并之前，通过预览合并结果可以预览和更改合并文档。

解法

如图 2-65 到图 2-71 所示。

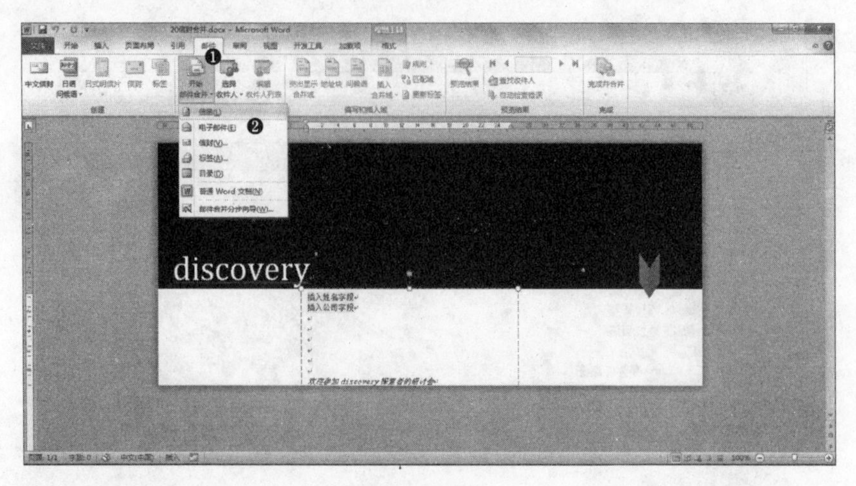

图 2-65

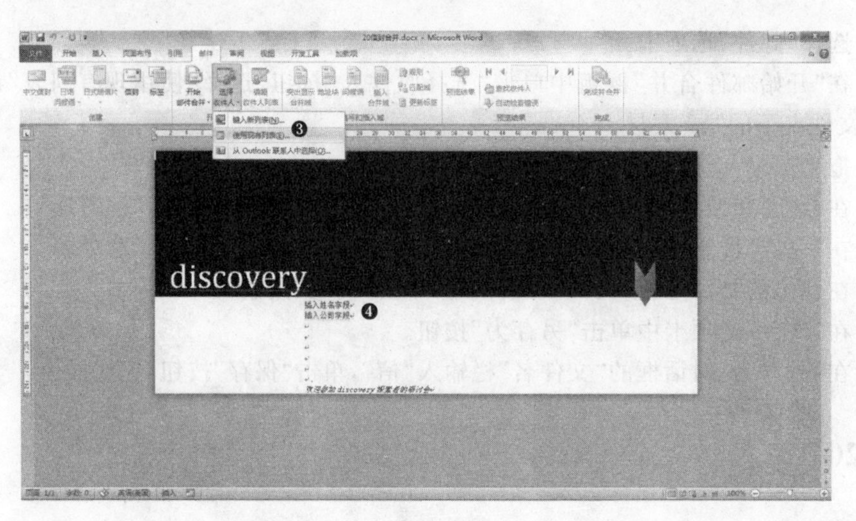

图 2-66

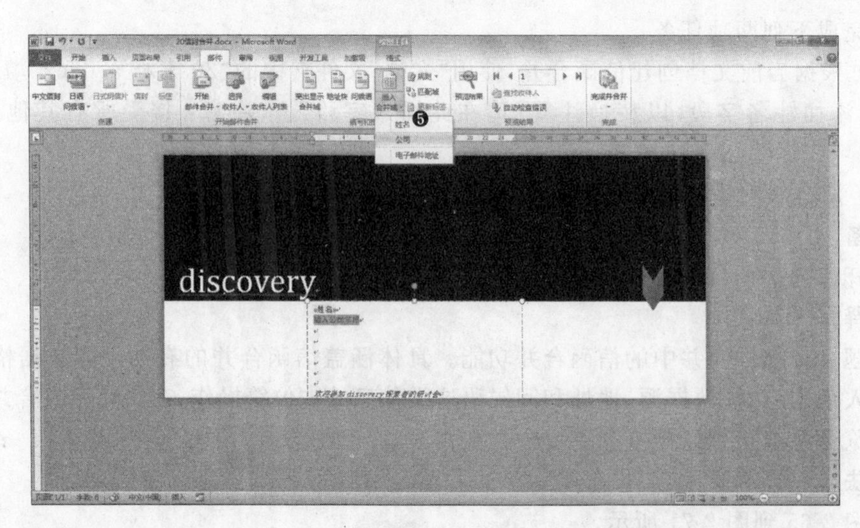

图 2-67

图 2-68

图 2-69

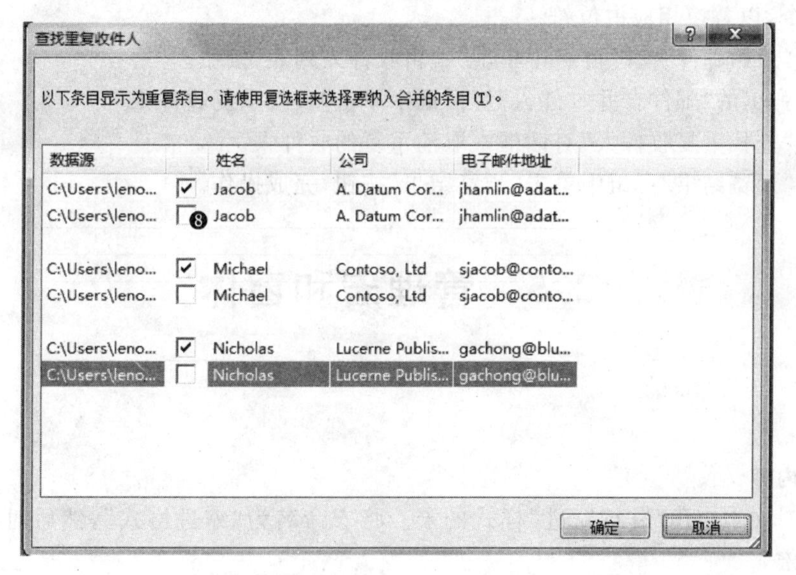

图 2-70

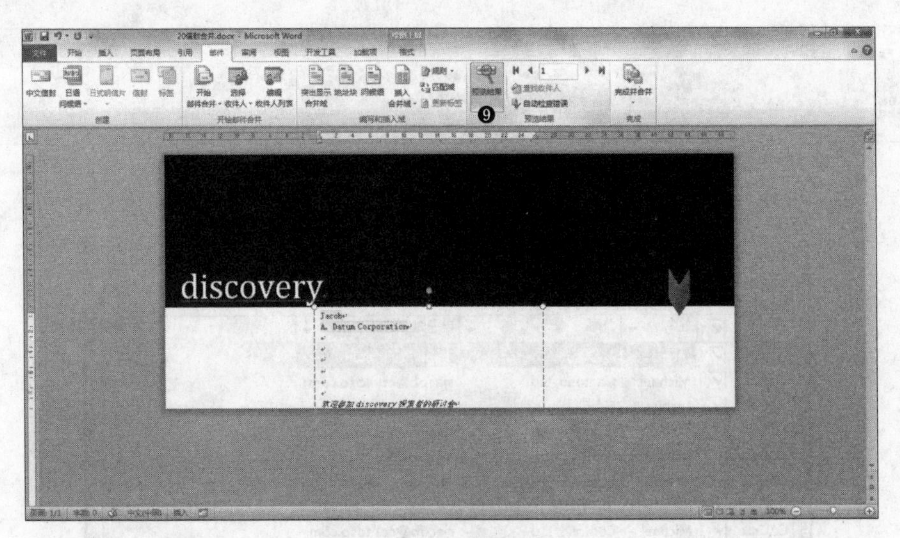

图　2-71

❶ 选择“邮件”选项卡。

❷ 在“开始邮件合并”群组中单击“开始邮件合并”按钮，选择“信函”命令。

❸ 在“开始邮件合并”群组中单击“选择收件人”按钮，选择“使用现有列表”命令，选中文档文件夹下的“20 素材 a. docx”。

❹ 分两次拖动选中“黄色突出显示”的相应占位符。

❺ 在“编写和插入域”群组中单击“插入合并域”按钮，选择“姓名”命令，第二次选择“公司”命令，以替换相应占位符。

❻ 在“开始邮件合并”群组中单击“编辑收件人列表”按钮。

❼ 在弹出的“邮件合并收件人”对话框中单击“查找重复收件人”。

❽ 在“查找重复收件人”对话框中取消重复的收件人。

❾ 在“预览结果”群组中单击“预览结果”按钮，完成操作。

2.5　管理宏和窗体

题目 21

试题内容

创建对文本应用“首行缩进”样式的宏。将宏命名为“缩进格式”，然后对所有“标题 1”应用此宏。

准备

打开练习文档(\Word 素材\21 地球之旅. docx)。

注释

本题考查创建并应用宏。Word 提供两种方法来创建宏：宏录制器和 Visual Basic

代码编辑器。本题考查通过录制器来对宏的命名和内容进行编辑,并应用到编辑文档中。

解法

如图 2-72 到图 2-76 所示。

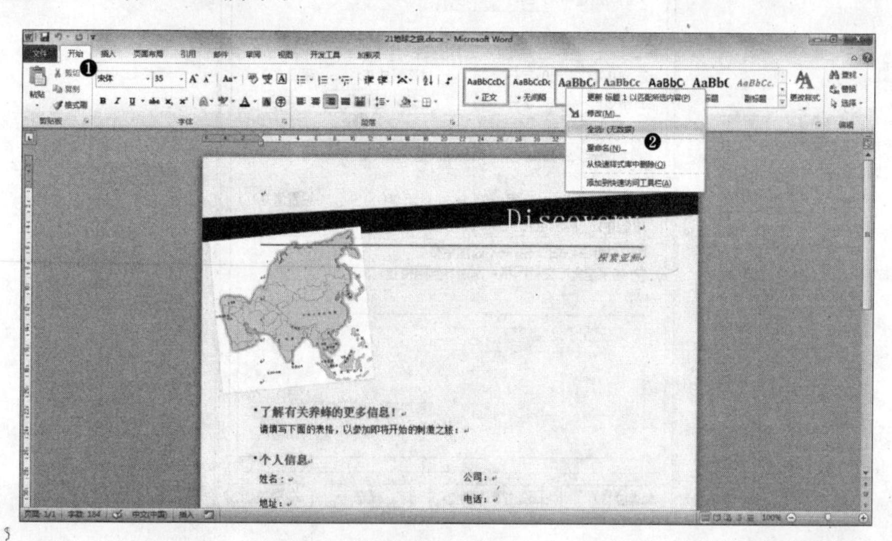

图 2-72

图 2-73

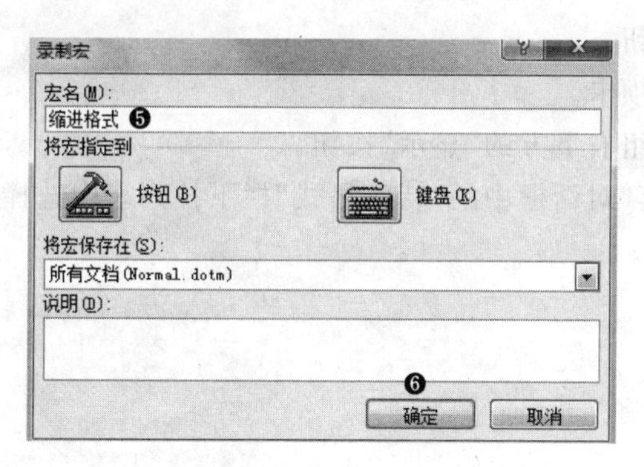

图 2-74

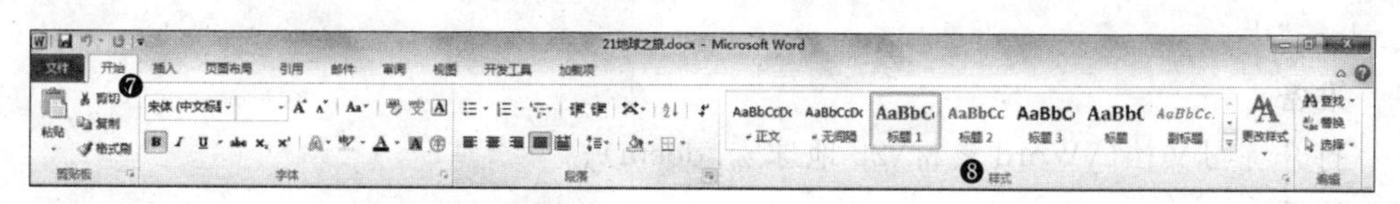

图 2-75

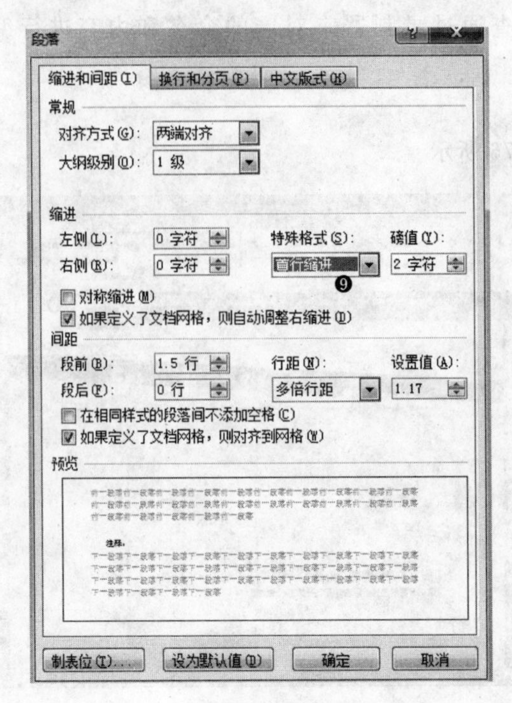

图 2-76

❶ 选择“开始”选项卡。

❷ 在“样式”群组中右击“标题 1”选项，选择“全选”命令。

❸ 选择“开发工具”选项卡。

❹ 在“代码”群组中单击“录制宏”按钮。

❺ 在弹出的“录制宏”对话框中的“宏名”栏中输入“缩进格式”。

❻ 单击“确定”按钮。

❼ 选择“开始”选项卡。

❽ 单击“段落”群组右下方的“显示”按钮。

❾ 在弹出的“段落”对话框中的“特殊格式”栏下拉列表中选择“首行缩进”选项，单击“确定”按钮，完成操作。

题目 22

试题内容

复制“22 地球宏. docm”中的宏，并将其保存至“文档”文件夹中的“21 管理宏. docx”中。

准备

打开练习文档(\Word 素材\22 地球宏. docm)。

注释

本题考查宏管理。宏是一个批处理程序命令，正确地运用它可以提高工作效率，加速日常编辑和格式设置。宏能够组合多个命令，例如能快捷地插入具有指定尺寸和边框、指定行数和列数的表格，使对话框中的选项更易于访问，或自动执行一系列复杂的任务。

解法

如图 2-77 到图 2-80 所示。

图　2-77

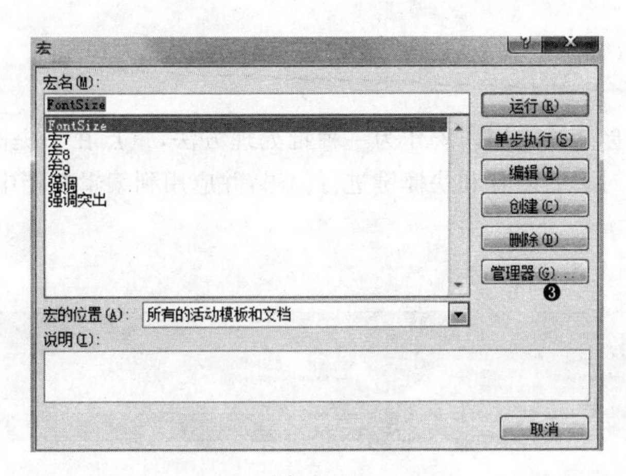

图　2-78

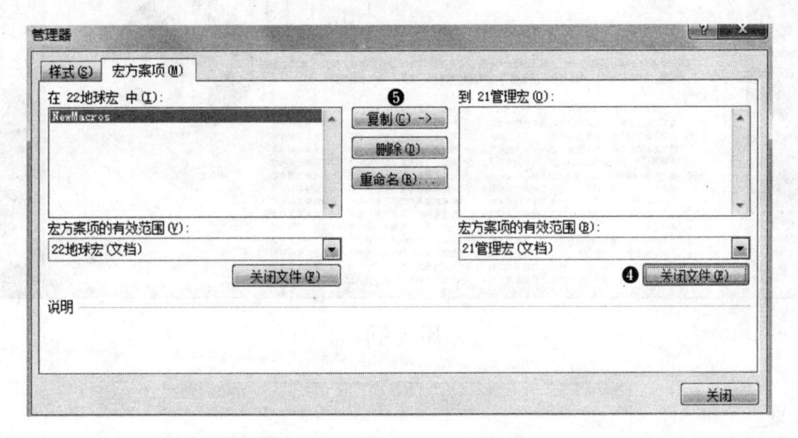

图　2-79

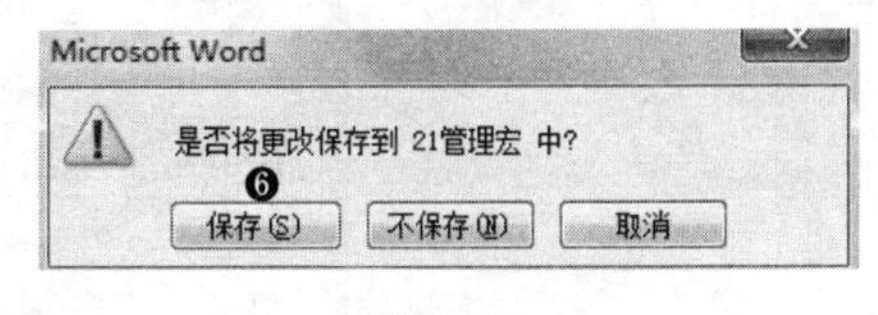

图　2-80

❶ 选择“开发工具”选项卡。

❷ 在“代码”群组中单击“宏”按钮。

❸ 在弹出的“宏”对话框中单击“管理器”按钮。

❹ 在弹出的“管理器”对话框中单击右侧的“关闭文件”按钮，打开“文档”文件夹中的“21 管理宏.docx”。

❺ 单击“复制”按钮。

❻ 单击“关闭”按钮，在弹出的询问窗口中单击“保存”按钮，完成操作。

题目 23

试题内容

录制新宏，并对文本应用加粗和倾斜效果。将该宏命名为“强调突出”，并将宏指定到键盘快捷键 Ctrl+9，对文档的标题“地球村”应用此宏。

准备

打开练习文档(\Word 素材\23 管理宏.docx)。

注释

本题考查宏的创建与应用。宏作为一种批处理方法，重点在于提高工作效率。本题考查通过录制器来对宏的内容和快捷键进行编辑，并应用到编辑文档中。

解法

如图 2-81 到图 2-85 所示。

图 2-81

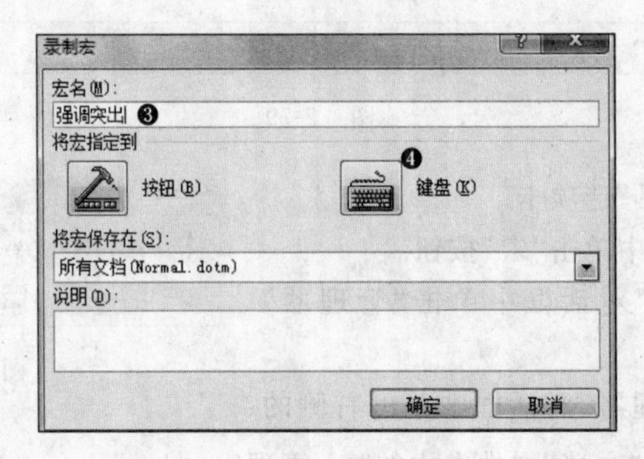

图 2-82

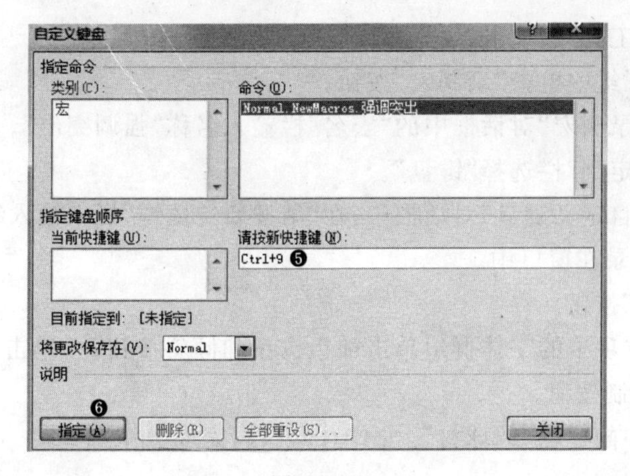

图 2-83

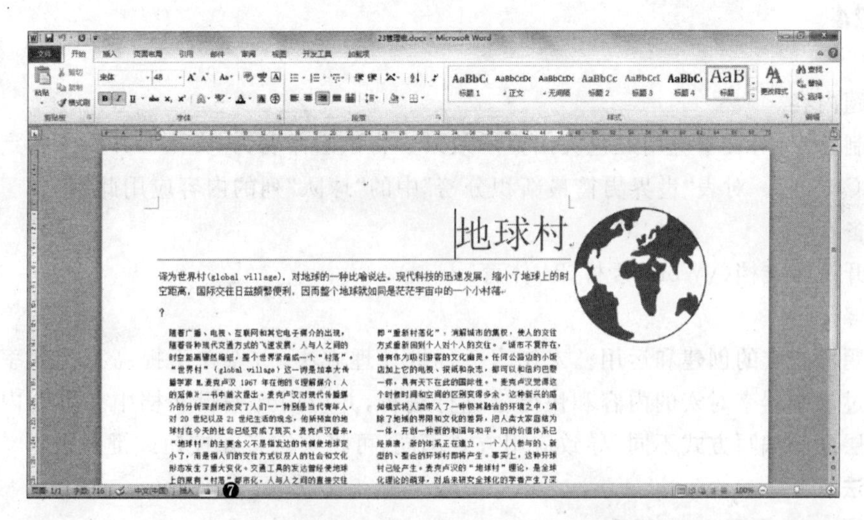

图 2-84

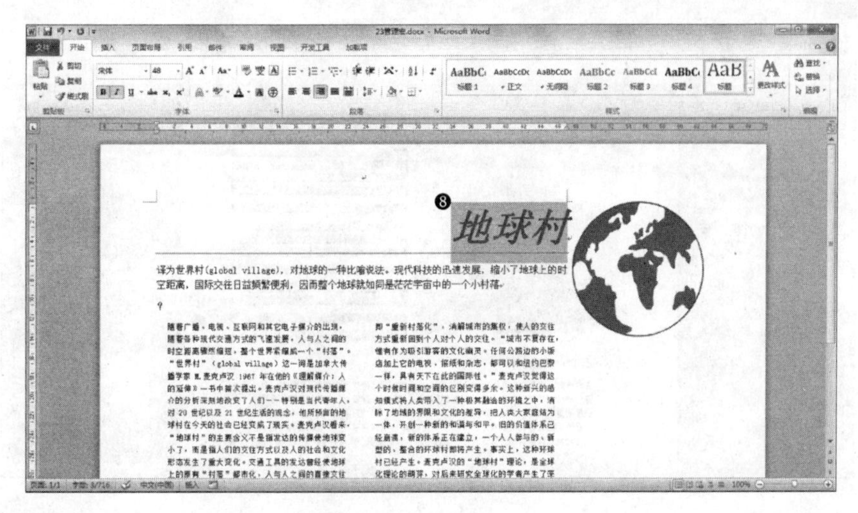

图 2-85

❶ 选择“开发工具”选项卡。

❷ 在“代码”群组中单击“录制宏”按钮。

❸ 在弹出的“录制宏”对话框中的“宏名”栏输入名称“强调突出”。

❹ 在“将宏指定到”栏选择“键盘”。

❺ 在弹出的“自定义键盘”对话框中，在“请按新快捷键”栏中输入组合键 “Ctrl＋9”，系统即可识别并记录在窗口中。

❻ 单击“指定”按钮。

❼ 在“开始”选项卡的字体群组单击加粗按钮和倾斜按钮，并单击 Word 窗口下方的状态栏中的停止录制按钮。

❽ 选中正文中的标题“地球村”，按 Ctrl＋9 键，完成操作。

题目 24

试题内容

录制新宏，对文本应用红色突出显示效果。将该宏命名为“突出”，并将宏指定到键盘快捷键 Ctrl＋7。对表“世界男篮最新积分榜”中的“球队”列的内容应用此宏。

准备

打开练习文档(\Word 素材\24 体育. docx)。

注释

本题考查宏的创建和运用。宏作为一种批处理方法，重点在于提高工作效率。本题考查通过录制器来对宏的内容和快捷键进行编辑，并应用到编辑文档中。不同内容的宏在代码层面的编写方式不同，导致应用方式不同，可将宏定义在按钮或键盘上。

解法

如图 2-86 到图 2-91 所示。

图 2-86

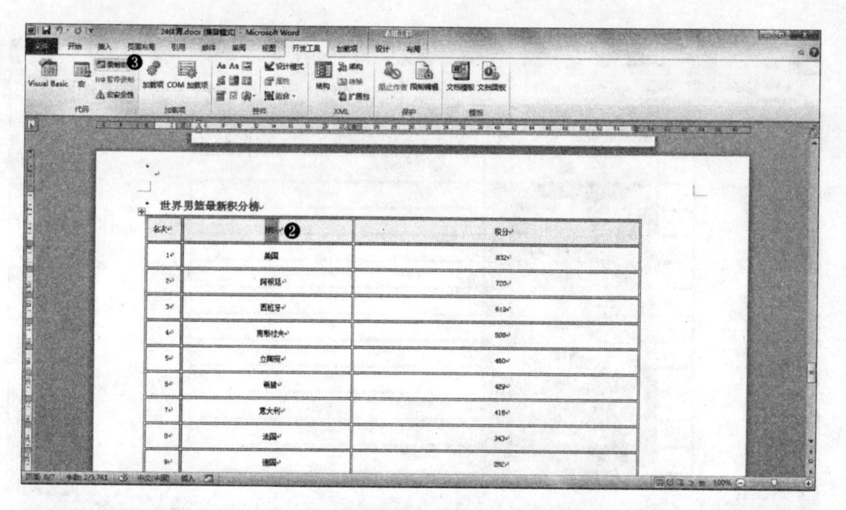

图 2-87

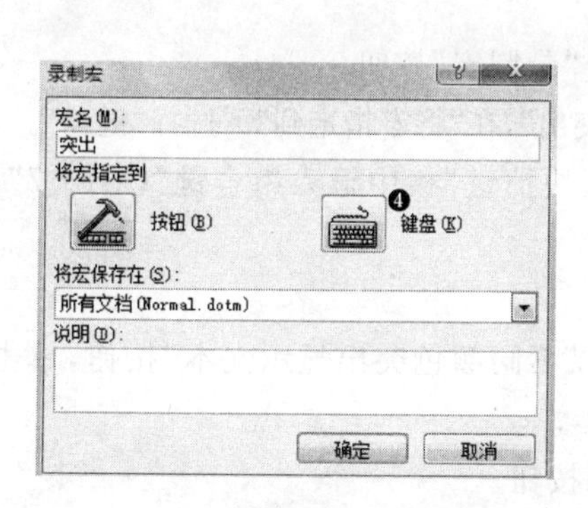

图 2-88

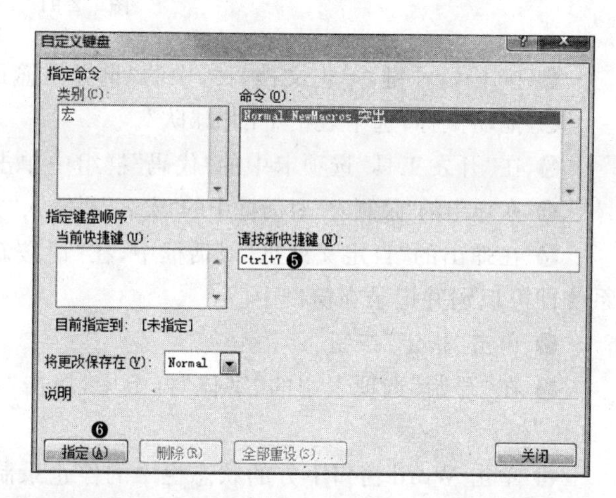

图 2-89

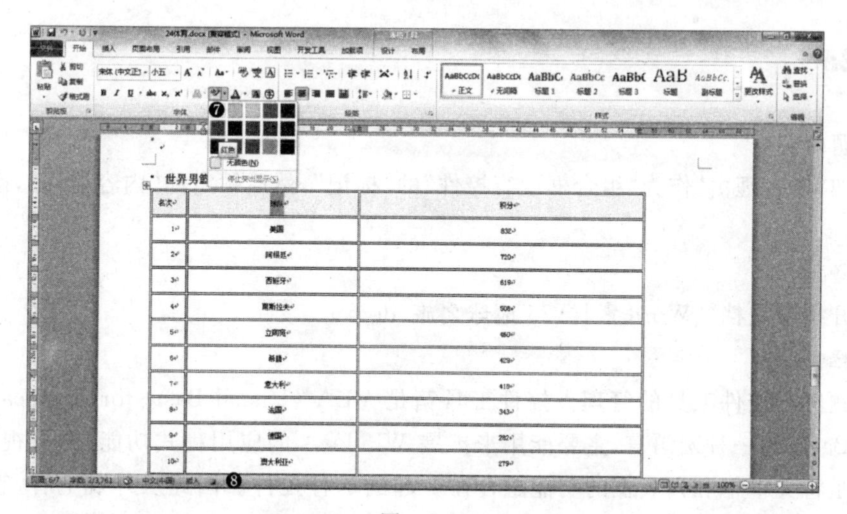

图 2-90

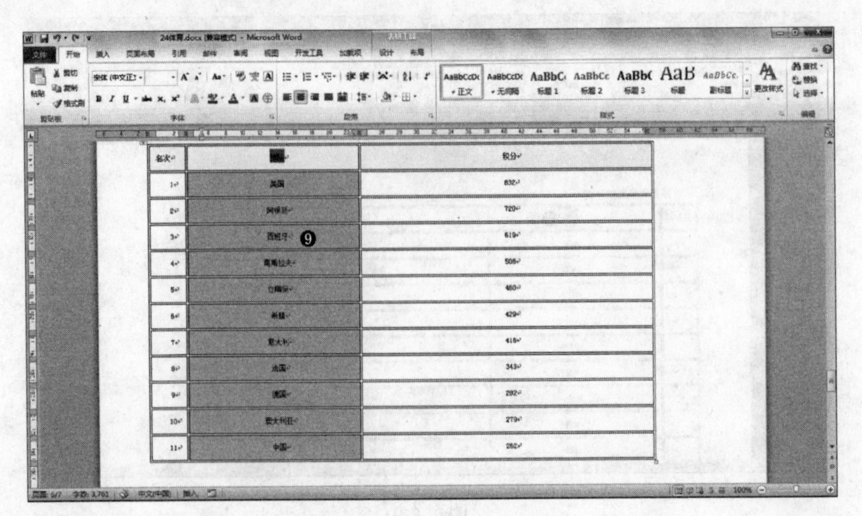

图 2-91

❶ 按下 Ctrl 键,单击文档目录中的"世界男篮最新积分榜"行。

❷ 拖动鼠标,选中表格中的"球队"。

❸ 在"开发工具"选项卡中的"代码"群组中单击"录制宏"按钮。

❹ 在弹出的"录制宏"对话框中的"宏名"栏输入"突出",在"将宏指定到"下选择"键盘"。

❺ 在弹出的"自定义键盘"对话框中,在"请按新快捷键"栏中输入组合键"Ctrl+7",系统即可识别并记录在窗口中。

❻ 单击"指定"按钮。

❼ 在"开始"选项卡中的"字体"群组中,单击"以不同颜色突出显示文本"按钮,单击"红色"格。

❽ 单击 Word 窗口下方的状态栏中的停止录制按钮。

❾ 拖动鼠标,全选"球队"列中除"球队"两字以外的内容,按 Ctrl+7 键,完成操作。

题目 25

试题内容

添加"加入理由"作为"组合框内容控件"的"标记",然后锁定此"内容控件",使其无法被删除。

准备

打开练习文档(\Word 素材\25 地球之旅. docx)。

注释

本题考查控件工具的管理。控件工具箱是 VBA (Visual Basic for Applications,是 Visual Basic 的一种宏语言,主要能用来扩展 Windows 的应用程式功能)的可视化界面,组合框是将文本框和列表框的功能融合在一起的一种控件。因此从外观上看,它包含列表框和文本框两个部分,程序运行时,在列表框中选中的列表项会自动填入文本框。本题考查对组合框内容控件的各种属性的设置。

解法

如图 2-92 和图 2-93 所示。

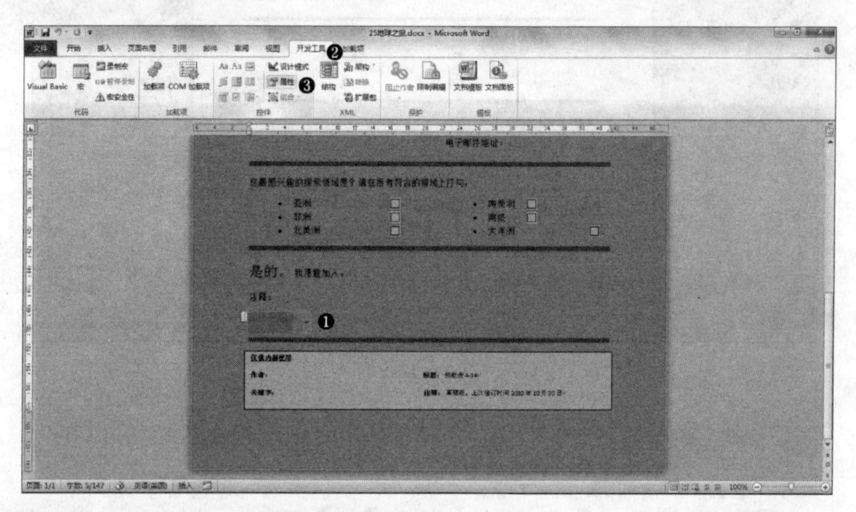

图 2-92

❶ 在正文中拖动鼠标，选中位于“注释：”下方的组合框内容控件。

❷ 选择“开发工具”选项卡。

❸ 在“控件”群组中单击“属性”按钮。

❹ 在弹出的“内容控件属性”对话框中“标记”栏输入文字“加入理由”。

❺ 勾选“无法删除内容控件”复选框，单击“确定”按钮，完成操作。

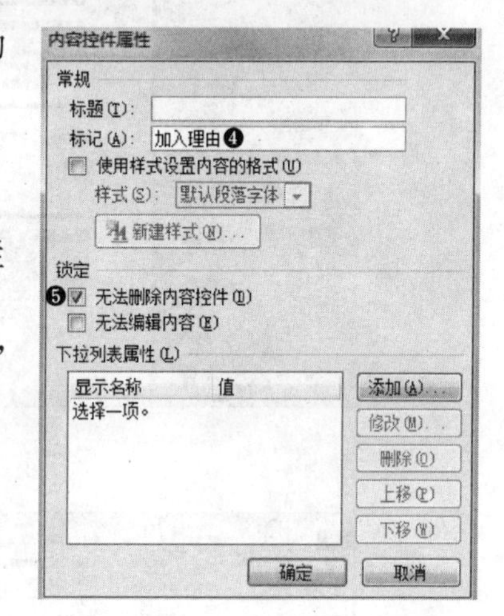

图 2-93

题目 26

试题内容

将格式文本内容控件替换为纯文本内容控件。

准备

打开练习文档(\Word 素材\26 地球之旅.docx)。

注释

本题考查控件工具的管理。控件工具箱是 VBA 的可视化界面，本题考查对控件种类的熟悉程度，使用纯文本内容控件可包括不带格式的文本，任何应用格式都会影响控件中的所有文本。

解法

如图 2-94 到图 2-96 所示。

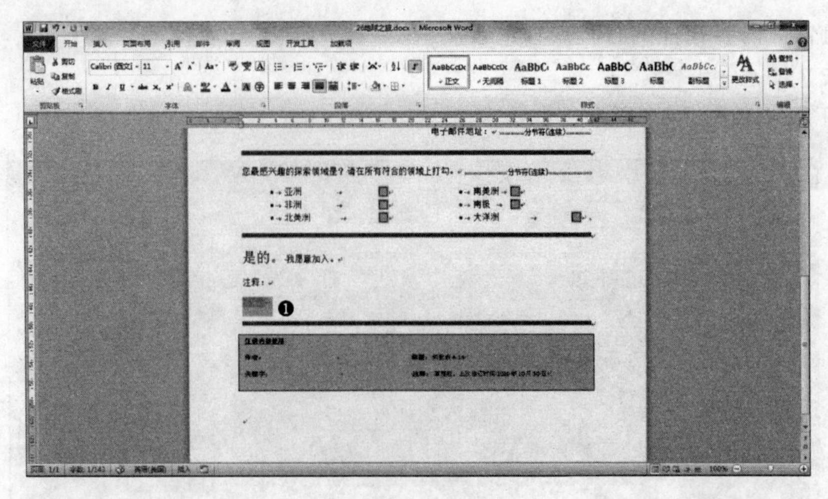

图　2-94

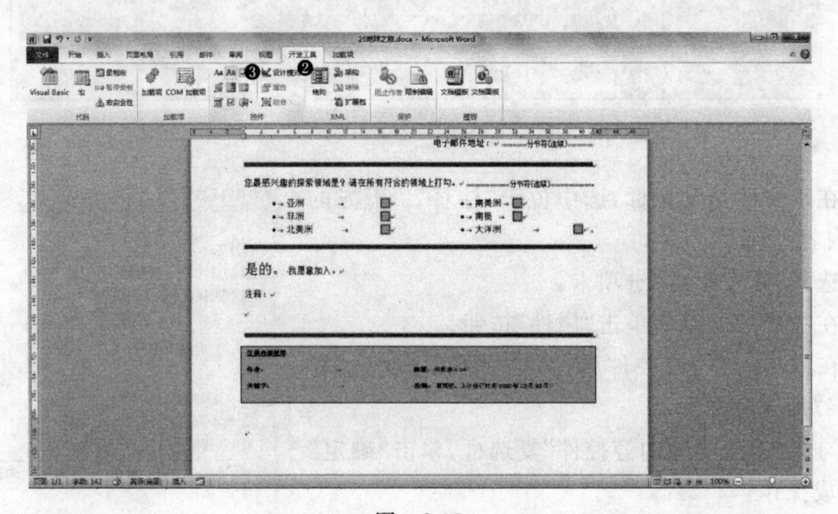

图　2-95

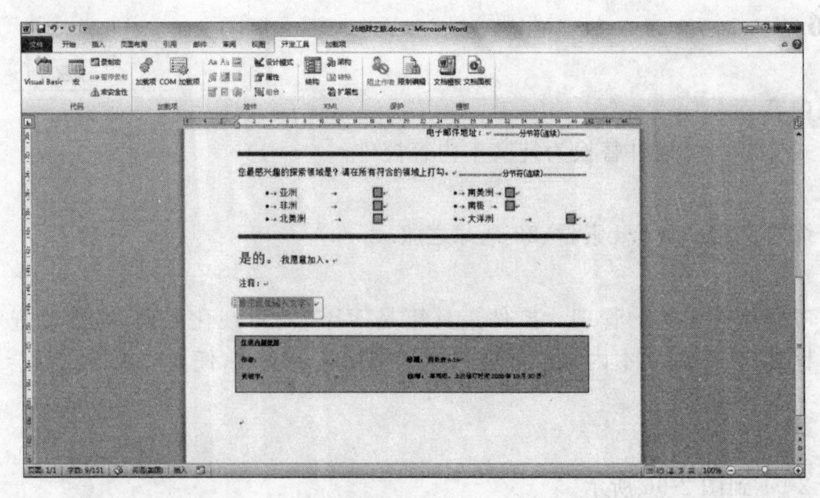

图　2-96

❶ 在正文中拖动鼠标选中位于“注释：”下方的格式文本内容控件并将其删除。

❷ 选择“开发工具”选项卡。

❸ 在“控件”群组中单击“纯文本内容控件”按钮，完成操作。

效果如图 2-96 所示。

题目 27

试题内容

为名称为“其他”的复选框（窗体控件）添加如下帮助文本：“其他兴趣”。

准备

打开练习文档（\Word 素材\27 亚洲.docx）。

注释

本题考查对复选框的帮助文本的设置。帮助文本内容将在选中控件时显示在文档的左下角，用于提示该控件的属性或用处。

解法

如图 2-97 到图 2-99 所示。

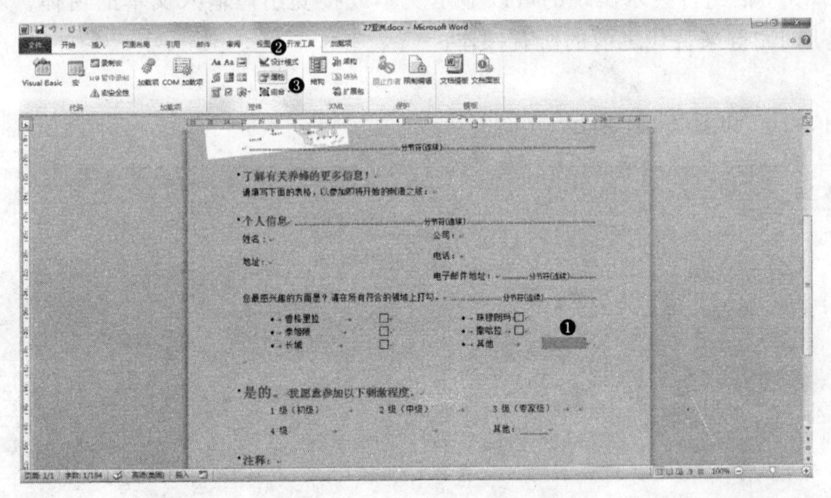

图 2-97

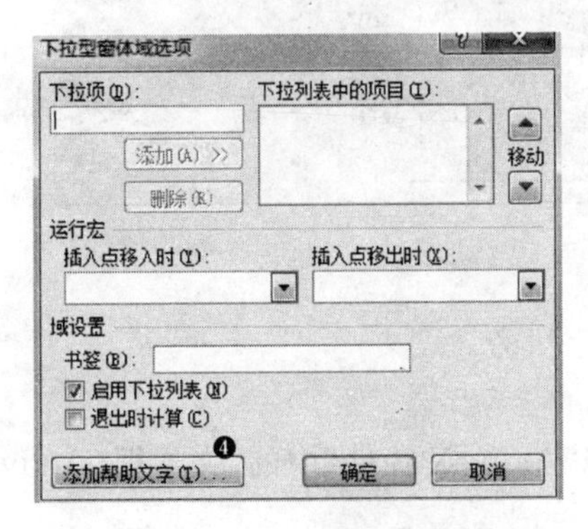

图 2-98

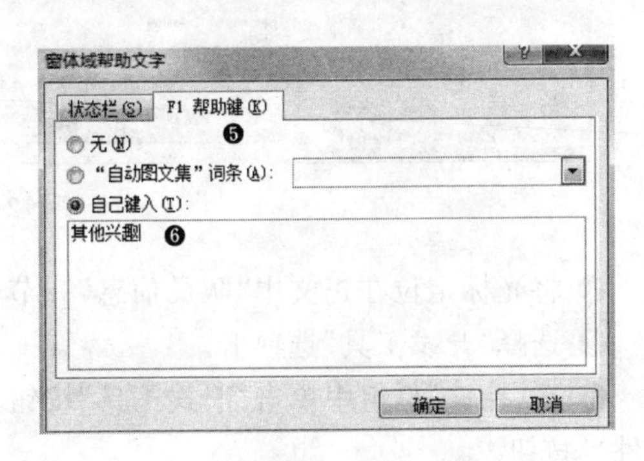

图 2-99

❶ 在正文中拖动鼠标选中位于“其他”右侧的复选框(窗体控件)。

❷ 选择“开发工具”选项卡。

❸ 在“控件”群组中单击“属性”按钮。

❹ 在弹出的“下拉窗体域选项”对话框中单击“添加帮助文字”按钮。

❺ 在弹出的“窗体域帮助文字”对话框中选择“F1 帮助键”选项卡。

❻ 在“自己键入”栏中输入“其他兴趣”,单击“确定”按钮,完成操作。

题目 28

试题内容

在“队员信息”的所有字段旁添加文本框(ActiveX 控件)。

准备

打开练习文档(\Word 素材\28 素材 c. docx)。

注释

本题考查对节的定位以及对 ActiveX 控件的熟悉程度。文本框(ActiveX 控件)是通过 Windows 下的组件技术实现的可以显示文本或接受用户输入文本的窗体。本题的快捷操作是用 F4 键来替代之前的所有操作。

解法

如图 2-100 和图 2-101 所示。

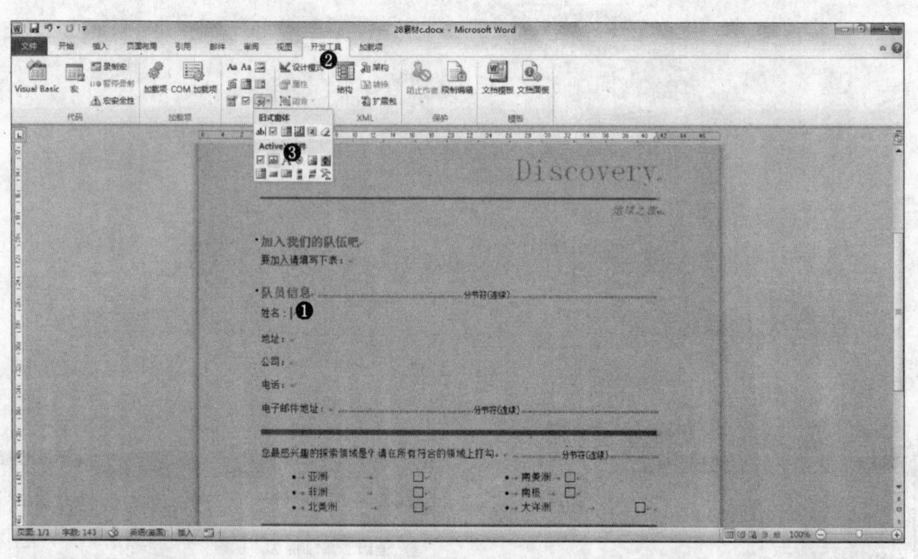

图 2-100

❶ 将光标定位在正文中“队员信息”一节中的字段旁。

❷ 选择“开发工具”选项卡。

❸ 在“控件”群组中单击“旧式工具”按钮,单击“ActiveX 控件”中的“文本框(ActiveX 控件)”按钮。

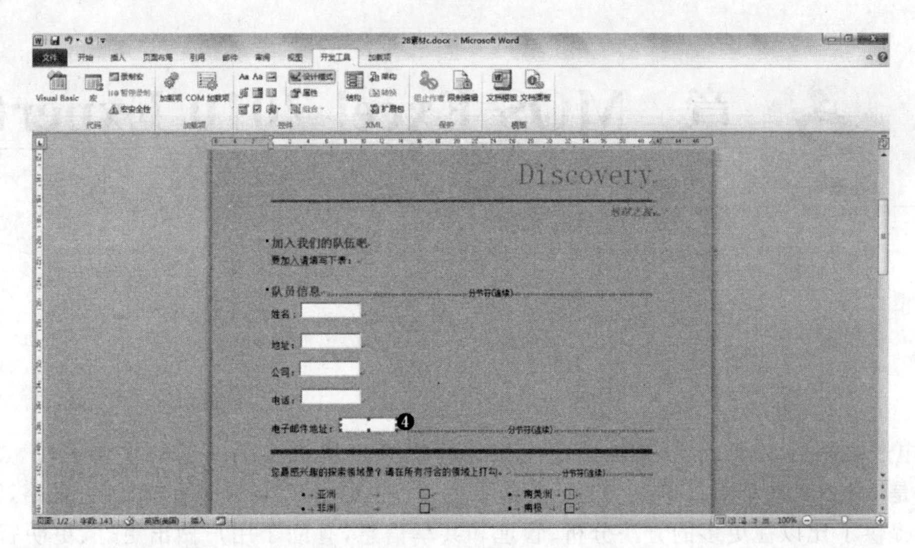

图 2-101

❹ 在正文中的“队员信息”一节中的其他字段旁分别按 F4 键，完成操作。

第 3 章 MOS Excel 2010 Expert

电子表格是工作、学习和生活中使用计算机高效解决实际问题的重要手段。Excel 2010 是 Microsoft Office 2010 软件的组件之一，主要用于编制和处理电子表格，Excel 2010 提供了比以往更多的方法分析、管理和共享信息，有助于用户做出更好、更明智的决策，全新的分析和可视化工具可帮助用户跟踪和突出显示重要的数据趋势，Excel 2010 能够帮助用户更高效、更灵活地实现目标。

Excel 2010 环境中有关“开发工具”选项卡的说明参见第 2 章中的相关内容。

3.1 呈现可视化数据

题目 1

试题内容

在工作表的“区域销售”中创建数据透视图，按照销售人员显示每个季度的地区“上海”的食用油销售量。将“地区”作为报表筛选但不作为轴字段，将“销售人员”作为轴字段，并将该工作表放入新工作表中。

准备

打开练习文档(\Excel 素材\1. 区域销售. xlsx)。

注释

本题考查对 Excel 中数据透视表的应用。数据透视表是一种交互式的表，可以进行某些计算，如求和与计数等，它所进行的计算与表中的数据和排列有关。

解法

如图 3-1 到图 3-5 所示。

❶ 选择“插入”选项卡。

❷ 在“表格”群组中单击“数据透视表”按钮，选择“数据透视图”命令。

❸ 在弹出的“创建数据透视表及数据透视图”对话框中，选择了数据范围后，单击“确定”按钮。

❹ 在“数据透视表字段列表”中，将“销售人员”拖曳至“轴字段”栏中。

❺ 将“地区”拖曳至“报表筛选”栏中。

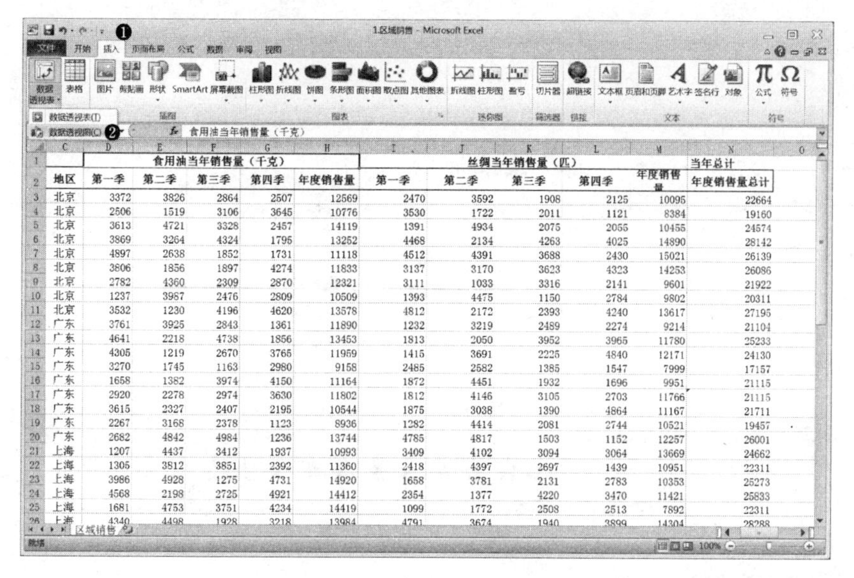

图　3-1

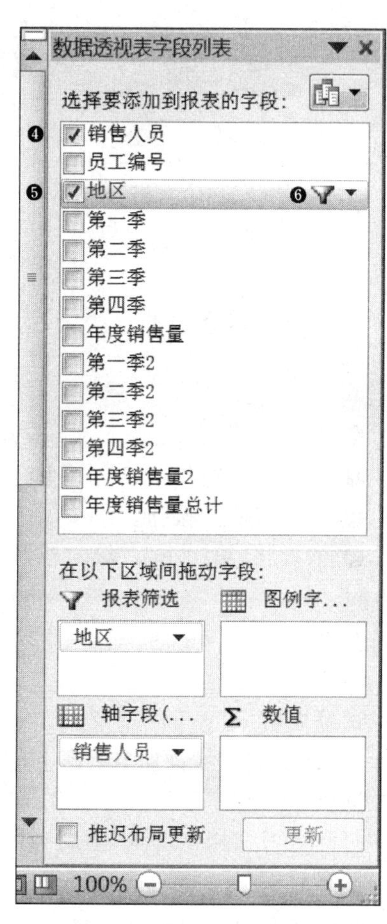

创建数据透视表及数据透视图

请选择要分析的数据

选择一个表或区域(S)

表/区域(T): 区域销售!$A$2:$N$56

使用外部数据源(U)

选择连接(C)...

连接名称:

选择放置数据透视表及数据透视图的位置

新工作表(N)

现有工作表(E)

位置(L):

确定　取消

图　3-2

图　3-3

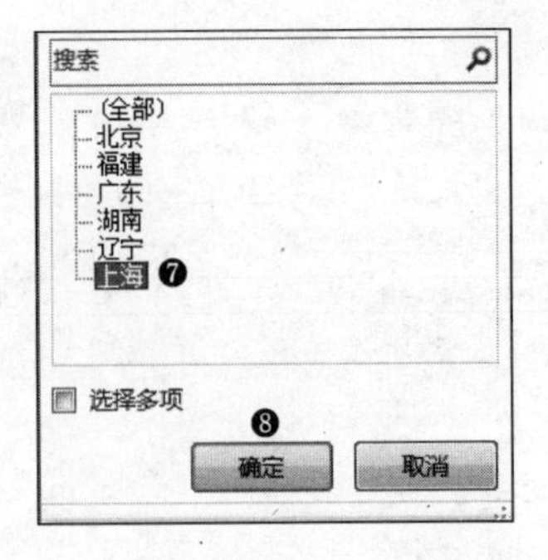

图　3-4

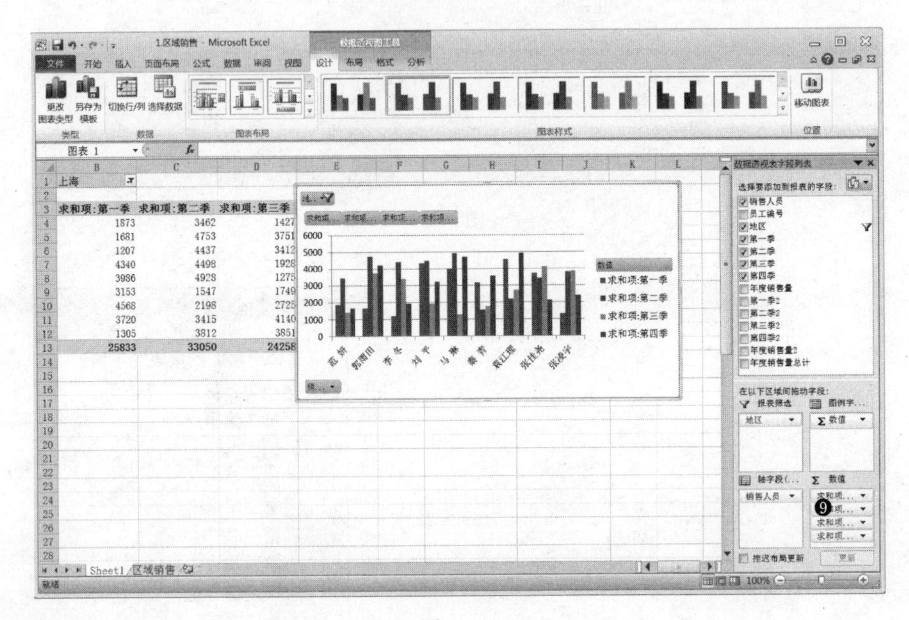

图　3-5

❻ 单击☑地区按钮。

❼ 在弹出的窗口中，单击“上海”选项。

❽ 单击“确定”按钮。

❾ 依次将“第一季”、“第二季”、“第三季”和“第四季”拖曳至“数值”栏中，完成操作。

题目 2

试题内容

在“薄荷”图表中添加多项式趋势线，该趋势线使用顺序 4，并且将趋势预测前推 3 个周期。

准备

打开练习文档(\Excel 素材\2. 采购箱数. xlsx)。

注释

本题考查对图表工具的基本运用。在 Excel 图表工具中，有通过趋势线预测周期的功能，“趋势线前推 n 周期”表示 Excel 会通过过去 n 个时间点的数据，为即将到来的下一时间点的数据进行预测，从而达到数据预测的目的。

解法

如图 3-6 和图 3-7 所示。

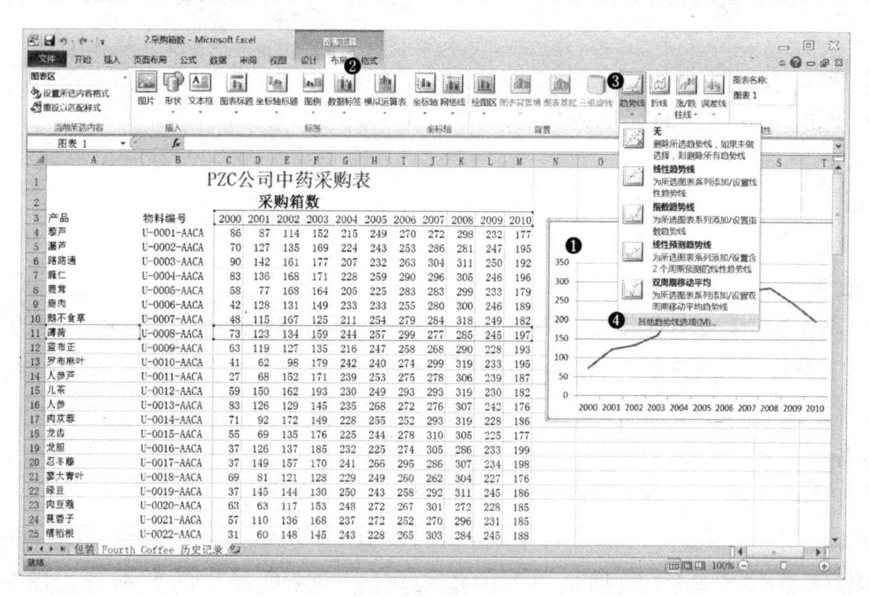

图 3-6

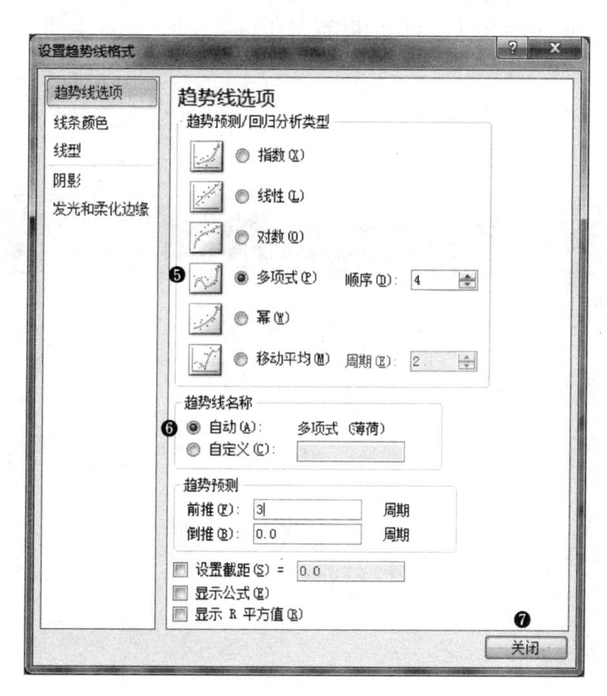

图 3-7

❶ 选择 Excel 表中的“薄荷”图表。

❷ 选择“图表工具栏”中的“布局”选项卡。

❸ 单击“趋势线”按钮。

❹ 在下拉菜单中选择“其他趋势线选项”。

❺ 在弹出的“设置趋势线格式”对话框中，选择“多项式”单选按钮，将“顺序”选项修改为 4。

❻ 修改“趋势预测”中“前推”栏的值为 3。

❼ 单击“确定”按钮，完成操作。

题目 3

试题内容

在“库存”工作表中创建数据透视图，按照“中药名称”显示在“仓库 1”中的“第一号店”、“第二号店”、“第三号店”和“第四号店”类别的库存量。使用“仓库”作为报表筛选，但不作为轴字段；使用“中药名称”作为轴字段。将该数据透视图放入新工作表中。

准备

打开练习文档(\Excel 素材\3. 库存量. xlsx)。

注释

本题考查对 Excel 中数据透视图的深入应用。Excel 提供的数据透视图是一种将数据透视表图形化的技术，能使用户更加方便地查看、比较和分析数据的模式与趋势。它是一种分析动态数据的工具，可以根据不同的分析目的来进行汇总、分析和浏览数据。

解法

如图 3-8 到图 3-12 所示。

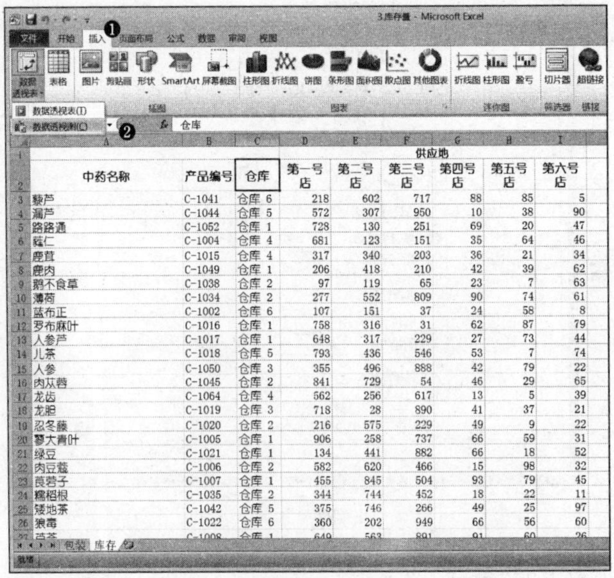

图 3-8

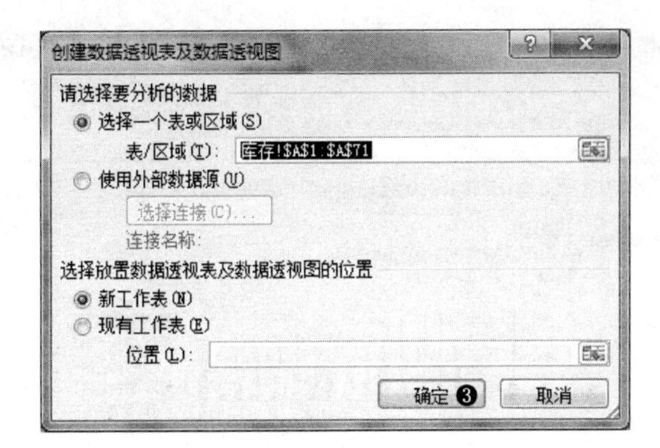

图 3-9

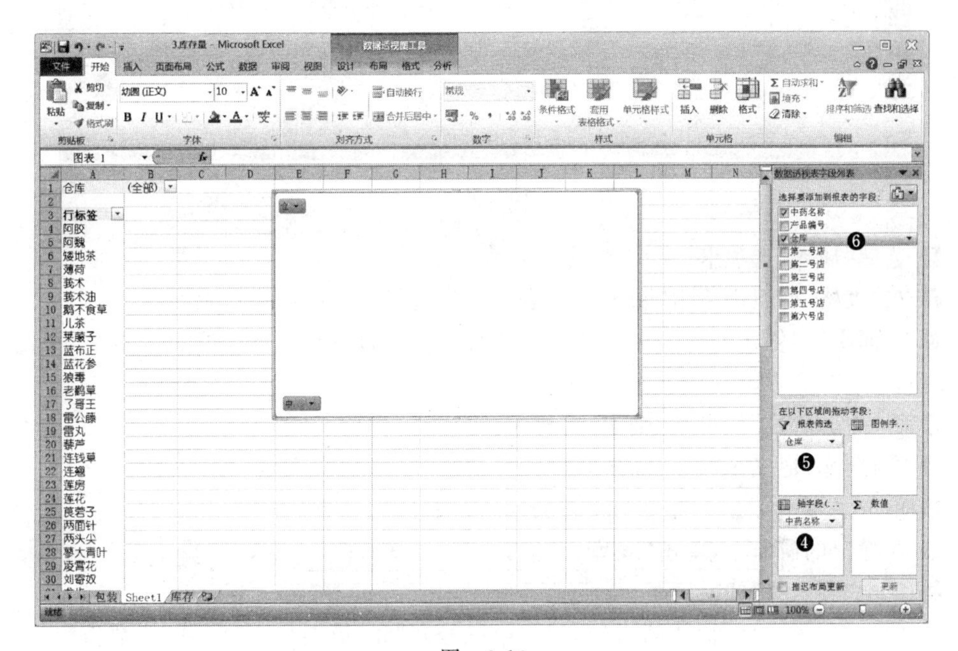

图 3-10

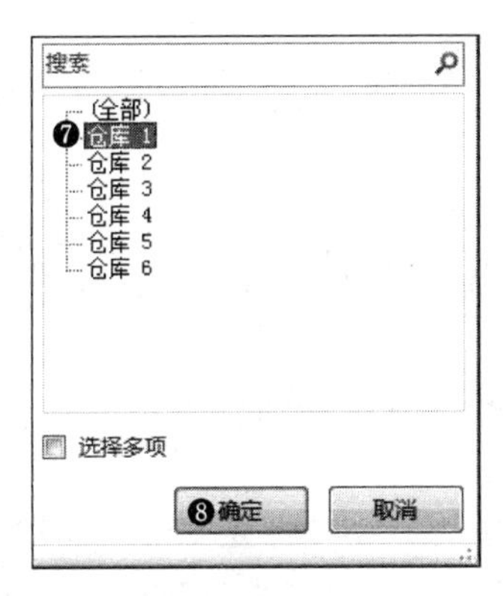

图 3-11

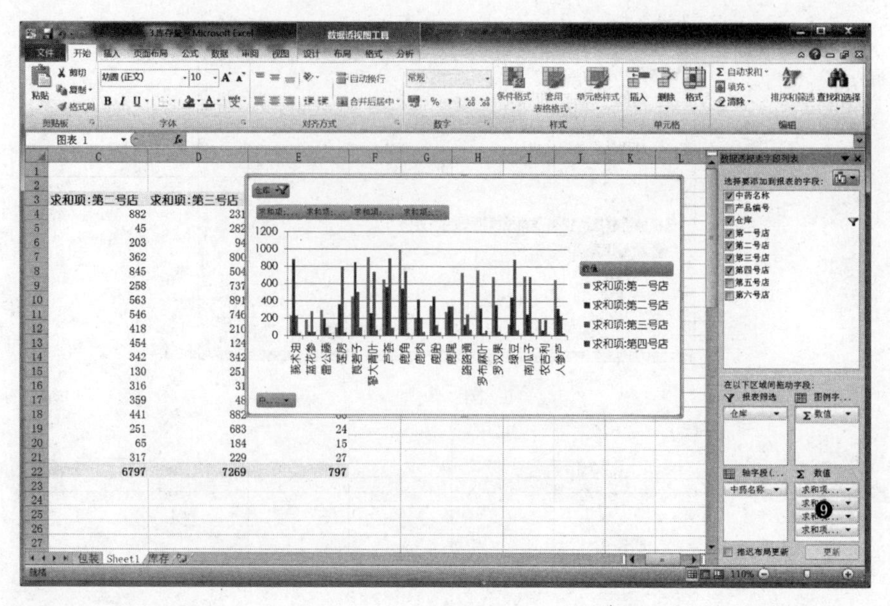

图 3-12

❶ 选择“插入”选项卡。

❷ 在“表格”群组中单击“数据透视表”按钮，选择“数据透视图”命令。

❸ 在弹出的“创建数据透视表及数据透视图”对话框中，选择了数据范围后，单击“确定”按钮。

❹ 将“中药名称”拖曳至“轴字段”栏中。

❺ 将“仓库”拖曳至“报表筛选”栏中。

❻ 单击 ☑仓库 下拉按钮。

❼ 在弹出的窗口中，单击“仓库 1”选项。

❽ 单击“确定”按钮。

❾ 依次将“第一号店”、“第二号店”、“第三号店”和“第四号店”拖曳至“数值”栏中，完成操作。

题目 4

试题内容

在工作表“表”中插入切片器，以使数据透视表显示“供应地”和“分类”。

准备

打开练习文档(\Excel 素材\ 4. 订购数量. xlsx)。

注释

本题考查对切片器的应用能力。切片器是 Excel 2010 中新增的功能，它让用户能够直接对数据透视表进行筛选操作，还可以非常直观地查看筛选信息。

解法

如图 3-13 和图 3-14 所示。

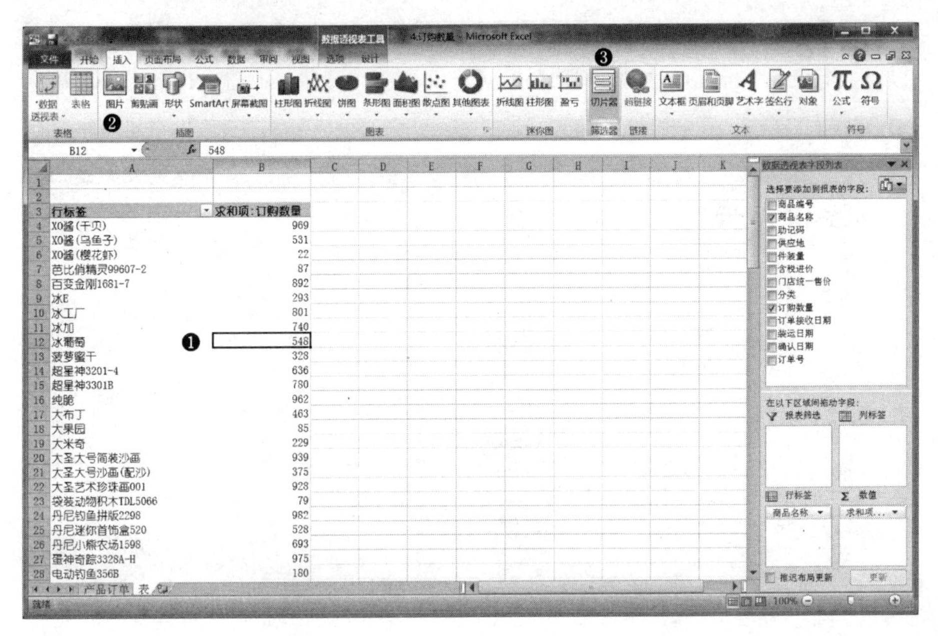

图 3-13

❶ 单击数据透视表中的任意一个单元格。

❷ 选择“插入”选项卡。

❸ 在“筛选器”群组中单击“切片器”按钮。

❹ 在弹出的“插入切片器”对话框中，勾选“供应地”复选框。

❺ 勾选“分类”复选框，单击“确定”按钮，完成操作。

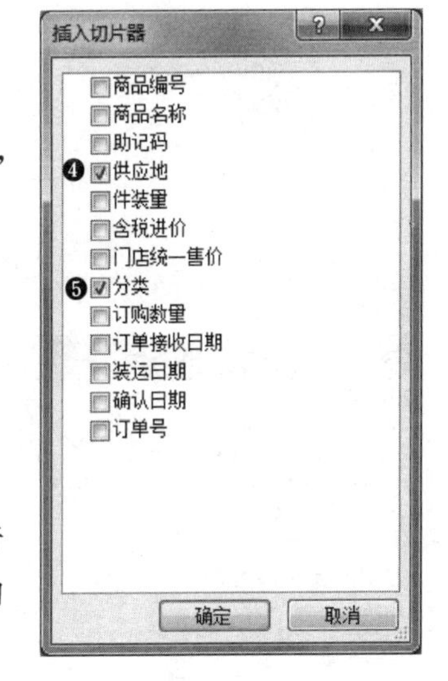

图 3-14

题目 5

试题内容

在新工作表中，创建数据透视表，该数据透视表的行标签为“商品名称”，列标签为“供应地”，最大值项为“订购数量”。

准备

打开练习文档(\Excel 素材\ 5. 产品订单. xlsx)。

注释

本题考查对数据透视表的掌握。数据透视表是一种交互式的表，可以进行某些计算，如求和与计数等，其中所进行的计算与数据，与表中数据的排列有关。

解法

如图 3-15 到图 3-18 所示。

商品编号	商品名称	助记码	供应地	件装量	含税进价	门店统一售价	分类
C0183201	XO酱(干贝)	XOJ(GB)	福州	1	45	75	食品
C0183202	XO酱(乌鱼子)	XOJ(WYZ)	包头	1	45	75	食品
C0183203	XO酱(樱花虾)	XOJ(YHX)	包头	1	45	75	食品
C0183204	芭比俏精灵99607-2	BBQJL99607-2	大同	1	15	18	玩具
C0183205	百变金刚1681-7	BBJG1681-7	长春	1	9.5	10	玩具
C0183206	冰E	BE	宁波	1	0.65	1	冷饮
C0183207	冰工厂	BGC	深圳	1	0.75	1	冷饮
C0183208	冰加	BJ	深圳	1	0.75	1	冷饮
C0183209	冰葡萄	BPT	深圳	1	0.7	1	冷饮
C0183210	菠萝蜜干	BLMG	包头	1	6	10	食品
C0183211	超星神3201-4	CXS3201-4	长春	1	14.5	18	玩具
C0183212	超星神3301B	CXS3301B	大同	1	17.5	30	玩具
C0183213	纯脆	CC	汕头	1	0.75	1	冷饮
C0183214	大布丁	DBD	汕头	1	0.7	1	冷饮
C0183215	大果园	DGY	汕头	1	1.458	2	冷饮
C0183216	大米奇	DMQ	汕头	1	1.75	2.5	冷饮
C0183217	大圣大号简装沙画	DSDHJZSH	福州	1	3.2	10	玩具
C0183218	大圣大号沙画(配沙)	DSDHSH(PS)	福州	1	2.5	10	玩具
C0183219	大圣艺术珍珠画001	DSYSZZH001	武汉	1	8	10	玩具
C0183220	袋装动物积木TDL5066	DZDWJMTDL5066	武汉	1	36	40	玩具
C0183221	丹尼钓鱼拼版2298	DNDYPB2298	太原	1	17	18	玩具
C0183222	丹尼迷你首饰盒520	DNMNSSH520	哈尔滨	1	22	25	玩具
C0183223	丹尼小熊农场1598	DNXXNC1598	太原	1	14	16	玩具
C0183224	蛋神奇踪3328A-H	DSQZ3328A-H	长春	1	13	15	玩具
C0183225	电动钓鱼356B	DDDY356B	太原	1	25	28	玩具

图 3-15

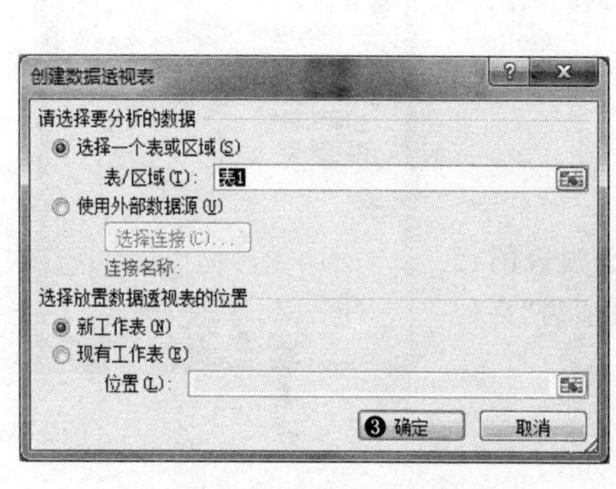

图 3-16

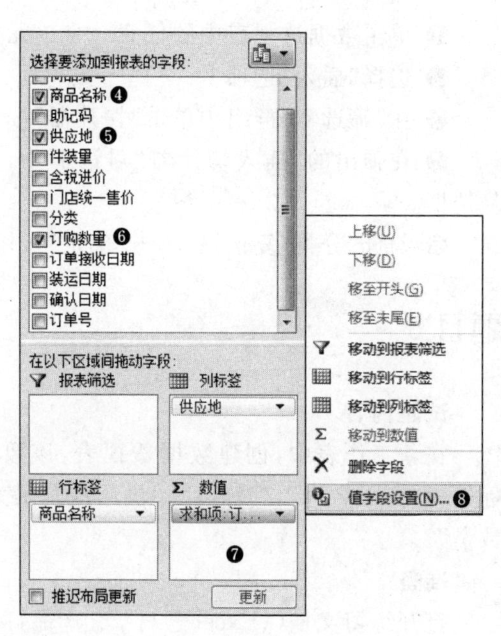

图 3-17

❶ 选择“插入”选项卡。

❷ 在“表格”群组中单击“数据透视表”按钮，选择“数据透视表”命令。

❸ 在弹出的“创建数据透视表”对话框中，选择了数据范围后，单击“确定”按钮。

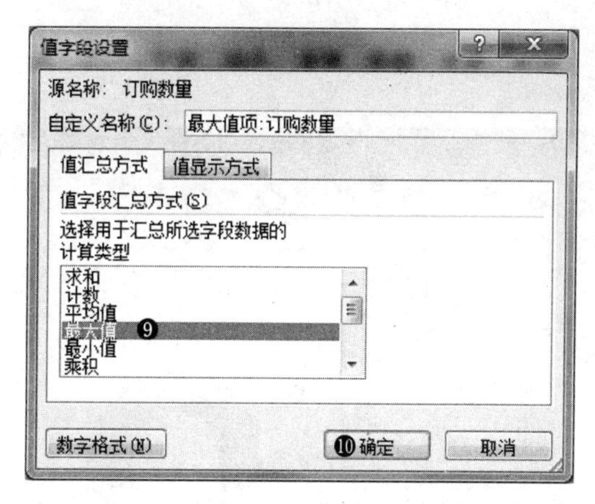

图　3-18

❹ 将“商品名称”选项拖曳至“行标签”栏中。

❺ 将“供应地”选项拖曳至“列标签”栏中。

❻ 将“订购数量”选项拖曳至“数值”栏中。

❼ 单击“数值”栏中的“订购数量”选项。

❽ 在弹出的菜单中，选择“值字段设置”命令。

❾ 在弹出的“值字段设置”对话框中，在“值汇总方式”选项卡中的列表框中选择“最大值”选项。

❿ 单击“确定”按钮，完成操作。

题目 6

试题内容

在工作表“区域销售”中，将图表样式更改为“样式 12”，并添加“水绿色，强调文字颜色 5”的形状填充。使用名称“图表(新)”将图表保存为图表模块。

准备

打开练习文档(\Excel 素材\6. 区域销售. xlsx)。

注释

本题考查对图表的应用能力。通过修改图表的“设计”、“布局”和“格式”等属性，能够让用户更加清晰地表示出表格的数据。

解法

如图 3-19 到图 3-23 所示。

❶ 单击要修改的图表。

❷ 选择“图表工具”栏中的“设计”选项卡。

❸ 单击“图表样式”群组中的下拉箭头，选择“样式 12”选项。

❹ 选择“图表工具”栏中的“格式”选项卡。

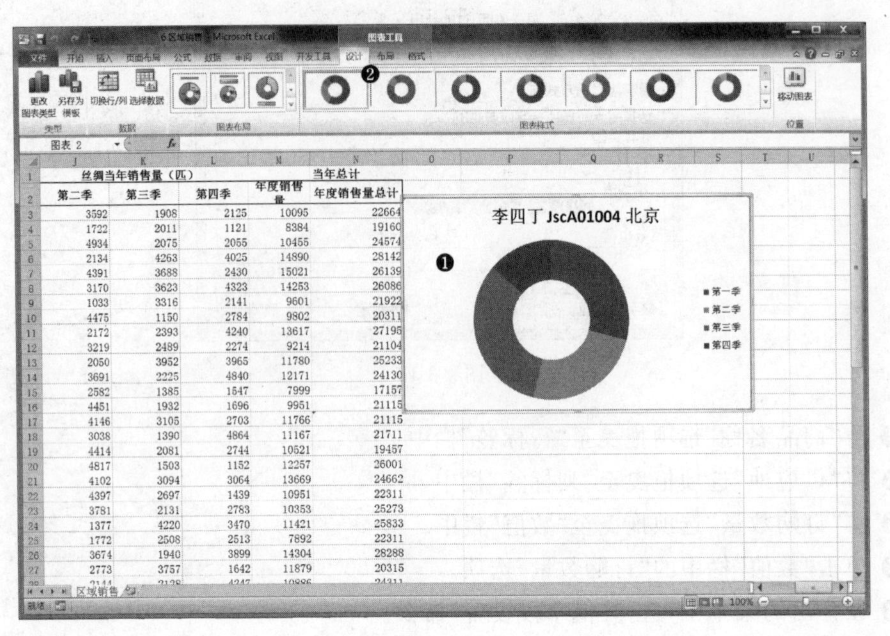
6 区域销售 - Microsoft Excel
图表工具
文件
开始
插入
页面布局
公式
数据
审阅
视图
开发工具
设计
布局
格式
更改图表类型
另存为模板
切换行/列
选择数据
图表布局
图表样式
移动图表
位置
丝绸当年销售量（四）
当年总计
第二季
第三季
第四季
年度销售量
年度销售量总计
李四丁 JscA01004 北京
第一季
第二季
第三季
第四季
区域销售
就绪
100%

图 3-19

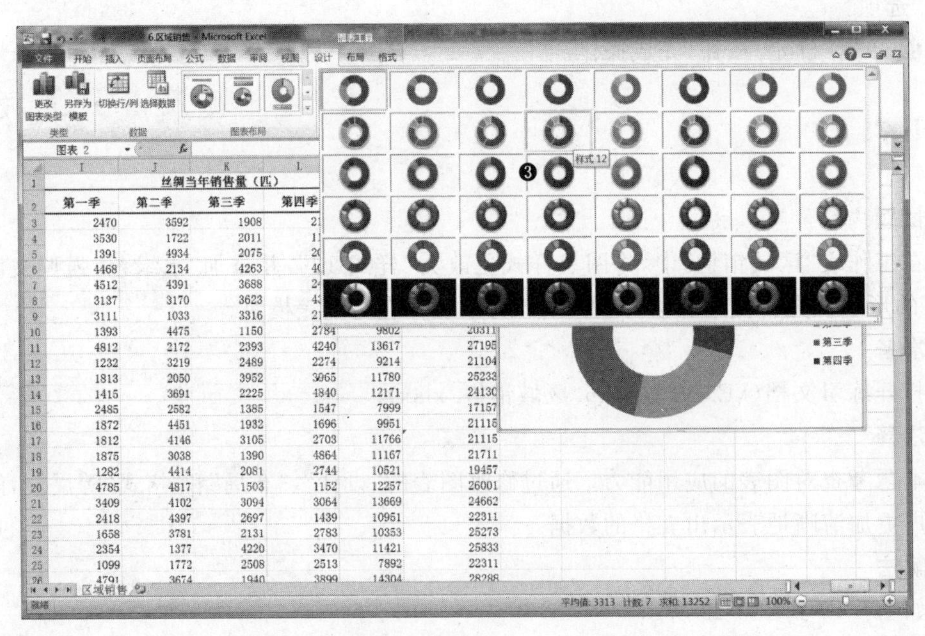
6 区域销售 - Microsoft Excel
图表工具
文件
开始
插入
页面布局
公式
数据
审阅
视图
设计
布局
格式
更改图表类型
另存为模板
切换行/列
选择数据
图表布局
样式 12
丝绸当年销售量（四）
第一季
第二季
第三季
第四季
第三季
第四季
区域销售
就绪
平均值: 3313 计数: 7 求和: 13252
100%

图 3-20

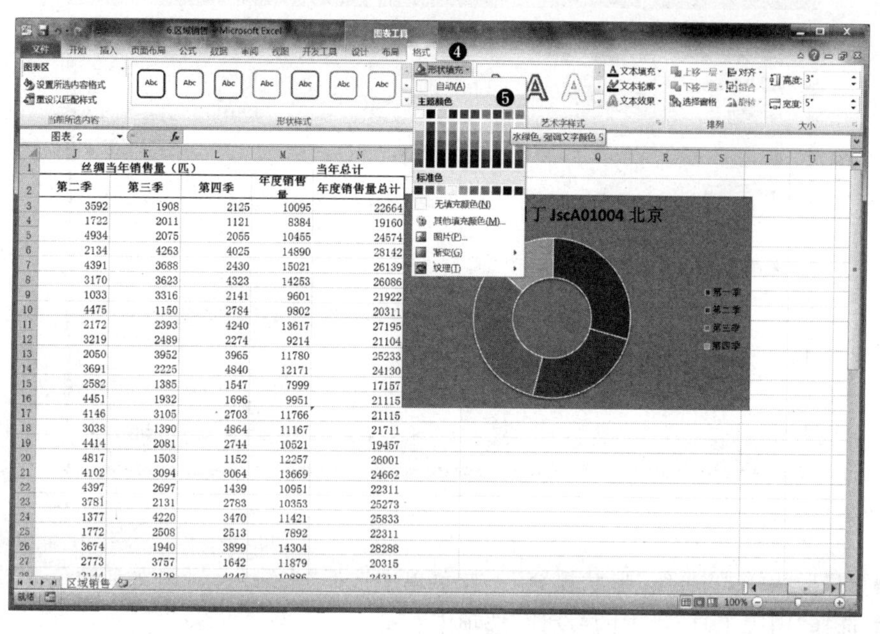

图　3-21

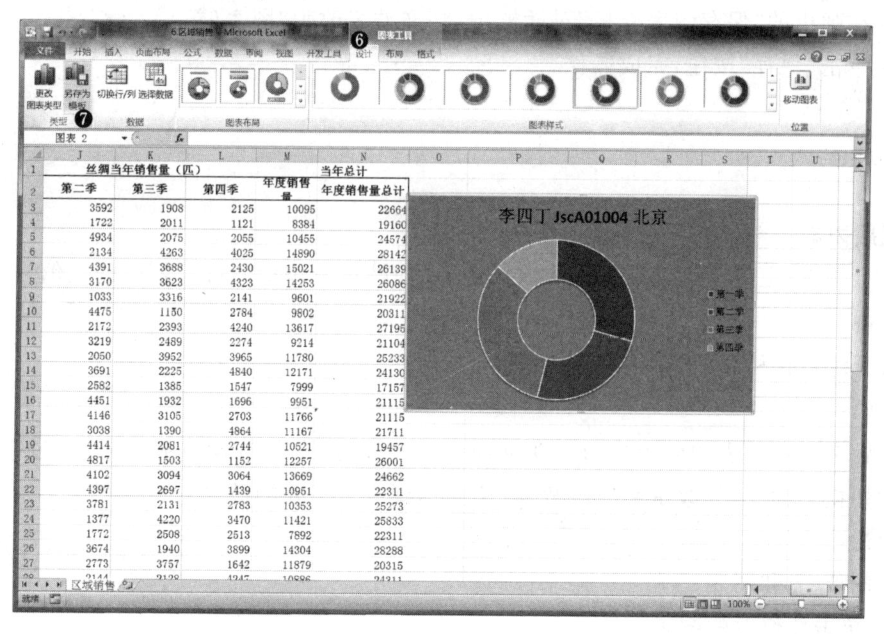

图　3-22

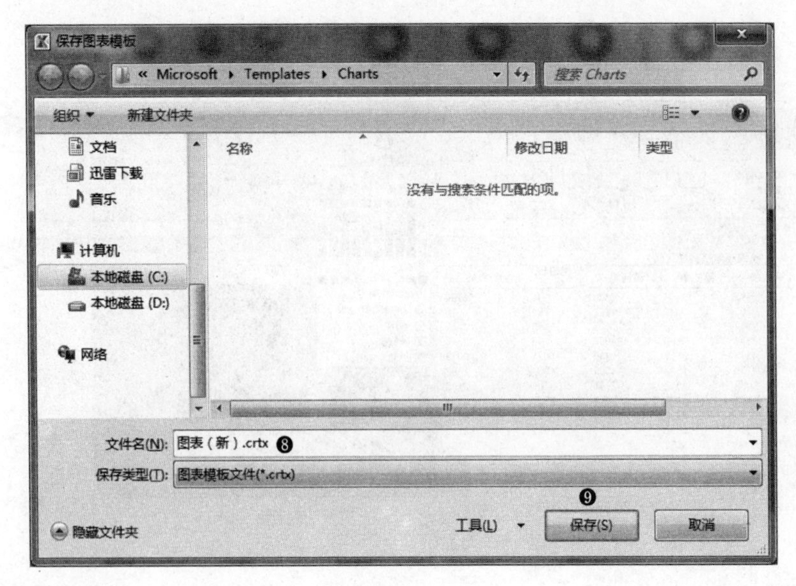

图 3-23

❺ 在“形状样式”群组“形状填充”下拉菜单中选择“水绿色,强调文字颜色 5”选项。

❻ 选择“图表工具”栏中的“设计”选项卡。

❼ 单击“另存为模板”按钮。

❽ 在弹出的“保存图表模板”对话框中,将文件名改为“图表(新)”。

❾ 单击“保存”按钮,完成操作。

题目 7

试题内容

在工作表“主管”中,修复表格的数据源,以使柱形图包括“赵四已”行的数值。

准备

打开练习文档(\Excel 素材\7. 主管. xlsx)。

注释

本题考查对图表的应用能力。在 Excel 中,可以在原有图表的基础上,通过“选择数据”和“切换行列”等修改重新修改数据,从而达到用户想要的效果。

解法

如图 3-24 和图 3-25 所示。

❶ 单击要修改的图表。

❷ 选择“图表工具”栏中的“设计”选项卡。

❸ 在“数据”群组中单击“选择数据”按钮。

❹ 在弹出的“选择数据源”对话框中,框选所有人员的区域和销售量。

❺ 单击“确定”按钮,完成操作。

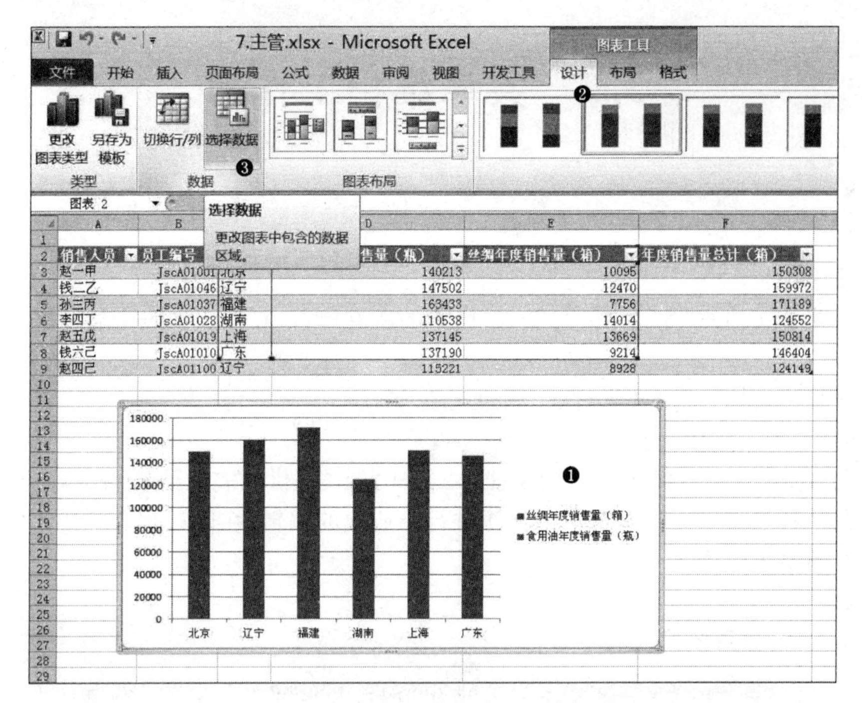
7.主管.xlsx - Microsoft Excel
图表工具
文件
开始
插入
页面布局
公式
数据
审阅
视图
开发工具
设计
布局
格式
更改图表类型
另存为模板
切换行/列
选择数据
类型
数据
图表布局
选择数据
更改图表中包含的数据区域。
销售人员
员工编号
丝绸年度销售量（箱）
年度销售量总计（箱）
赵一甲
钱二乙
孙三丙
李四丁
赵五戊
钱六己
赵四己
北京
辽宁
福建
湖南
上海
广东
丝绸年度销售量（箱）
食用油年度销售量（瓶）

图 3-24

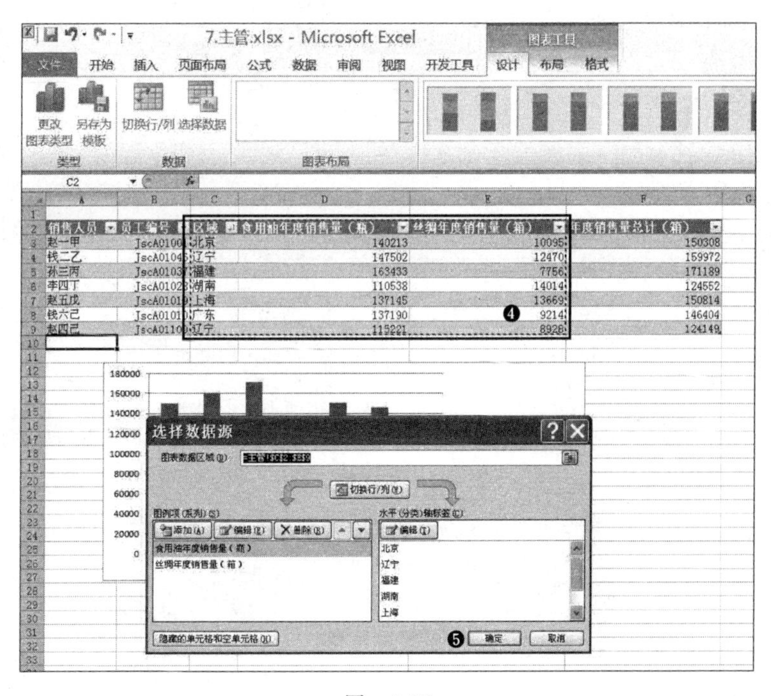
7.主管.xlsx - Microsoft Excel
图表工具
文件
开始
插入
页面布局
公式
数据
审阅
视图
开发工具
设计
布局
格式
更改图表类型
另存为模板
切换行/列
选择数据
类型
数据
图表布局
销售人员
员工编号
区域
食用油年度销售量（瓶）
丝绸年度销售量（箱）
年度销售量总计（箱）
选择数据源
切换行/列
北京
辽宁
福建
湖南
上海

图 3-25

3.2 共享维护工作簿

题目 8

试题内容

显示共享文档的“除我之外每个人”已作的所有修订，在新工作表中显示修订。

准备

打开练习文档(\Excel 素材\8. 原始成绩. xlsx)。

注释

本题考查对 Excel 共享修订的功能。Excel 2010 提供的表格编辑和修订功能能够方便用户在共享工作簿后更好地对工作簿进行专业化的编辑，在修订时，可以将“修订”的选项按用户的要求改变。

解法

如图 3-26 和图 3-27 所示。

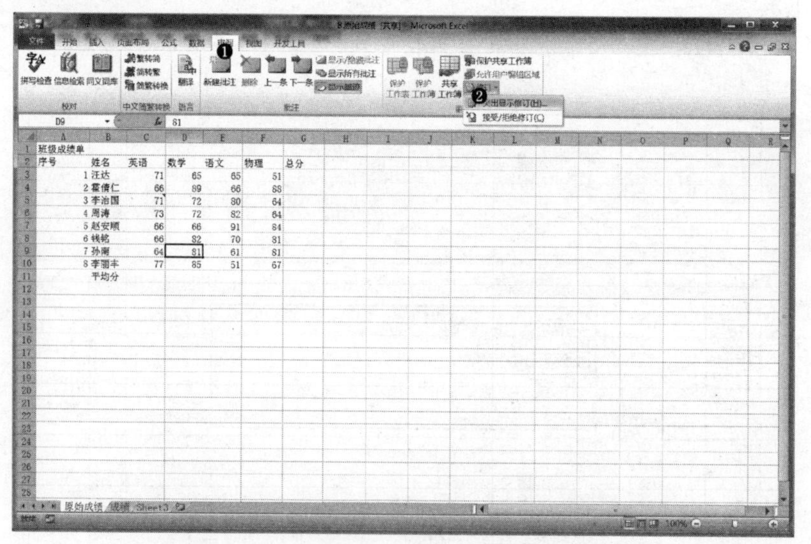

图 3-26

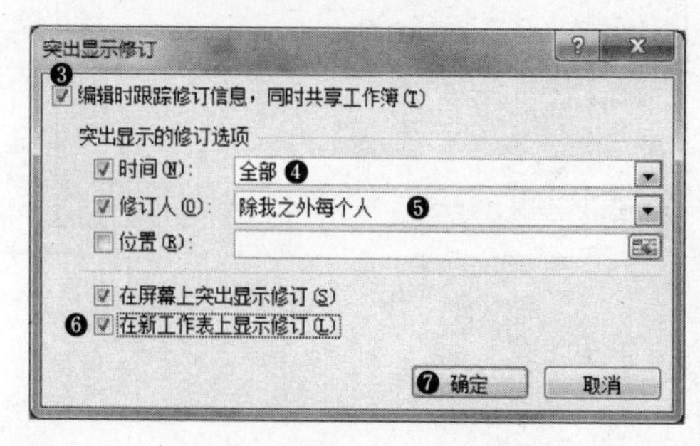

图 3-27

❶ 选择“审阅”选项卡。

❷ 在“更改”群组中单击“修订”按钮，选择“突出显示修订”命令。

❸ 在弹出的“突出显示修订”对话框中勾选“编辑时跟踪修订信息，同时共享工作簿”复选框。

❹ 在“时间”栏中选择“全部”选项。

❺ 在“修订人”栏中选择“除我之外每个人”选项。

❻ 勾选“在新工作表上显示修订”复选框。

❼ 单击“确定”按钮，完成操作。

题目 9

试题内容

创建名为“学生 ID”的自定义属性，该属性是“文本”类型，“取值”为 CS20002100。

准备

打开练习文档(\Excel 素材\9. 成绩. xlsx)。

注释

本题考查对文档属性的应用能力。在 Excel 中，文档属性也称为元数据，是用于描述或标识文件的详细信息。文档属性包括标识文档主题或内容的详细信息，如标题、作者姓名、主题和关键字等。通过文档属性，就能够轻松地组织和标识文档。此外，还可以基于文档属性来搜索文档。

解法

如图 3-28 和图 3-29 所示。

图 3-28

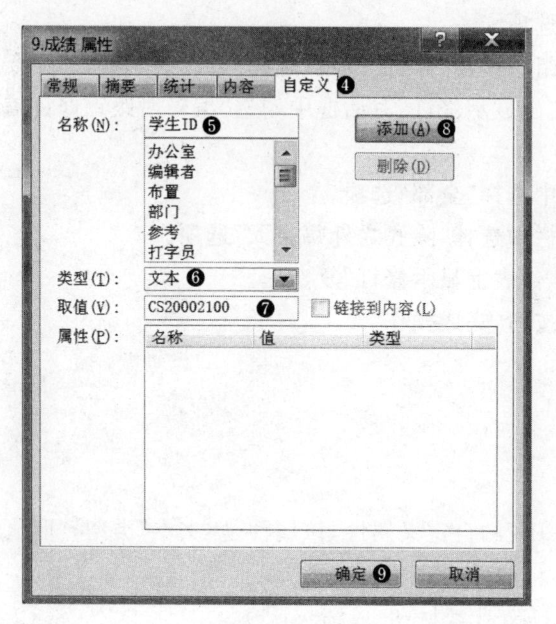

图 3-29

❶ 选择“文件”选项卡。

❷ 单击“属性”下拉菜单。

❸ 单击“高级属性”按钮。

❹ 在弹出的对话框中，选择“自定义”选项卡。

❺ 在“名称”栏中输入“学生 ID”。

❻ 在“类型”栏中选择“文本”选项。

❼ 在“取值”栏中输入“CS20002100”。

❽ 单击“添加”按钮。

❾ 单击“确定”按钮，完成操作。

题目 10

试题内容

使用密码 12345 对工作簿进行加密，并将工作簿标记为最终状态。

准备

打开练习文档(\Excel 素材\10. 区域销售. xlsm)。

注释

本题考查管理工作簿的知识。通过加密 Excel 工作簿，可以保护工作簿的信息和内容。在标记为最终状态后，工作簿在该状态下将无法进行编辑和修改。

解法

如图 3-30 到图 3-32 所示。

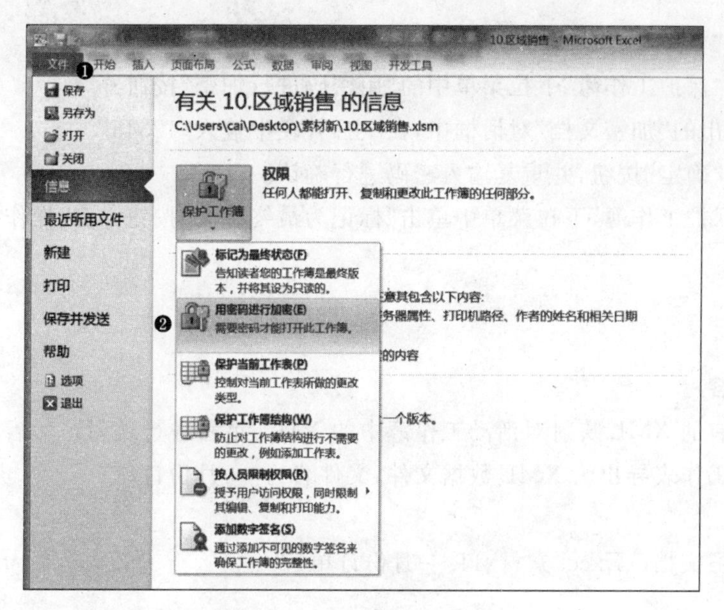

图　3-30

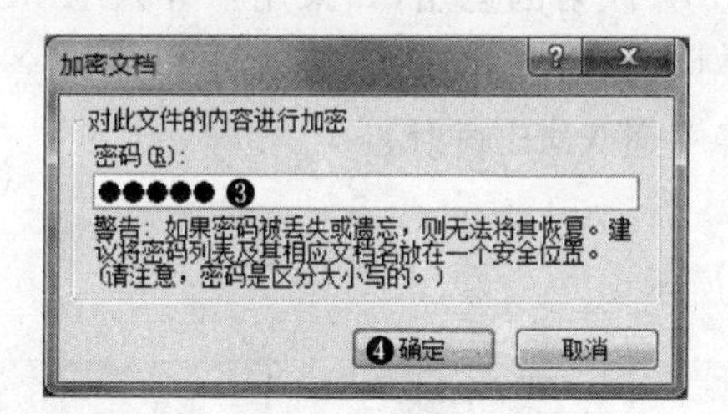

图　3-31

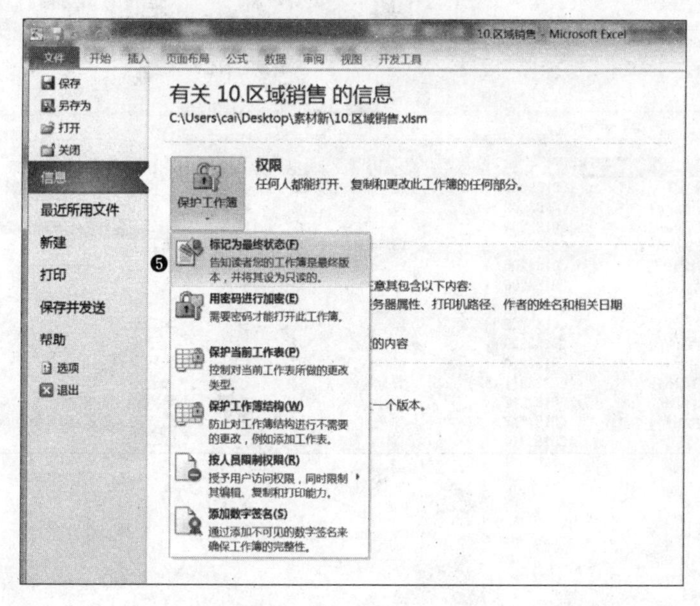

图　3-32

❶ 选择“文件”选项卡。

❷ 单击“保护工作簿”下拉菜单中的“用密码进行加密”按钮。

❸ 在弹出的“加密文档”对话框中，在“密码”栏中输入“12345”。

❹ 单击“确定”按钮，并重复输入密码进行确认。

❺ 在“保护工作簿”下拉菜单中单击“标记为最终状态”按钮，完成操作。

题目 11

试题内容

使用现有的 XML 映射对活动工作簿中的 XML 元素进行映射。然后在“文档”文件夹中将当前工作表导出为 XML 数据文件，文件名为“一月份订单”。

准备

打开练习文档(\Excel 素材\11.一月份订单)。

注释

本题考查 Excel 对 XML 映射的运用，如果用户导入 XML 数据，并将数据映射到工作表的单元格中，然后又对数据进行了更改，那么用户通常会希望将数据导出或保存到 XML 文件中，为此就需要用到 XML 映射。

解法

如图 3-33 到图 3-36 所示。

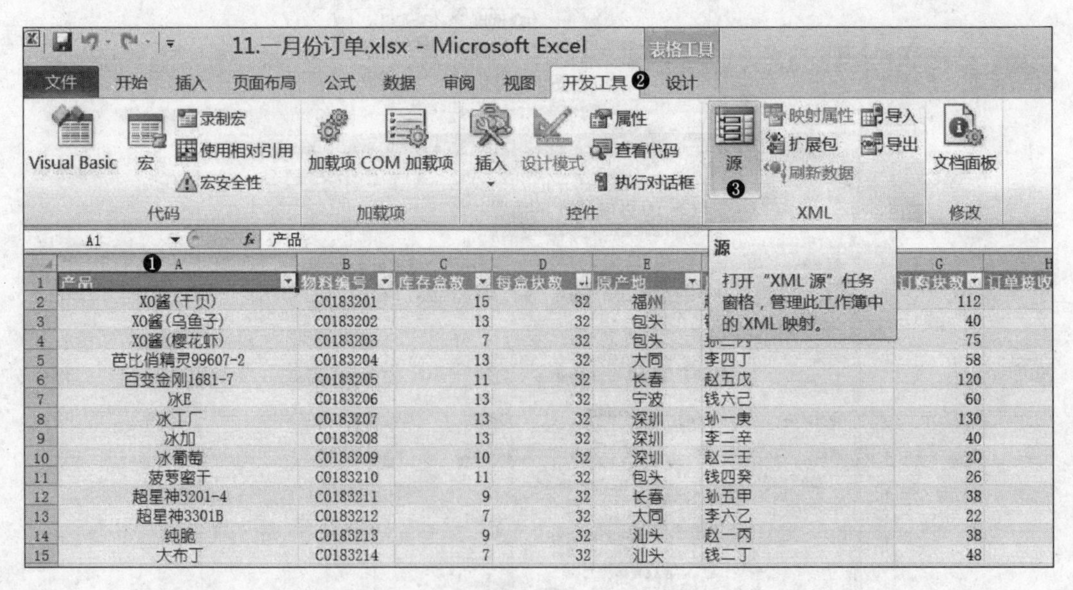

图 3-33

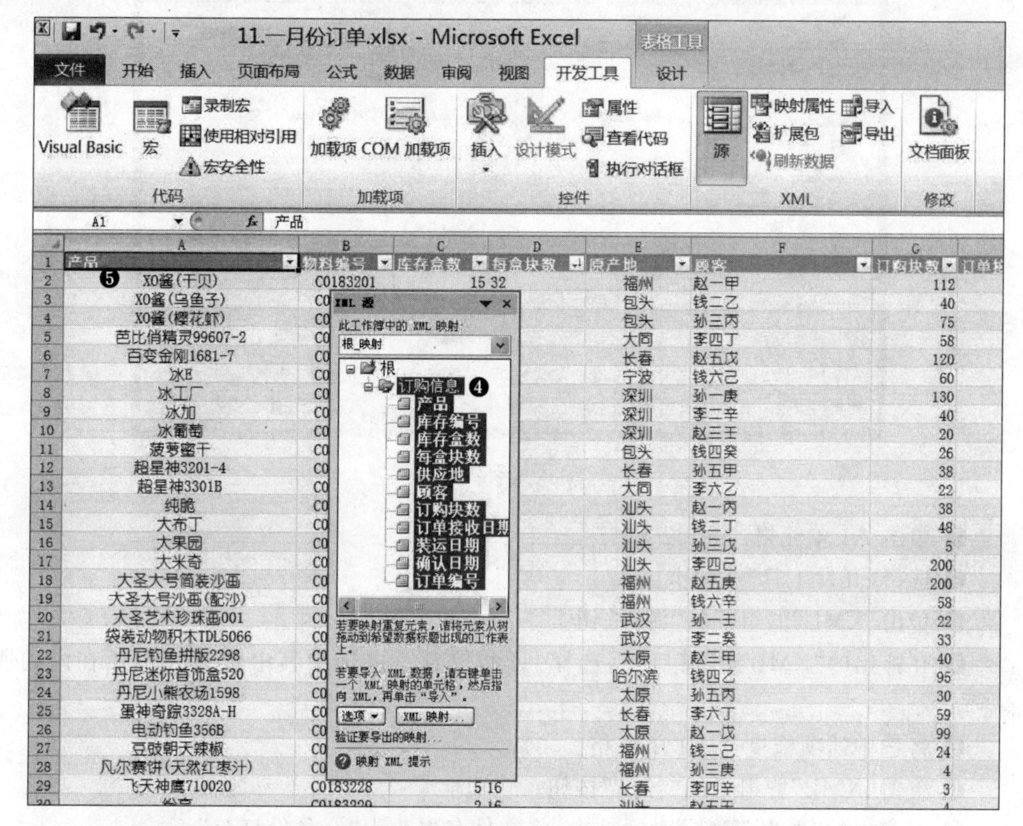

11.一月份订单.xlsx - Microsoft Excel
表格工具
文件
开始
插入
页面布局
公式
数据
审阅
视图
开发工具
设计
Visual Basic
宏
录制宏
使用相对引用
宏安全性
代码
加载项
COM 加载项
加载项
插入
设计模式
属性
查看代码
执行对话框
控件
源
映射属性
扩展包
刷新数据
导入
导出
XML
文档面板
修改
产品
XML 源
此工作簿中的 XML 映射:
根_映射
根
订购信息
产品
库存编号
库存盒数
每盒块数
供应地
顾客
订购块数
订单接收日期
装运日期
确认日期
订单编号
若要映射重复元素，请将元素从树拖动到希望数据标题出现的工作表上。
若要导入 XML 数据，请右键单击一个 XML 映射的单元格，然后指向 XML，再单击"导入"。
选项
XML 映射...
验证要导出的映射...
映射 XML 提示

图 3-34

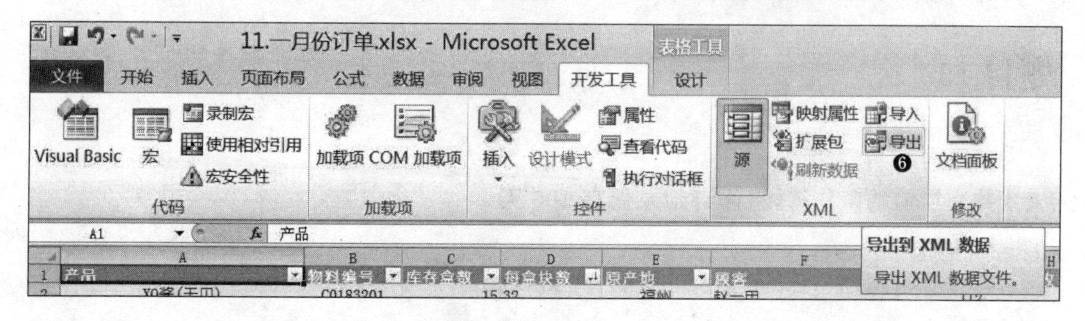

11.一月份订单.xlsx - Microsoft Excel
表格工具
文件
开始
插入
页面布局
公式
数据
审阅
视图
开发工具
设计
Visual Basic
宏
录制宏
使用相对引用
宏安全性
代码
加载项
COM 加载项
加载项
插入
设计模式
属性
查看代码
执行对话框
控件
源
映射属性
扩展包
刷新数据
导入
导出
XML
文档面板
修改
导出到 XML 数据
导出 XML 数据文件。

图 3-35

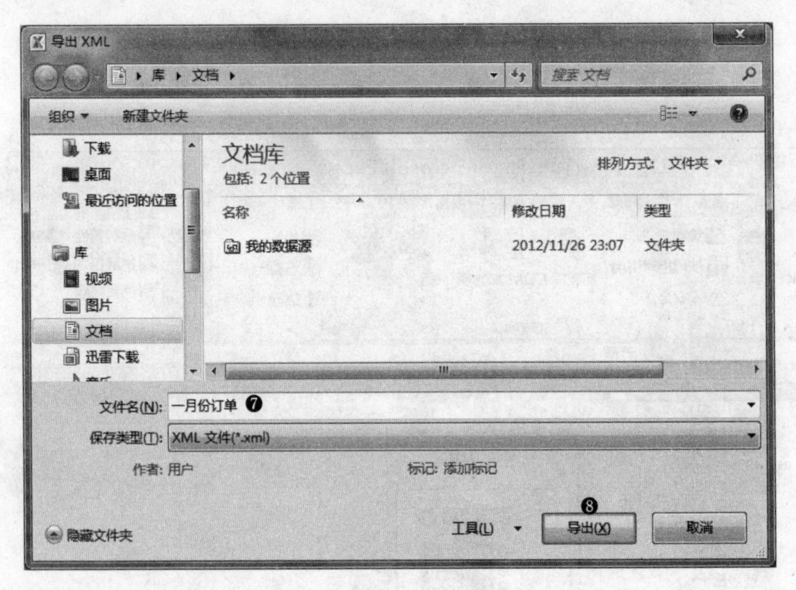

图 3-36

❶ 单击 A1 单元格。

❷ 选择“开发工具”选项卡。

❸ 单击“XML”群组下的“源”按钮。

❹ 在弹出的“XML 源”窗口中，选择“订购信息”，以选中其中包括“产品”在内的所有项。

❺ 将选中的项拖曳至 A1 单元格。

❻ 单击“XML”群组中的“导出”按钮。

❼ 在弹出的“导出 XML”对话框中，将文件名更改为“一月份订单”。

❽ 单击“导出”按钮，完成操作。

题目 12

试题内容

共享当前的工作簿，将修订记录保存 100 天。

准备

打开练习文档(\Excel 素材\12. 订单. xlsx)。

注释

本题考查对共享工作簿中修订设置的应用。通常用户需要对共享后的工作簿进行修订操作，所以此时可以对修订操作进行设置，从而能更方便地解决修订后出现的问题。

解法

如图 3-37 到图 3-39 所示。

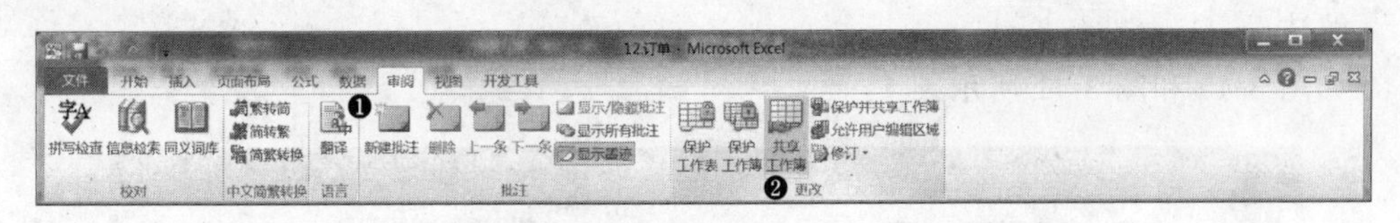

图 3-37

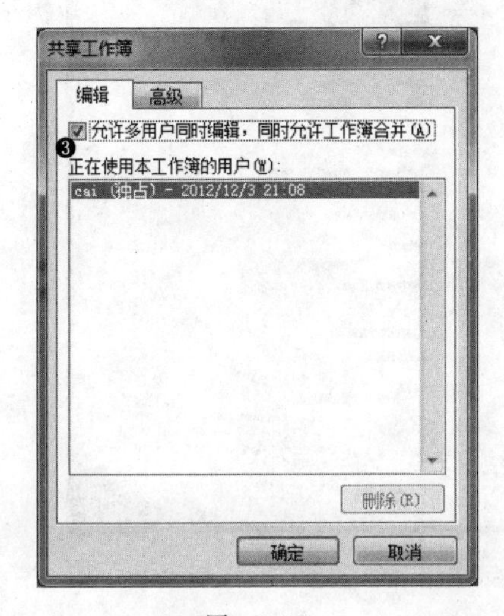

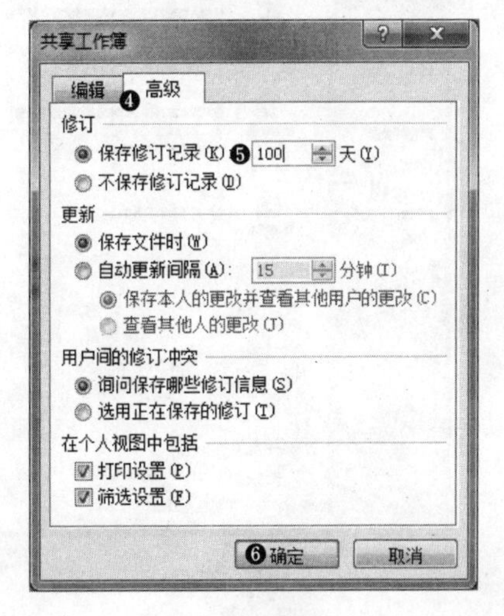

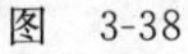

图 3-38　　　　图 3-39

❶ 选择“审阅”选项卡。

❷ 在“更改”群组中单击“共享工作簿”按钮。

❸ 在弹出的“共享工作簿”对话框中，“编辑”栏目下勾选“允许多用户同时编辑，同时允许工作簿合并”复选框。

❹ 选择“高级”选项卡。

❺ 选择“保存修订记录”单选按钮，输入“100”天。

❻ 单击“确定”按钮，完成操作。

题目 13

试题内容

启用“迭代计算”并将最多迭代次数设置为 25。

准备

打开练习文档(\Excel 素材\13. 产品订单. xlsx)。

注释

迭代计算是数值计算中的一类典型算法，其基本思想是逐次逼近，先取一个粗略的初值，然后用同一个递推公式，反复改变此初值，直至达到预定精度要求为止。在 Excel 中提供了迭代计算的功能。本题考查的是对迭代计算的设置。

解法

如图 3-40 和图 3-41 所示。

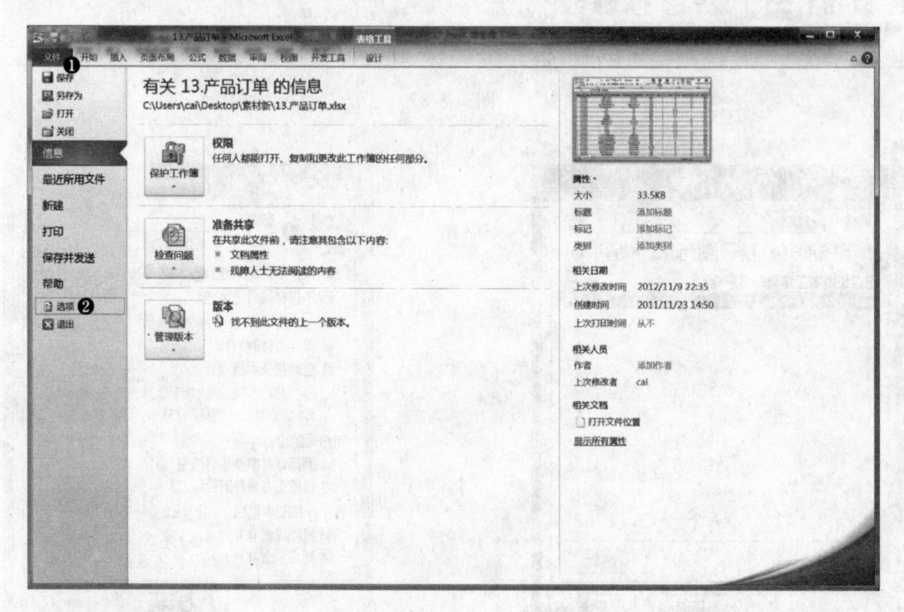

图 3-40

图 3-41

❶ 选择“文件”选项卡。

❷ 单击“选项”按钮。

❸ 在弹出的“Excel 选项”对话框中选择“公式”项。

❹ 勾选“启用迭代计算”复选框。

❺ 在“最多迭代次数”栏输入“25”。

❻ 单击“确定”按钮，完成操作。

3.3　公式与函数

在 Excel 2010 中，在输入公式和函数时要求在单元格对应的“编辑栏”中以“=”号开头，其后可填写运算符和左右括号，但所有等号、运算符和左右括号都要求使用英文半角字符，否则将报错，不能正常完成运算。

题目 14

试题内容

在工作表“课程安排”中，使用“公式求值”工具更正 L5 中的错误。

准备

打开练习文档(\Excel 素材\14. 课程安排. xlsx)。

注释

本题考查公式求值功能的运用。在输入较长的公式时难免发生错误。用户可以通过“公式求值”一步一步进行跟踪计算，从而检查和发现错误。

解法

如图 3-42 到图 3-45 所示。

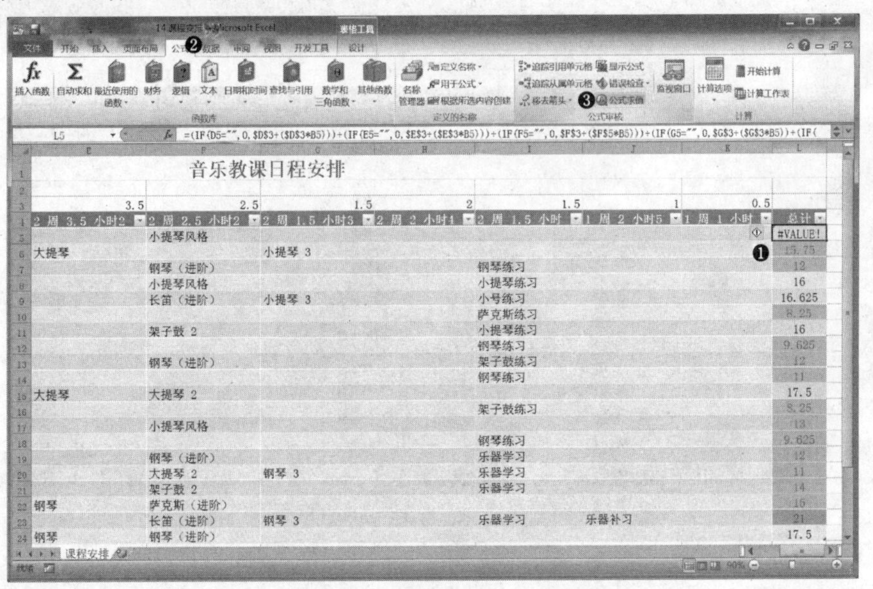

图　3-42

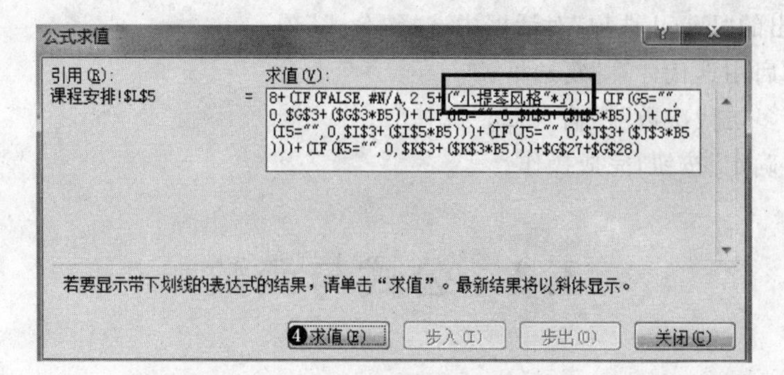

图 3-43

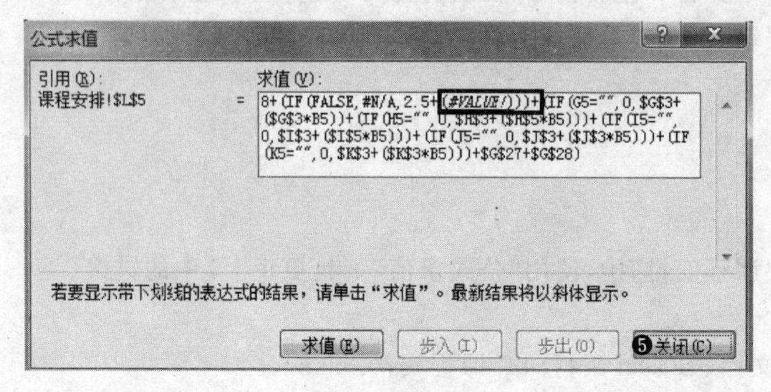

图 3-44

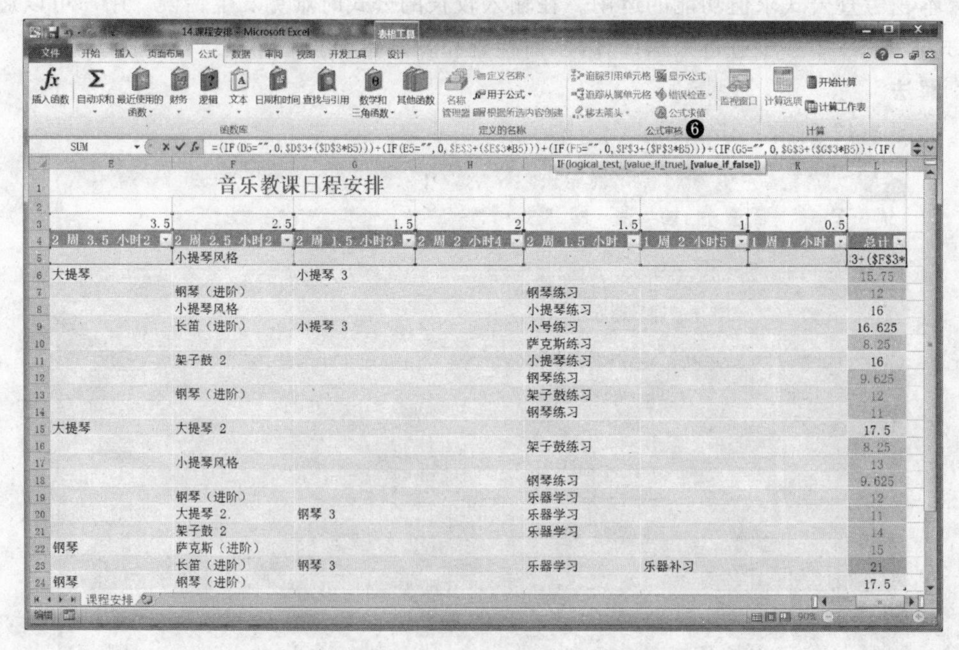

图 3-45

❶ 单击“L5”单元格。

❷ 选择“公式”选项卡。

❸ 在“公式审核”群组中单击“公式求值”按钮。

❹ 在弹出的“公式求值”对话框中，逐步多次单击“求值”按钮，看到“小提琴风格 * 1”时，出现“文本” * “数值”，再次单击“求值”按钮，出现“value”。

❺ 单击“关闭”按钮。

❻ 在“L5”对应的“公式栏”找到“F5”改为“F3”，完成操作。

题目 15

试题内容

在工作表“销售表”的单元格 h2 中，添加一个函数对“周二辛”销售的“产品”进行计数。

准备

打开练习文档(\Excel 素材\15. 销售表. xlsx)。

注释

COUNTIF 函数用于对区域中满足单个条件的单元格进行计数。

函数书写格式为 COUNTIF (range, criteria)。

COUNTIF 函数语法具有以下两项参数。

range：要进行计数的单元格范围，其中包括数字或名称、数组或包含数字的引用。空值和文本值将被忽略。

criteria：判定条件，在计数范围内符合判定条件才进行计数。

解法

如图 3-46 和图 3-47 所示。

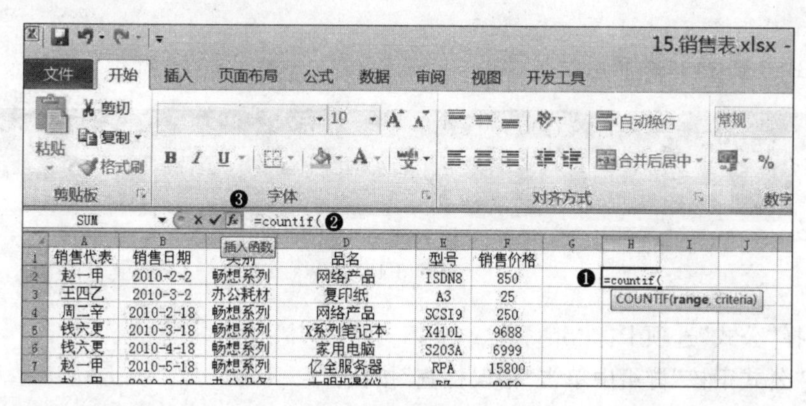

图 3-46

❶ 单击 h2 单元格。

❷ 在 h2 单元格对应的函数栏输入“COUNTIF(”。

❸ 单击函数栏左边的 f_x 按钮。

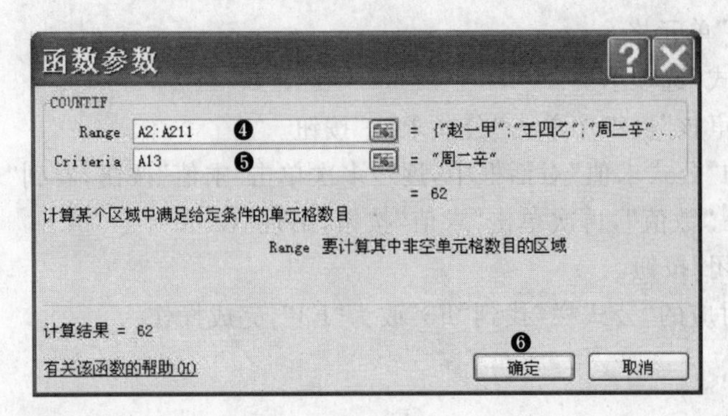

图 3-47

❹ 在弹出的"函数参数"对话框中，在 Range 栏框选"A2:A211"单元格。

❺ 在 Criteria 栏输入一个含"周二辛"的单元格，如 A4 单元格。

❻ 单击"确定"按钮，完成操作。

题目 16

试题内容

在工作表"区域销售"中，追踪不一致公式的所有公式引用。

准备

打开练习文档(\Excel 素材\16. 区域销售. xlsm)。

注释

本题考查对工作簿中公式审核的应用。在公式审核中有错误检查和追踪引用的功能，可以先通过运用错误检查找到公式不一致的单元格，然后借助追踪引用单元格来显示出错误引用的情况。

解法

如图 3-48 到图 3-50 所示。

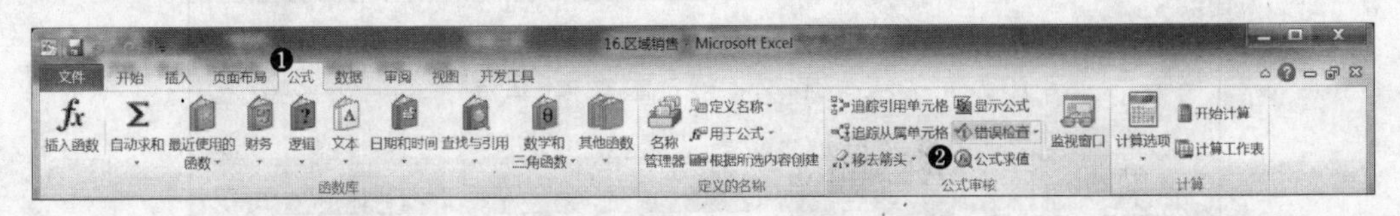

图 3-48

❶ 选择"公式"选项卡。

❷ 在"公式审核"群组中单击"错误检查"按钮。

❸ 在弹出的"错误检查"对话框中，单击"下一个"按钮。

❹ 若没有其他错误，单击"确定"按钮。

❺ 多次单击"公式审核"群组中的"追踪引用单元格"按钮，直到显示所有公式的引用，完成操作。

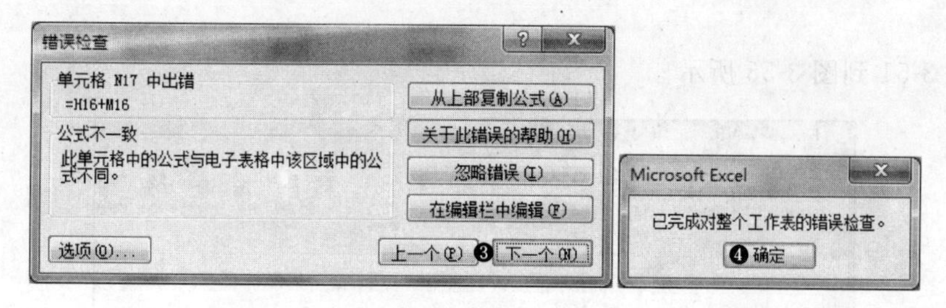

图 3-49

地区	食用油当年销售量（千克）第一季	第二季	第三季	第四季	年度销售量	丝绸当年销售量（匹）第一季	第二季	第三季	第四季	年度销售量	当年总计 年度销售量总计
北京	3372	3826	2864	2507	12569	2470	3592	1908	2125	10095	22664
北京	2506	1519	3106	3645	10776	3530	1722	2011	1121	8384	19160
北京	3613	4721	3328	2457	14119	1391	4934	2075	2055	10455	24574
北京	3869	3264	4324	1795	13252	4468	2134	4263	4025	14890	28142
北京	4897	2638	1852	1731	11118	4512	4391	3688	2430	15021	26139
北京	3806	1856	1897	4274	11833	3137	3170	3623	4323	14253	26086
北京	2782	4360	2309	2870	12321	3111	1033	3316	2141	9601	21922
北京	1237	3987	2476	2809	10509	1393	4475	1150	2784	9802	20311
北京	3532	1230	4196	4620	13578	4812	2172	2393	4240	13617	27195
广东	3761	3925	2843	1361	11890	1232	3219	2489	2274	9214	21104
广东	4641	2218	4738	1856	13453	1813	2050	3952	3965	11780	25233
广东	4305	1219	2670	3765	11959	1415	3691	2225	4840	12171	24130
广东	3270	1745	1163	2980	9158	2485	2582	1385	1547	7999	17157
广东	1658	1382	3974	4150	11164	1872	4451	1932	1696	9951	21115
广东	2920	2278	2974	3630	11802	1812	4146	3105	2703	11766	21115
广东	3615	2327	2407	2195	10544	1875	3038	1390	4864	11167	21711
广东	2267	3168	2378	1123	8936	1282	4414	2081	2744	10521	19457
广东	2682	4842	4984	1236	13744	4785	4817	1503	1152	12257	26001
上海	1207	4437	3412	1937	10993	3409	4102	3094	3064	13669	24662
上海	1305	3812	3851	2392	11360	2418	4397	2697	1439	10951	22311
上海	3986	4928	1275	4731	14920	1658	3781	2131	2783	10353	25273
上海	4568	2198	2725	4921	14412	2354	1377	4220	3470	11421	25833
上海	1681	4753	3751	4234	14419	1099	1772	2508	2513	7892	22311
上海	4340	4498	1928	3218	13984	4791	3674	1940	3899	14304	28288

图 3-50

题目 17

试题内容

将工作簿中名称为"_2010_年"，"_2011_年"和"_2012_年"的区域合并到新工作表，并对其求平均值，起始单元格为 A1。在首行和最左列显示标签，并将新工作表命名为"平均值"。

准备

打开练习文档(\Excel 素材\17. 年度销售. xlsx)。

注释

本题考查数据合并的应用。若要汇总和报告多个单独工作表中的数据，可以将每个单独工作表中的数据合并到一个工作表中。所合并的工作表可以与主工作表位于同一工作簿中，也可以位于其他工作簿中。如果在一个工作表中对数据进行了合并计算，则可以更加轻松地对数据进行定期或不定期的更新和汇总。

解法

如图 3-51 到图 3-53 所示。

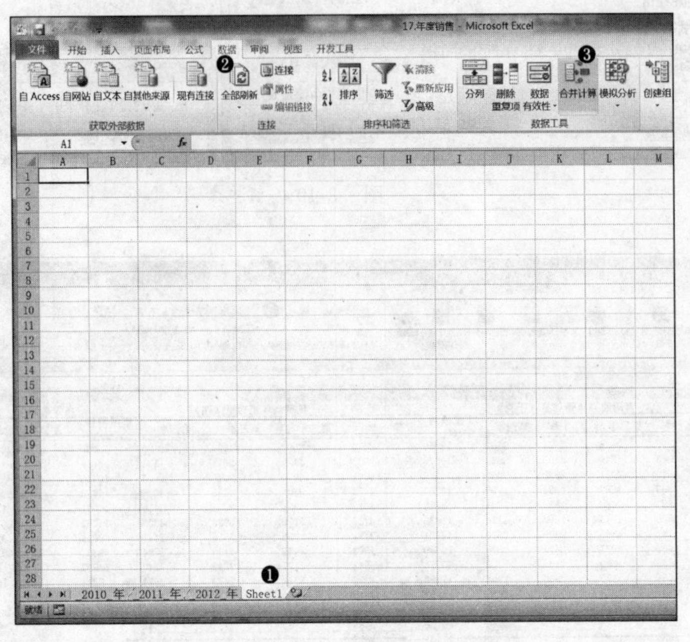

图 3-51

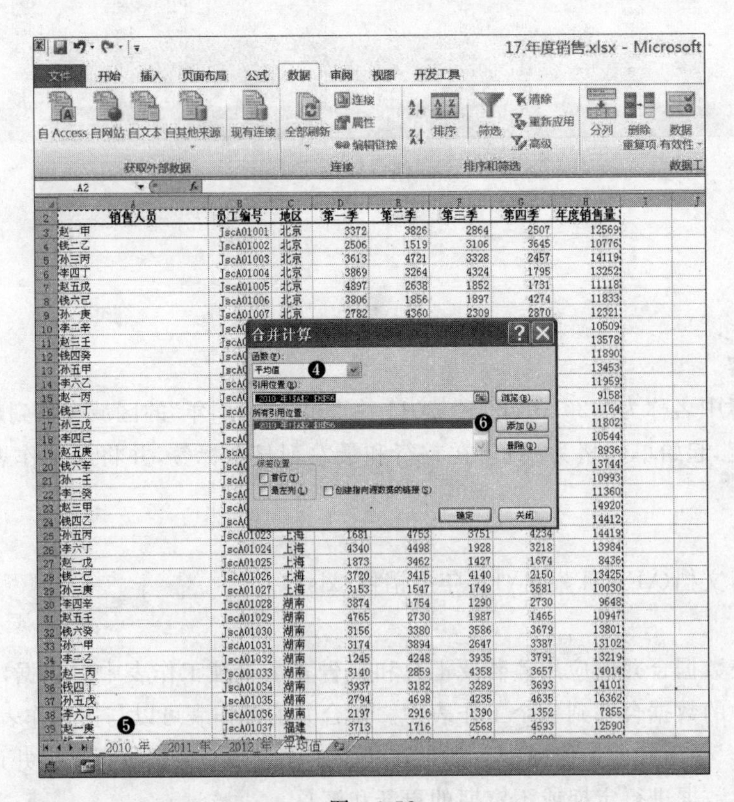

图 3-52

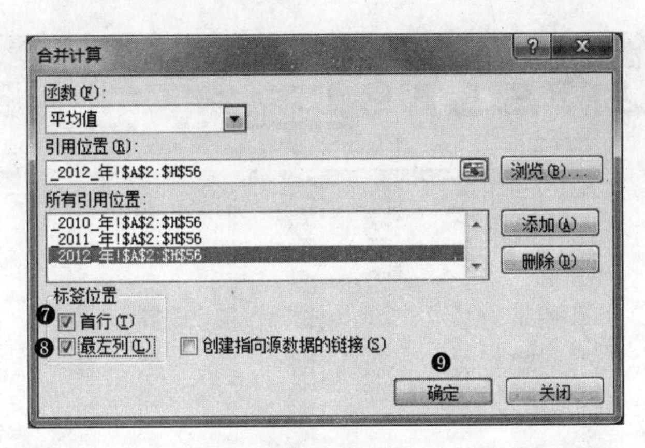

图 3-53

❶ 单击“插入新工作表”按钮，双击新工作表的 sheet1 标签，将该工作表重命名为“平均值”。

❷ 选择“数据”选项卡。

❸ 在“数据工具”群组中单击“合并计算”按钮。

❹ 在弹出的“合并计算”对话框中，在“函数”栏选择“平均值”。

❺ 选择“引用位置”栏，单击“_2010_年”工作表。

❻ 框选“_2010_年”工作表中 A2:H56 中的数据，单击“添加”按钮，并在“_2011_年”和“_2012_年”工作表中重复进行上述操作，效果如图 3-52 所示。

❼ 在“合并计算”对话框中的“标签位置”下勾选“首行”复选框。

❽ 勾选“最左列”复选框。

❾ 单击“确定”按钮，完成操作。

题目 18

试题内容

在工作表“区域销售”中，追踪单元格 N57 的所有公式引用。

准备

打开练习文档(\Excel 素材\18. 区域销售. xlsx)。

注释

本题考查对公式审核的应用能力。引用单元格是被其他单元格中的公式引用的单元格，追踪引用则是为了帮助用户检查公式是否正确，从而将被引用的其他单元格通过箭头标识出来。

解法

如图 3-54 所示。

❶ 单击 N57 单元格。

❷ 选择“公式”选项卡。

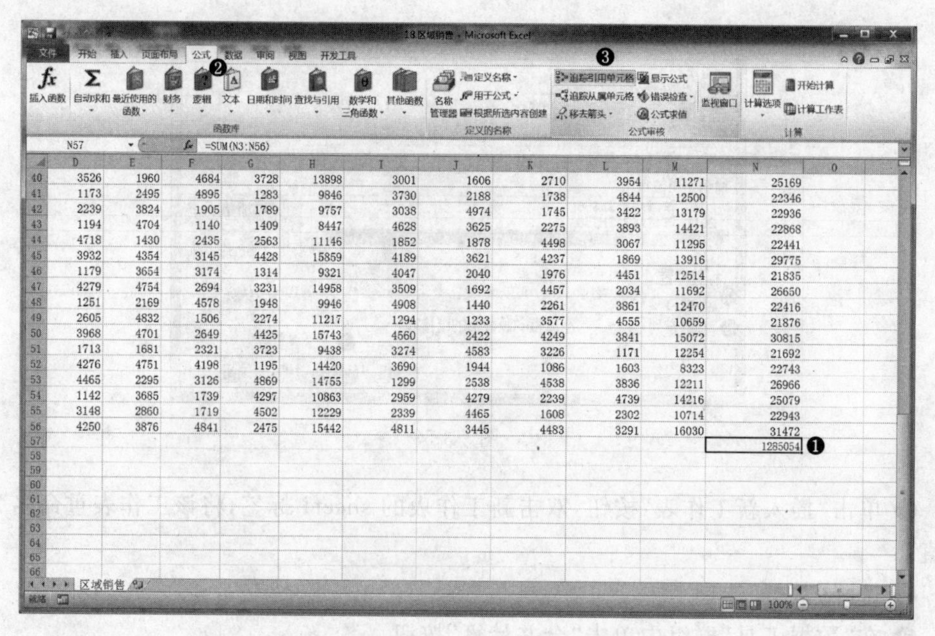

	D	E	F	G	H	I	J	K	L	M	N	O
40	3526	1960	4684	3728	13898	3001	1606	2710	3954	11271	25169	
41	1173	2495	4895	1283	9846	3730	2188	1738	4844	12500	22346	
42	2239	3824	1905	1789	9757	3038	4974	1745	3422	13179	22936	
43	1194	4704	1140	1409	8447	4628	3625	2275	3893	14421	22868	
44	4718	1430	2435	2563	11146	1852	1878	4498	3067	11295	22441	
45	3932	4354	3145	4428	15859	4189	3621	4237	1869	13916	29775	
46	1179	3654	3174	1314	9321	4047	2040	1976	4451	12514	21835	
47	4279	4754	2694	3231	14958	3509	1692	4457	2034	11692	26650	
48	1251	2169	4578	1948	9946	4908	1440	2261	3861	12470	22416	
49	2605	4832	1506	2274	11217	1294	1233	3577	4555	10659	21876	
50	3968	4701	2649	4425	15743	4560	2422	4249	3841	15072	30815	
51	1713	1681	2321	3723	9438	3274	4583	3226	1171	12254	21692	
52	4276	4751	4198	1195	14420	3690	1944	1086	1603	8323	22743	
53	4465	2295	3126	4869	14755	1299	2538	4538	3836	12211	26966	
54	1142	3685	1739	4297	10863	2959	4279	2239	4739	14216	25079	
55	3148	2860	1719	4502	12229	2339	4465	1608	2302	10714	22943	
56	4250	3876	4841	2475	15442	4811	3445	4483	3291	16030	31472	
57											1285054	
58												
59												
60												
61												
62												
63												
64												
65												
66												

图 3-54

❸ 多次单击“公式审核”群组中的“追踪引用单元格”按钮，直到引用单元格的箭头完全显示，完成操作。

题目 19

试题内容

在工作表“区域主管”的单元格 H4 中创建函数 VLOOKUP，以查找“上海”区域“主管经理”的“员工编号”。

准备

打开练习文档(\Excel 素材\ 19. 区域主管. xlsx)。

注释

VLOOKUP 函数通常用于在 Excel 工作簿中搜索某个单元格区域的第一列，然后返回该区域相同行上任何单元格中的值。

函数书写格式为

```
VLOOKUP(lookup_value, table_array, col_index_num, range_lookup)
```

VLOOKUP 函数参数说明如下：

lookup_value：在表格或区域的第一列中要搜索的值。

table_array：包含数据的单元格区域，即要查找的范围。

col_index_num：参数中返回的搜寻值的列号。

range_lookup：逻辑值，指定希望 VLOOKUP 查找精确匹配值(0)还是近似匹配值(1)。

解法

如图 3-55 和图 3-56 所示。

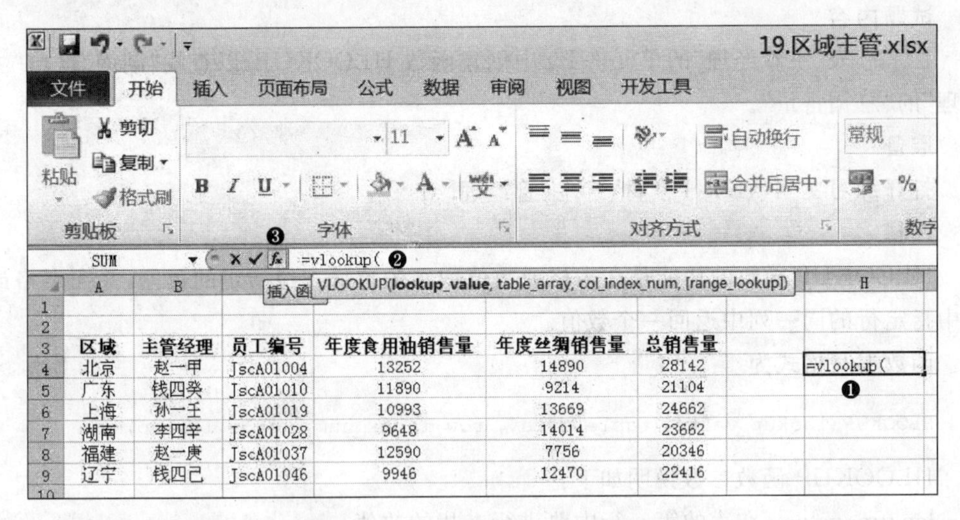

图 3-55

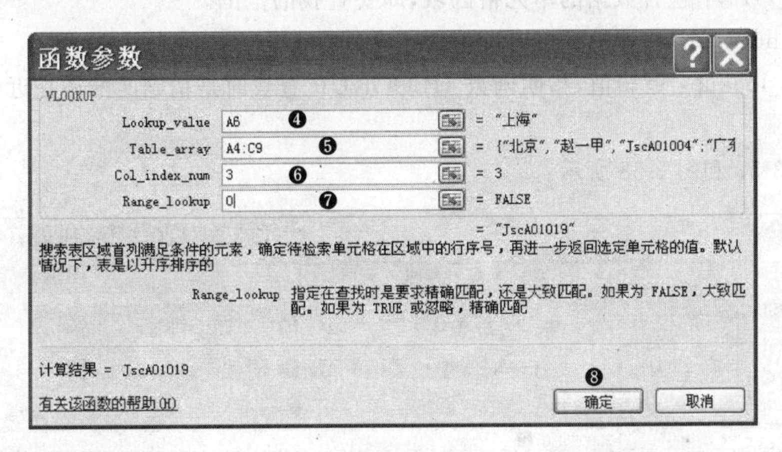

图 3-56

❶ 单击 H4 单元格。

❷ 在函数栏中输入函数"=VLOOKUP()"。

❸ 单击函数栏左边的 fx 按钮。

❹ 在弹出的"函数参数"对话框中，在 Lookup_value 栏输入"上海"对应的单元格。

❺ 在 Table_array 栏选中 A4:C9 单元格内容。

❻ 在 Col_index_num 栏输入 3(表示选取表格范围的第 3 列)。

❼ 在 Range_lookup 栏输入 0(表示精确查找)。

❽ 单击"确定"按钮，完成操作。

题目 20

试题内容

在工作表“主管经理”的单元格 B9 中创建函数 HLOOKUP，以查找“湖南”区域“主管经理”的“总销售量”。

准备

打开练习文档(\Excel 素材\20. 主管经理. xlsx)。

注释

HLOOKUP 函数的功能是在表格或数值数组的首行查找指定的数值，并在表格或数组中指定行的同一列中返回一个数值。

函数书写格式为

```
HLOOKUP(lookup_value, table_array, row_index_num, range_lookup)
```

HLOOKUP 函数参数说明如下：

lookup_value：在表的第一行中要进行查找的数值。

table_array：包含数据的单元格区域，即要查找的范围。

row_index_num：待返回的匹配值的行序号。

range_lookup：逻辑值，指明函数 HLOOKUP 查找时是精确匹配还是近似匹配。

解法

如图 3-57 和图 3-58 所示。

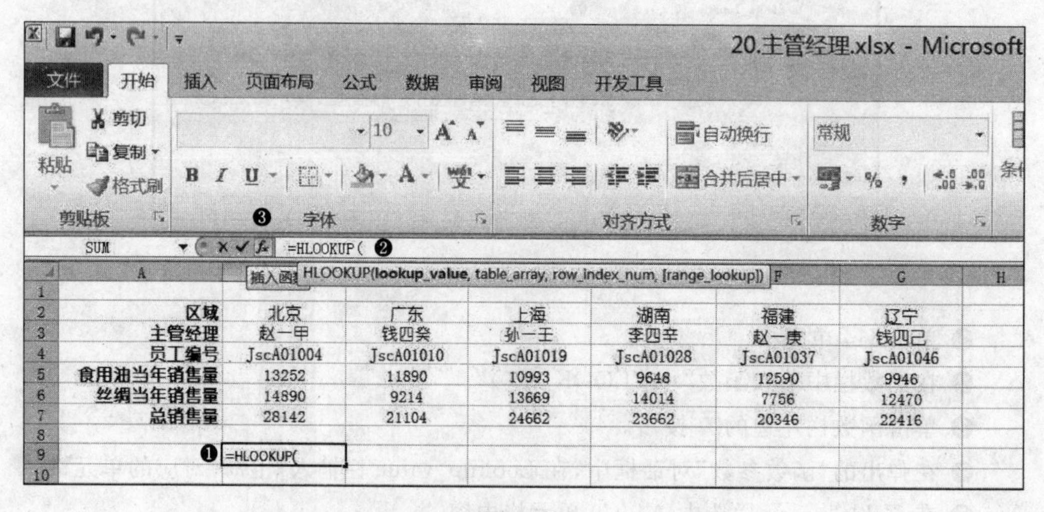

图 3-57

❶ 单击选择 B9 单元格。

❷ 在函数栏中输入函数“=HLOOKUP()”。

❸ 单击函数栏左边的 f_x 按钮。

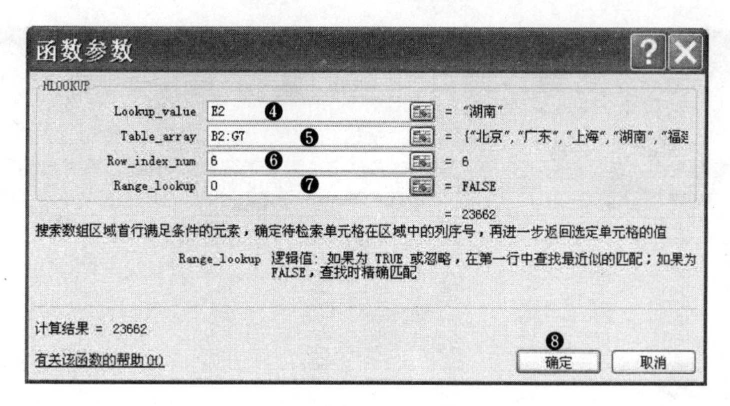

图 3-58

❹ 在弹出的“函数参数”对话框中，在 Lookup_value 栏输入“湖南”对应的单元格 E2。

❺ 在 Table_array 栏框选 B2:G7 单元格内容。

❻ 在 Row_index_num 栏输入“6”(表示选取表格范围的第 6 行)。

❼ 在 Range_lookup 栏输入 0(表示精确查找)。

❽ 单击“确定”按钮,完成操作。

题目 21

试题内容

在工作表“区域销售”的单元格 P3 中使用 COUNTIFS 函数,以计算区域“北京”中有多少名销售人员的销售量超过了 25 000。

准备

打开练习文档(\Excel 素材\21. 区域销售. xlsx)。

注释

COUNTIFS 函数是将条件应用于跨多个区域的单元格,并返回符合所有条件的单元格个数的函数。

函数书写格式为

```
COUNTIFS(criteria_range1, criteria1, [criteria_range2, criteria2],…)
```

COUNTIFS 函数参数说明如下。

criteria_range1:第一个计算关联条件的区域范围。

criteria1:判定条件,条件的形式可为数字、表达式、单元格引用或文本,用来定义将对哪些单元格进行计数。

criteria_range2, criteria2, …:添加附加的区域及其关联条件。

解法

如图 3-59 和图 3-60 所示。

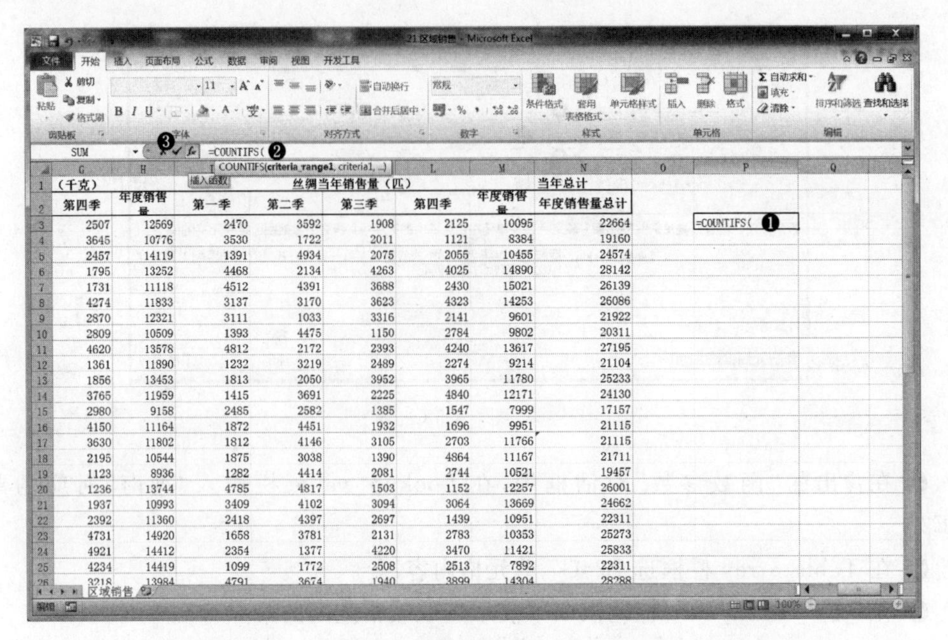

图 3-59

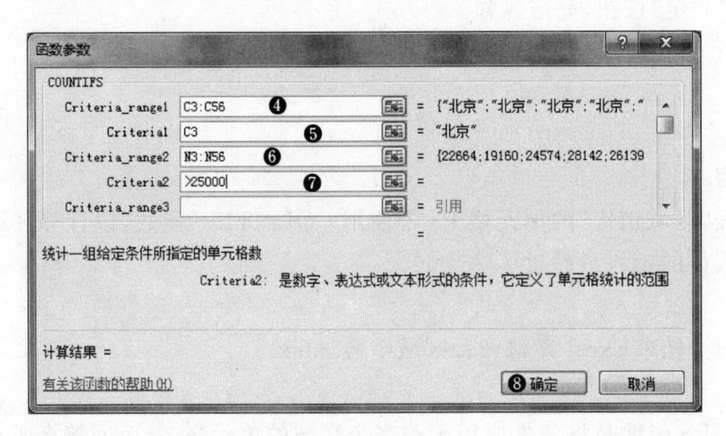

图 3-60

❶ 单击 P3 单元格。

❷ 在函数栏中输入函数"=COUNTIFS()"。

❸ 单击函数栏左边的 *fx* 按钮。

❹ 在弹出的"函数参数"对话框中，在 Criteria_range1 栏框选 C3:C56 单元格内容。

❺ 在 Criteria1 栏输入"北京"对应的单元格 C3。

❻ 在 Criteria_range2 栏框选 N3:N56 单元格内容。

❼ 在 Criteria2 栏输入">25000"。

❽ 单击"确定"按钮，完成操作。

题目 22

试题内容

创建并显示名为"方案 1"的方案，该方案允许将"去年销售盒数"的值更改为 500 000。

准备

打开练习文档(\Excel 素材\22. 模拟分析. xlsx)。

注释

本题考查对方案管理器的使用。方案管理器是 Excel 中的模拟分析工具，用户可以在一个或多个公式中使用几组不同的值来分析所有不同的结果。

解法

如图 3-61 到图 3-65 所示。

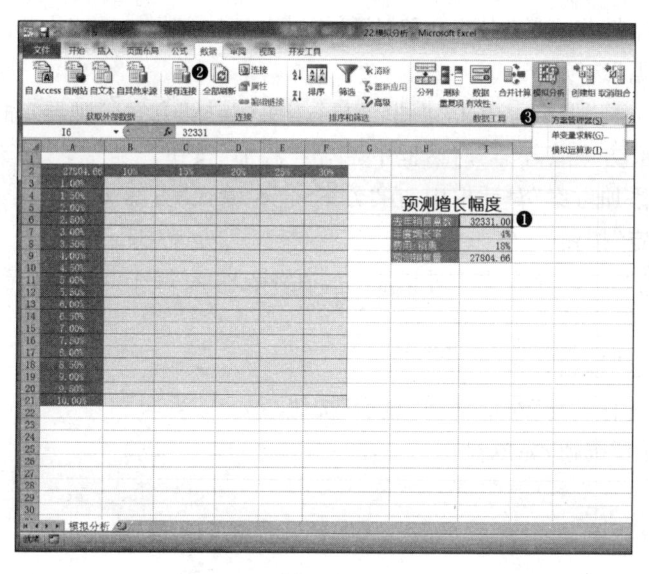

图　3-61

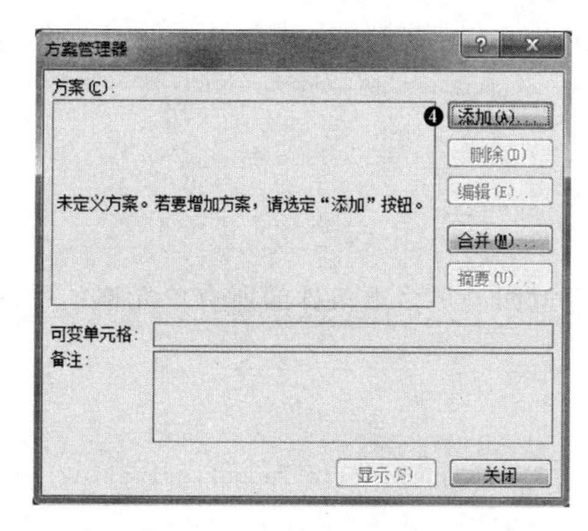

图　3-62

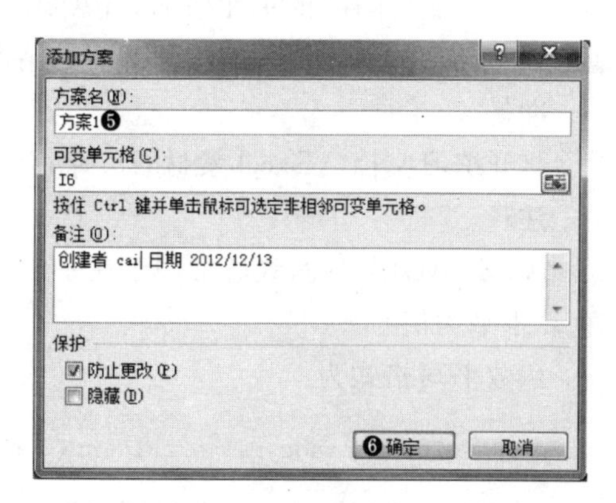

图　3-63

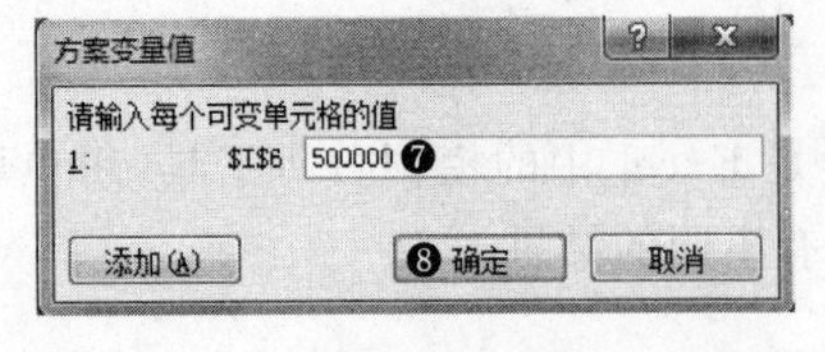

图 3-64

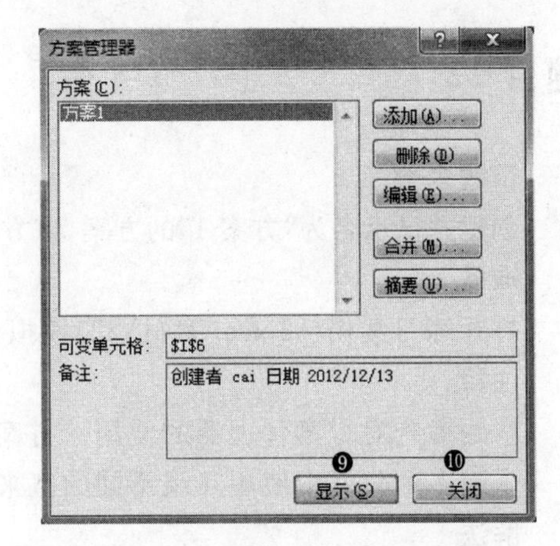

图 3-65

❶ 单击“去年销售盒数”对应数值的 I6 单元格。

❷ 选择“数据”选项卡。

❸ 在“数据工具”群组中单击“模拟分析”按钮，选择“方案管理器”命令。

❹ 在弹出的“方案管理器”对话框中，单击“添加”按钮。

❺ 弹出的“添加方案”对话框中，在“方案名”栏输入“方案 1”。

❻ 单击“确定”按钮。

❼ 在弹出的“方案变量值”对话框中，在“请输入每个可变单元格的值”栏中输入 500000。

❽ 单击“确定”按钮。

❾ 单击“方案管理器”对话框的“显示”按钮。

❿ 单击“关闭”按钮，完成操作。

题目 23

试题内容

在工作表“库存”的单元格 K3 中使用 AVERAGEIFS 函数，以查找“仓库 6”中对供应地“第一号店”的平均值。剔除值为 0 的情况。

准备

打开练习文档(\Excel 素材\23. 库存量. xlsx)。

注释

AVERAGEIFS 函数通常用于在一定范围内返回满足多重条件的所有单元格的平均值(算术平均值)。

函数书写格式为

```
AVERAGEIFS(average_range,criteria_range1,criteria1,[criteria_range2,criteria2],…)
```

AVERAGEIFS 函数参数说明如下。

average_range：要计算平均值的数据范围。

criteria_range1：第一范围，在这个范围内要求满足第一条件才能进行求平均值。

criteria1：第一条件，满足条件才进行求平均值。

criteria_range2，criteria2，…：附加区域与附加条件（可选填，但输入范围后必须有配套对应的条件）

解法

如图 3-66 和图 3-67 所示。

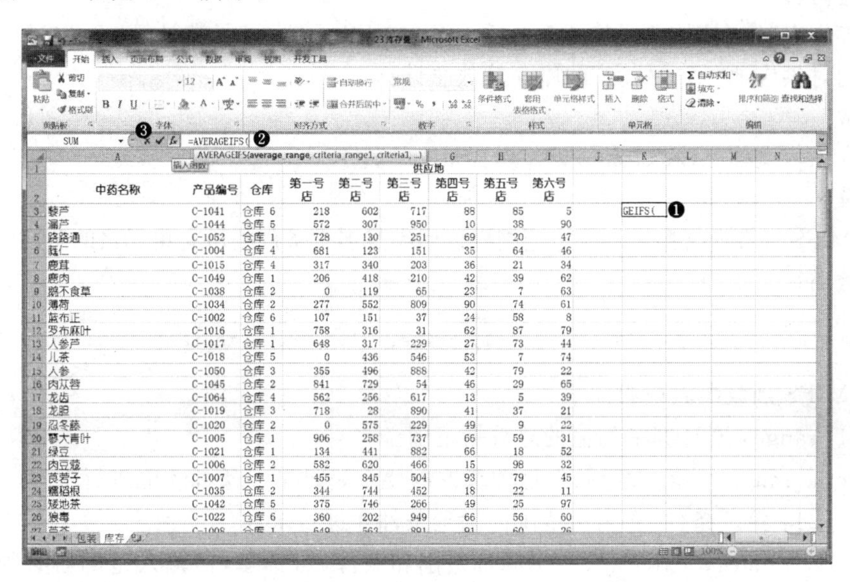

图 3-66

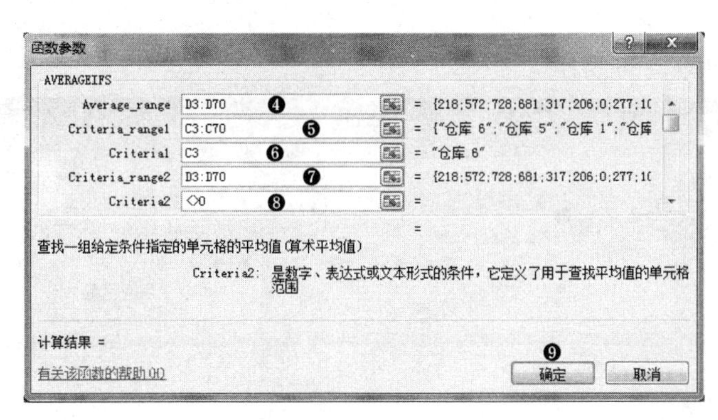

图 3-67

❶ 单击 K3 单元格。

❷ 在函数栏中输入函数“=AVERAGEIFS ()”。

❸ 单击函数栏左边的 f_x 按钮。

❹ 在弹出的“函数参数”对话框中，在 Average_range 栏框选 D3:D70 单元格内容。

❺ 在 Criteria_range1 栏输入 C3:C70。

❻ 在 Criteria1 栏填入“仓库 6”对应的单元格 C3。

❼ 在 Criteria_range2 栏框选 D3:D70。

❽ 在 Criteria2 栏填入“<>0”。

❾ 单击“确定”按钮,完成操作。

题目 24

试题内容

在工作表“库存”的单元格 Q3 中插入 SUMIFS 函数,该函数计算“仓库 1”中以“鹿”字开头的对供应地“第二号店”的库存箱数总计。

准备

打开练习文档(\Excel 素材\24.库存量.xlsx)。

注释

SUMIFS 函数通常用于在一定范围内返回满足多重条件的所有单元格的总值(求和)。

函数书写格式为

```
SUMIFS(sum_range, criteria_range1, criteria1, [criteria_range2, criteria2],…)
```

SUMIFS 函数参数说明如下。

sum _range:要计算平均值的总数据范围。

criteria_range1:第一范围,在这个范围内要求满足第一条件才能进行求和。

criteria1:第一条件,在第一范围内满足条件才进行求和。

criteria_range2, criteria2, …:附加范围和条件(可选填,但输入范围后必须有配套对应的条件)

解法

如图 3-68 和图 3-69 所示。

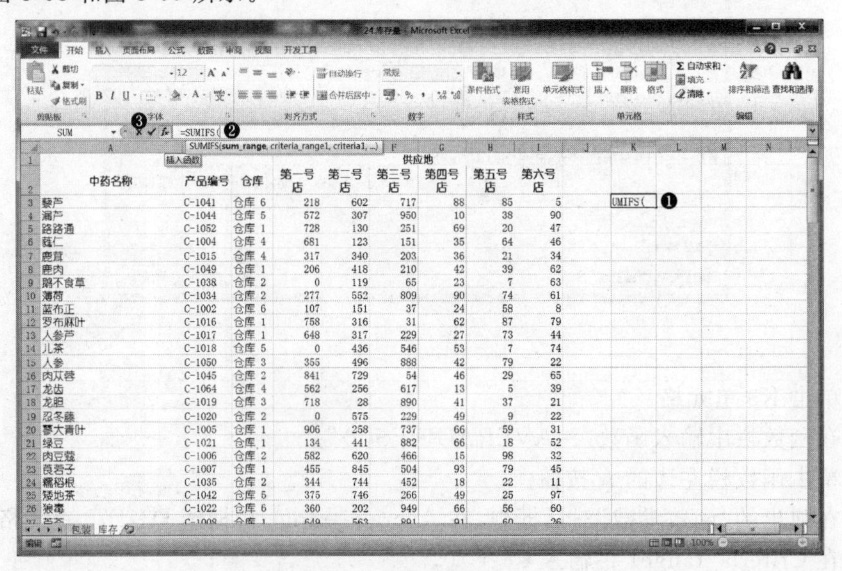

图 3-68

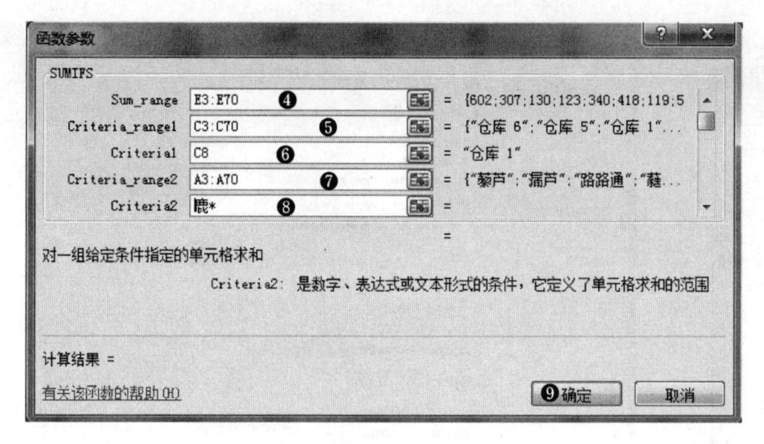

图 3-69

❶ 单击 K3 单元格。

❷ 在函数栏中输入函数“=SUMIFS()”。

❸ 单击函数栏左边的 fx 按钮。

❹ 在弹出的“函数参数”对话框中，在 Sum_range 栏框选 E3:E70 单元格。

❺ 在 Criteria_range1 栏填入 C3:C70。

❻ 在 Criteria1 栏填入“仓库 1”对应的单元格。

❼ 在 Criteria_range2 栏框选 A3:A70。

❽ 在 Criteria2 栏填入“鹿 * ”。

❾ 单击“确定”按钮，完成操作。

题目 25

试题内容

配置 Excel，以使用黄色标记检测到的公式错误。

准备

打开练习文档(\Excel 素材\25. 区域主管. xlsx)。

注释

本题考查对 Excel 工作簿选项设置的熟悉情况。Excel 能够在单元格不一致或者出错时，在其右上方以颜色标记。本题就是通过配置 Excel 选项中相关功能让用户更加清晰地了解 Excel 工作表的情况。

解法

如图 3-70 和图 3-71 所示。

❶ 选择“文件”选项卡。

❷ 单击“选项”按钮。

❸ 在弹出的“Excel 选项”对话框中，单击“公式”栏。

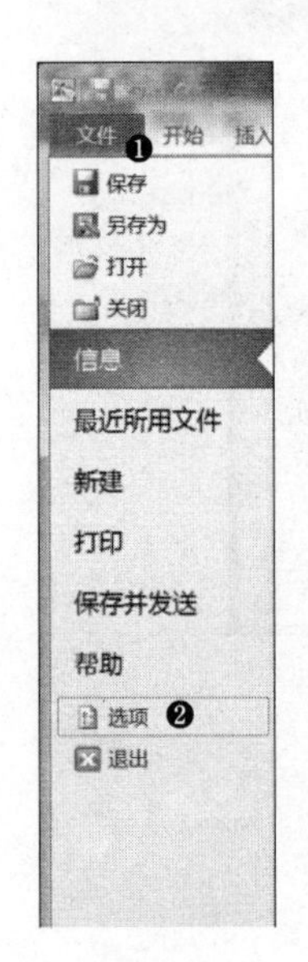

图 3-70

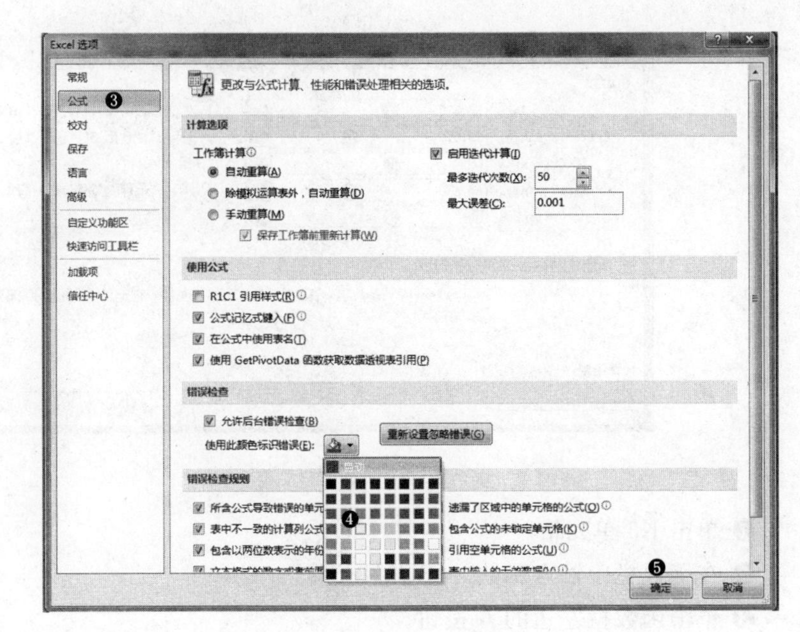

图 3-71

❹ 在“错误检查”栏的“使用此颜色标识错误”下拉菜单中选择“黄色”(当鼠标移到各色块上时,有自动文字提示相应颜色的名称)。

❺ 单击“确定”按钮,完成操作。

3.4 宏和表单

题目 26

试题内容

在功能表“区域销售”的单元格 E2 中,插入名为突出显示的“按钮(窗体控件)”,然后将此按钮指定给宏(突出公式单元格)。

准备

打开练习文档(\Excel 素材\26. 区域销售. xlsm)。

注释

本题考查 Excel 中宏的应用。在 Excel 中使用表单、控件和对象,可以显著地增强工作表中的数据项并改善工作表的显示方式。

解法

如图 3-72 到图 3-74 所示。

❶ 选择“开发工具”选项卡。

❷ 在“控件”群组中单击“插入”下拉菜单中的“按钮(窗体控件)”按钮选项。

❸ 在 E2 单元格中绘制矩形按钮(注意不要超出单元格范围)。

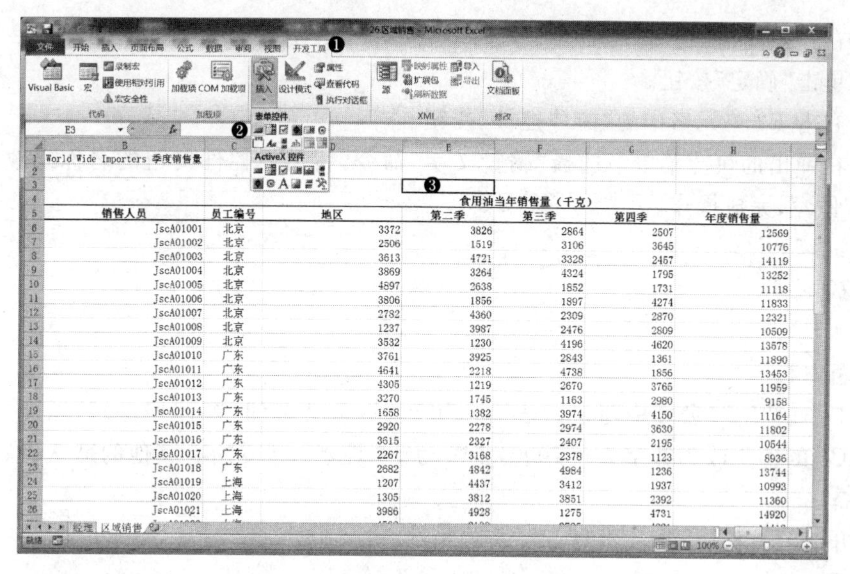

图 3-72

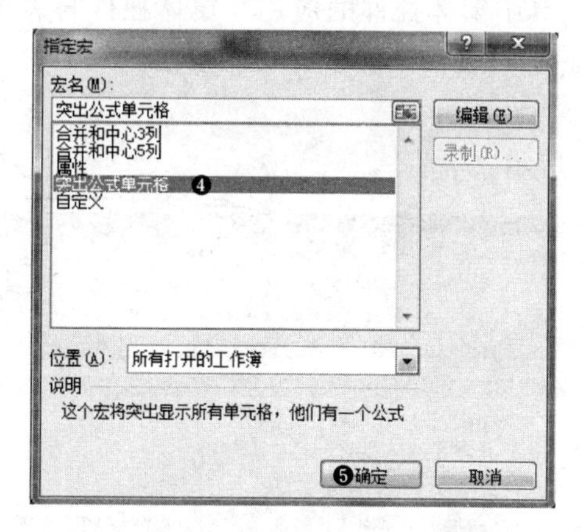

图 3-73

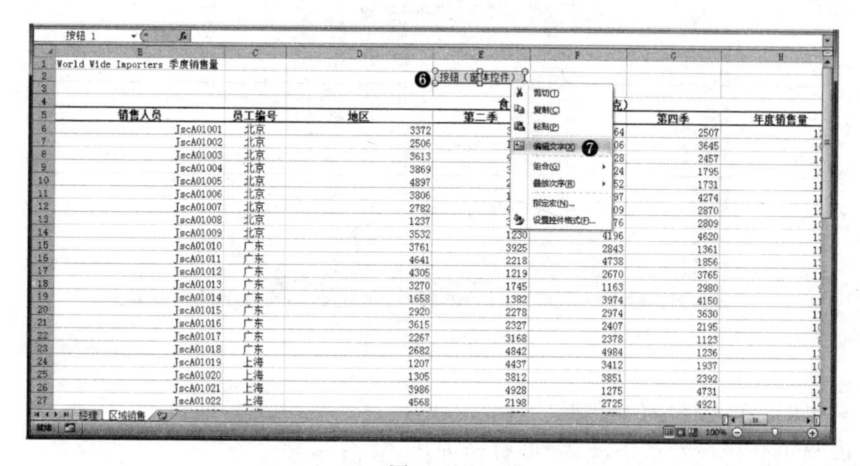

图 3-74

❹ 在弹出的“指定宏”对话框中，选择“突出显示单元格”。

❺ 单击“确定”按钮。

❻ 右击 E2 单元格中的“窗体控件”按钮。

❼ 在弹出的快捷菜单中选择“编辑文字”命令，将窗体控件按钮的名称修改为“按钮(窗体控件)”，完成操作。

题目 27

试题内容

在工作表“PZC公司中药采购表”中，更改“数值调节钮(窗体控件)”，以便它可以将单元格 C3 的值更改为数字 0 ～1000，步长为 50(注意：接受所有其他的默认设置)。

准备

打开练习文档(\Excel 素材\27.采购箱数.xlsx)。

注释

本题考查的是开发工具中窗体控件的应用。窗体控件与表单控件类似，都可以灵活地使用 VBA 创建宏，以此来对表格添加新的功能按钮。

解法

如图 3-75 和图 3-76 所示。

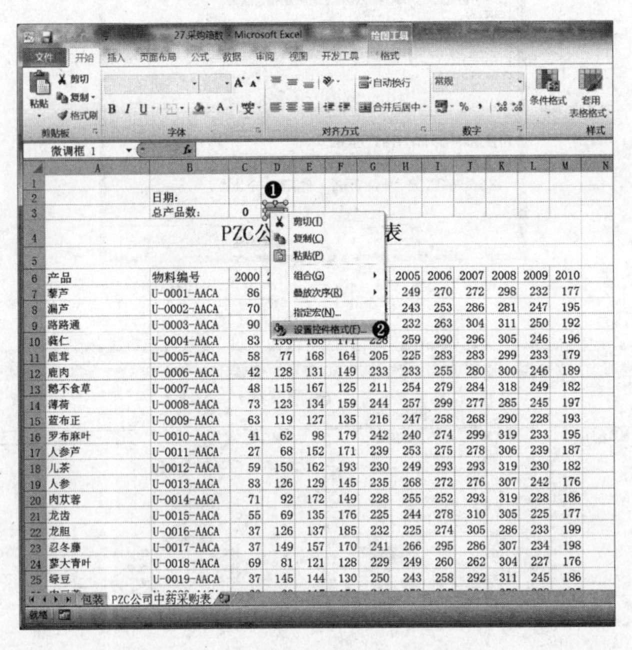

图 3-75

❶ 右击 C3 单元格中的按钮。

❷ 在弹出的快捷菜单中选择“设置控件格式”命令。

❸ 在弹出的“设置控件格式”对话框中，在“最小值”栏输入 0。

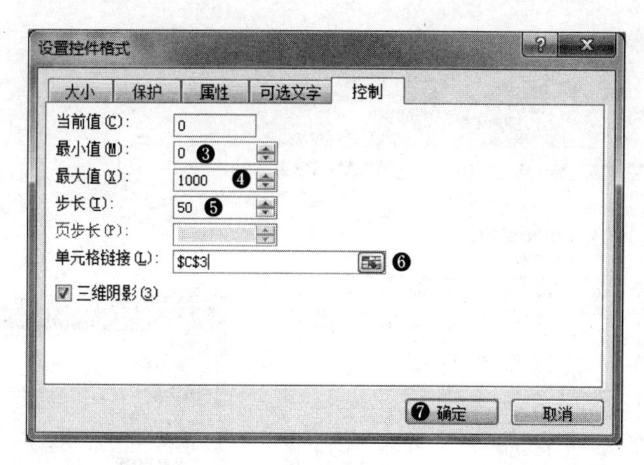

图 3-76

❹ 在“最大值”栏输入 1000。

❺ 在“步长”栏输入 50。

❻ “单元格链接”栏选为 C3 单元格。

❼ 单击“确定”按钮，完成操作。

题目 28

试题内容

在工作表“PZC 公司中药采购表”中，创建将“列宽”设置为 20，并对单元格内容应用“垂直居中”格式的宏。将宏命名为“宽度”，并将其仅保留在当前工作簿中(注意：接受所有其他的默认设置)。

准备

打开练习文档(\Excel 素材\28. 采购箱数. xlsm)。

注释

本题考查的是宏的录制。Excel 提供了强大的宏录制功能，应用此功能不需要用户学习 VBA 编程，只需要将用户想做的操作录制下来，就能够在 Excel 中生成对应的 VBA 宏代码。

解法

如图 3-77 到图 3-81 所示。

❶ 选择“开发工具”选项卡。

❷ 单击“代码”群组中的“录制宏”按钮。

❸ 在弹出的“录制新宏”对话框中，输入宏名为“宽度”。

❹ 单击“确定”按钮。

❺ 选择“开始”选项卡，在“对齐方式”群组中单击“垂直居中”按钮。

❻ 单击“单元格”群组“格式”按钮，选择“列宽”命令。

图 3-77

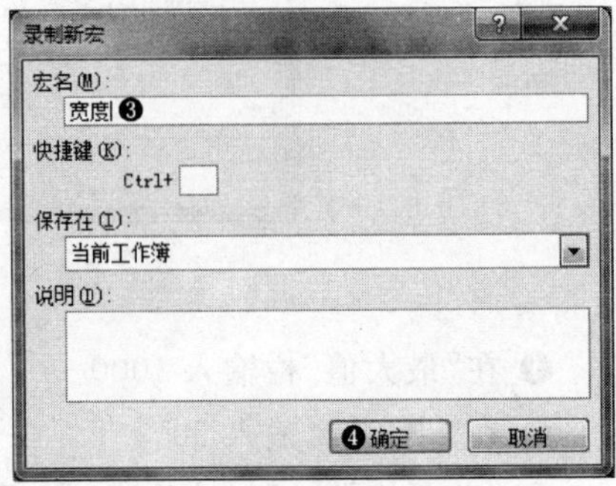

图 3-78

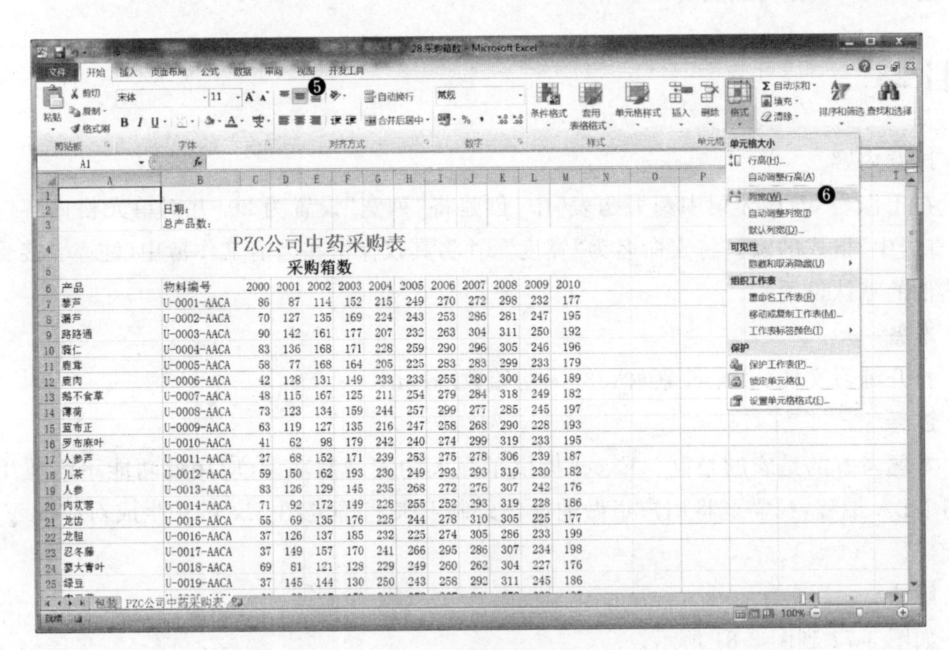

图 3-79

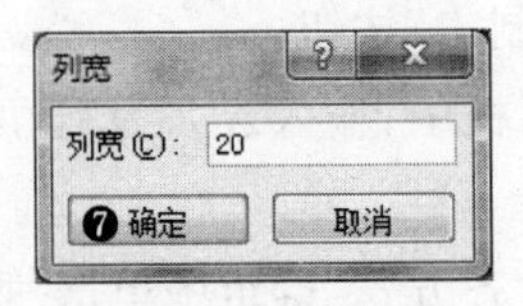

图 3-80

图 3-81

❼ 在弹出的“列宽”对话框中，在“列宽”栏中输入 20，单击“确定”按钮。

❽ 选择“开发工具”选项卡，单击“代码”群组中的“停止录制”按钮，完成操作。

题目 29

试题内容

在工作表“区域销售”中，创建对工作表单元格应用数字格式“会计专用”和“项目选取规则”→“值最大的 10%项”的宏。将宏命名为“最大值”，并将其仅保存在当前工作簿中。对“当年总计”列中的数值应用此宏（注意：接受所有其他的默认设置）。

准备

打开练习文档(\Excel 素材\29. 区域销售. xlsm)。

注释

本题考查的是宏录制中的应用。相对于题目 28，本题对整个表格做了统计方面的应用，也可以让读者更加深刻地体会到 Excel 中的宏录制的功能。

解法

如图 3-82 到图 3-88 所示。

图 3-82

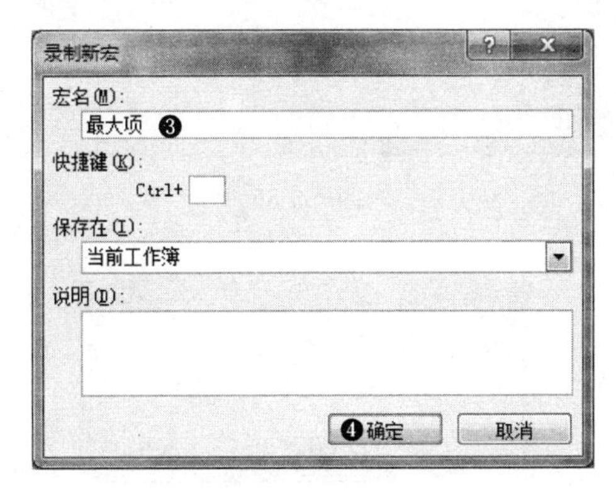

图 3-83

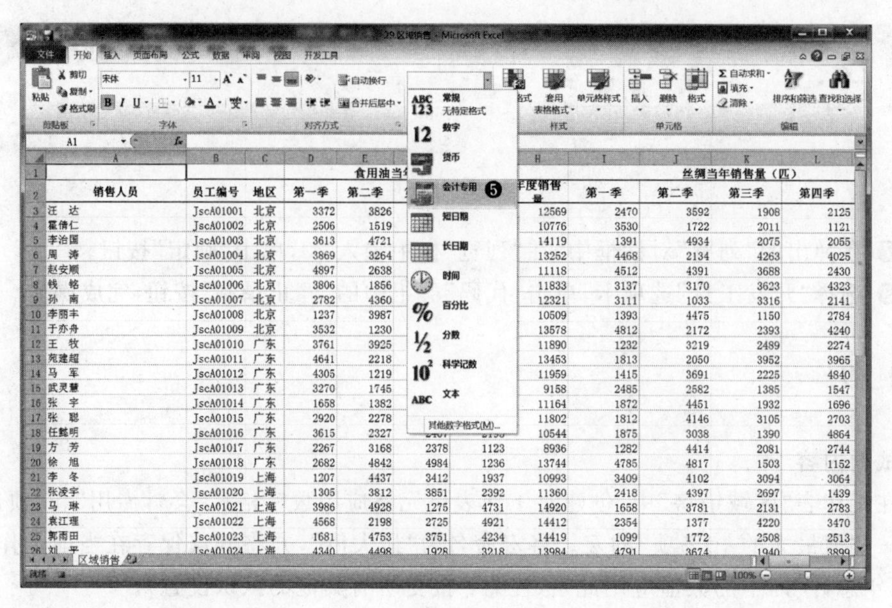

图 3-84

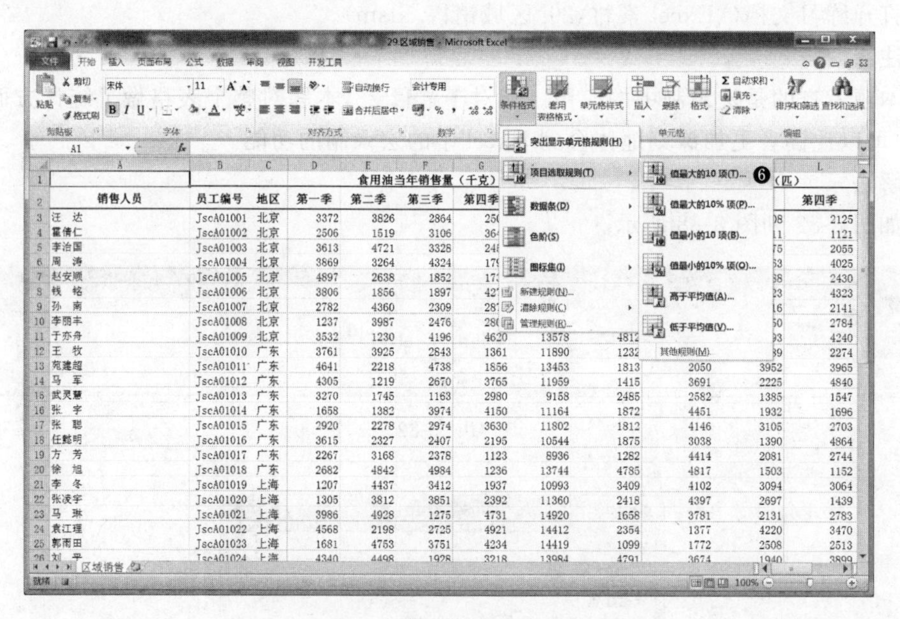

图 3-85

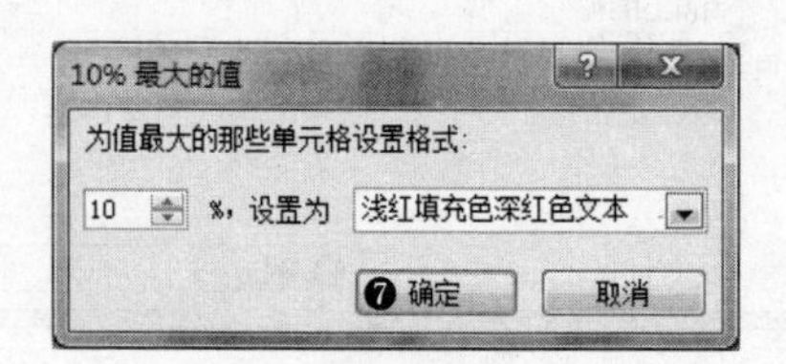

图 3-86

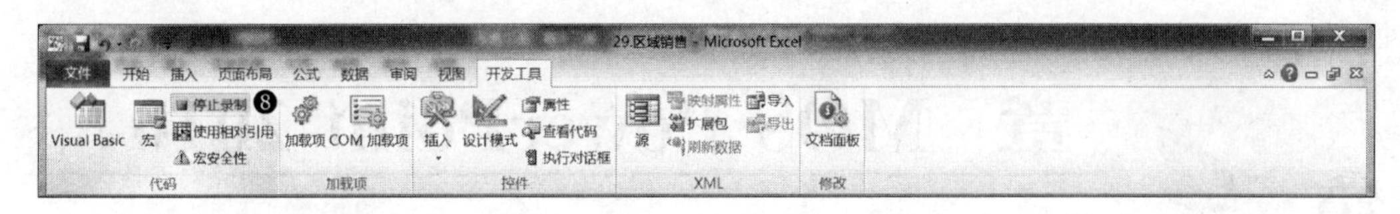

图 3-87

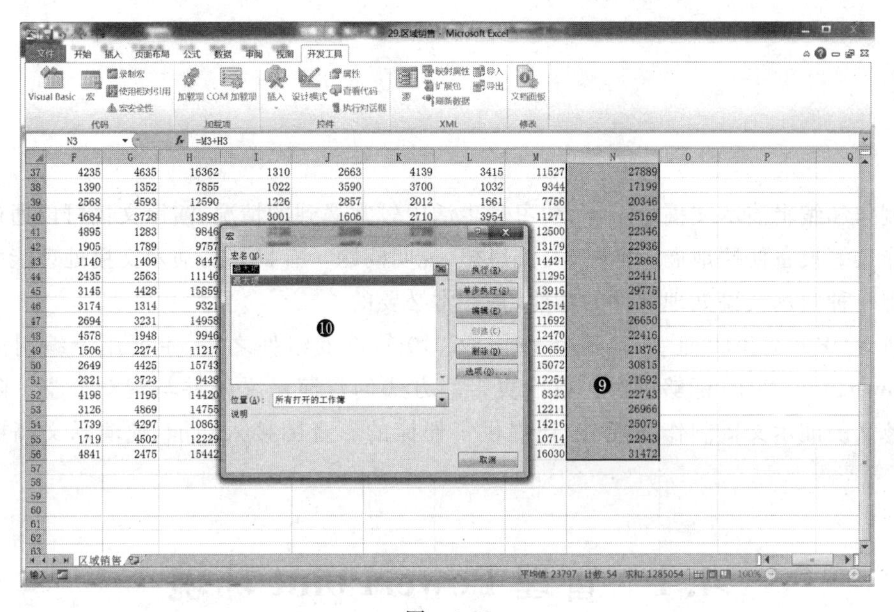

图 3-88

❶ 选择“开发工具”选项卡。

❷ 单击“代码”群组中的“录制宏”按钮。

❸ 在弹出的“录制新宏”对话框中，输入宏名为“最大项”。

❹ 单击“确定”按钮。

❺ 选择“开始”选项卡，在“数字”群组中选择“会计专用”项。

❻ 单击“样式”群组“条件格式”按钮，选择“项目选取规则”→“值最大的 10%项”命令。

❼ 在弹出的“10%最大的值”对话框中，单击“确定”按钮。

❽ 选择“开发工具”选项卡，单击“停止录制”按钮。

❾ 全部框选“年度销售总计”一列中的数据内容。

❿ 选择“开发工具”选项卡，单击“代码”群组中的“宏”按钮，在弹出的“宏”对话框中单击“执行”按钮，完成操作。

第4章 MOS PowerPoint 2010

制作和编辑演示文稿是工作、学习和生活中较常遇到的情况，演示文稿可以通过常见的投影仪等设备便捷地展示产品、交流思想、说明问题。有良好的演示文稿处理能力和熟练掌握一种演示文稿处理软件的功能，是非常必要的。

PowerPoint 2010 是 Microsoft Office 2010 软件的组件之一，主要用于编制演示文稿，PowerPoint 2010 能够提供比以往更多的方式创建演示文稿并与观众分享。除具有一般意义的演示文稿制作功能外，还提供了便捷的影音图接入功能，使演示文稿更具观赏性。

4.1 管理 PowerPoint 环境

题目 1

试题内容

在备注页视图中，以 66％的大小比例显示所有幻灯片。

准备

打开练习文档(\PowerPoint 素材\1. school locker. pptx)。

注释

本题考查如何调整幻灯片视图的显示大小。演示人员可以将备注打印出来并在放映演示时进行参考。备注中主要输入的是要应用于当前幻灯片的备注参考。备注页视图主要是为了方便浏览和修改备注。

解法

如图 4-1 和图 4-2 所示。

❶ 选择“视图”选项卡。

❷ 在“演示文稿视图”群组中单击“备注页”按钮。

❸ 单击“显示比例”群组中的“显示比例”按钮，弹出“显示比例”对话框。

❹ 在“显示比例”对话框的“百分比”里输入 66％。单击“确定”按钮，完成操作。

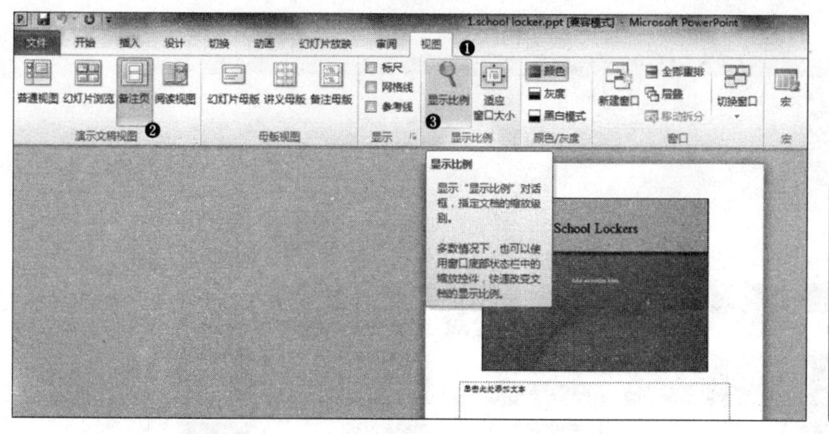

图 4-1

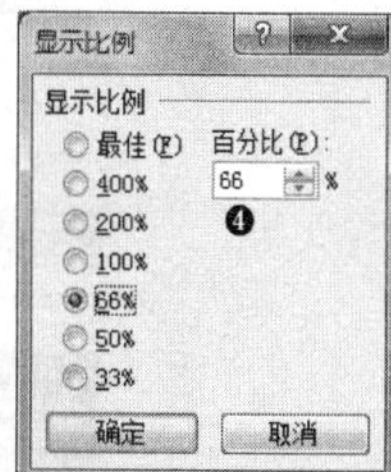

图 4-2

题目 2

试题内容

将演示文稿的"主题"更改为"行云流水"，然后将"主题颜色"更改为"图钉"，"主题字体"更改为"透视"。

准备

打开练习文档(\PowerPoint 素材\4. business. pptx)。

注释

本题考查对幻灯片主题的应用能力。主题是一组统一的设计元素，包括颜色、字体和图形设置。通过使用主题，可以简化演示文稿的创建过程。不仅可以在 PowerPoint 中使用主题颜色、字体和效果，而且也可以在 Word、Excel 和 Outlook 中使用它们，从而使演示文稿、文档、工作表和电子邮件具有统一的风格。

解法

如图 4-3 到图 4-6 所示。

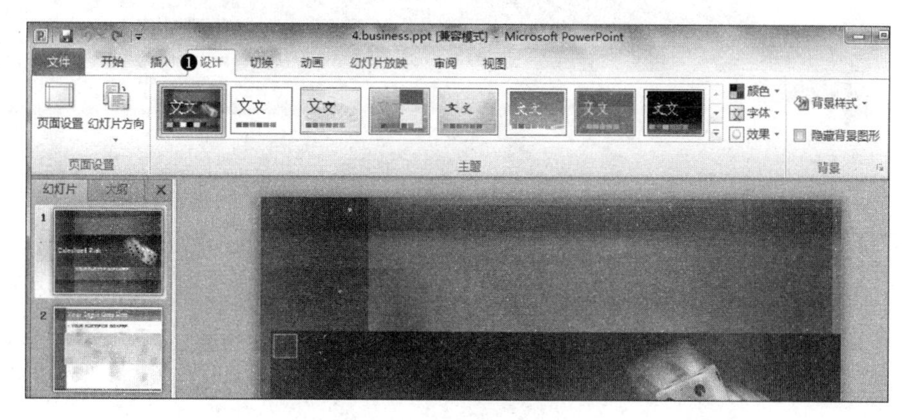

图 4-3

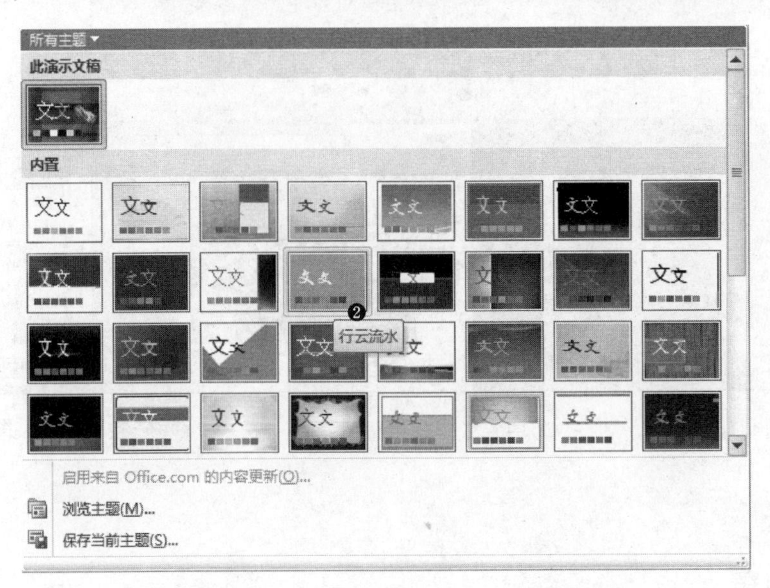
所有主题
此演示文稿
内置
行云流水
启用来自 Office.com 的内容更新(O)...
浏览主题(M)...
保存当前主题(S)...

图 4-4

4.business.ppt [兼容模式] - Microsoft PowerPoint
文件
开始
插入
设计
切换
动画
幻灯片放映
审阅
视图
页面设置
幻灯片方向
主题
颜色
技巧
角度
精装书
聚合
流畅
龙腾四海
茅草
模块
平衡
气流
时装设计
市镇
视点
透明
透视
凸显
图钉
网格
夏至
相邻
新闻纸
新建主题颜色(C)...
重设幻灯片主题颜色(R)
幻灯片
大纲
CALCULATED RISK
YOUR SUBTITLE GOES HERE
单击此处添加备注
幻灯片 第 1 张，共 4 张
"行云流水"
中文(中国)
64%

图 4-5

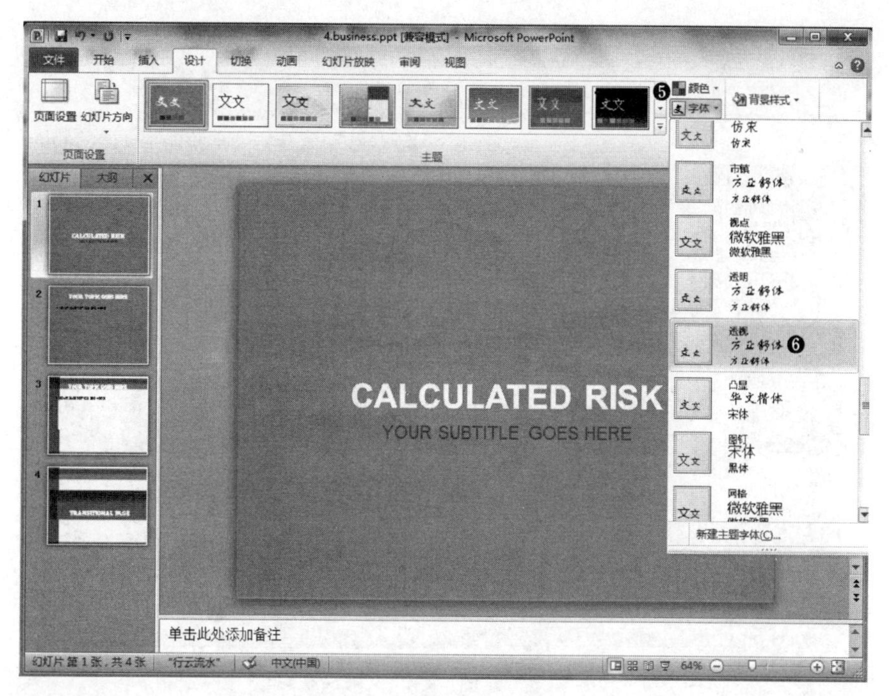

图 4-6

❶ 选择“设计”选项卡。

❷ 在“主题”群组中单击“行云流水”效果选项。

❸ 在“主题”群组中单击“颜色”下拉按钮。

❹ 选择“图钉”样式。

❺ 单击“主题”群组中的“字体”下拉按钮。

❻ 单击“透视”选项，完成操作。

题目 3

试题内容

以 70%的大小比例浏览每张幻灯片。

准备

打开练习文档(\PowerPoint 素材\7. planet. pptx)。

注释

本题考查对演示文稿视图的应用能力。在 PowerPoint 中，不仅可以更改幻灯片视图的大小，也可以更改幻灯片缩略图的大小，从而方便地浏览幻灯片。设置幻灯片的视图大小在视图选项卡中的“显示比例”群组中进行。

解法

如图 4-7 所示。

图 4-7

❶ 单击“63％”显示比例按钮。

❷ 在“显示比例”对话框中，将百分比改为 70％。

❸ 单击“确定”按钮，完成操作。

题目 4

试题内容

自定义创建一个仅包含幻灯片 2、3 和 4 的名为 Nature 的幻灯片放映。

准备

打开练习文档(\PowerPoint 素材\13. clover. pptx)。

注释

本题考查幻灯片放映设置。用户可以通过创建不同的幻灯片放映，重新定义演示文稿中的幻灯片放映顺序，也可以指定要放映的幻灯片。有关幻灯片放映的功能，一般都在“幻灯片放映”选项卡中。

解法

如图 4-8 到图 4-12 所示。

❶ 选择“幻灯片放映”选项卡。

❷ 在“开始放映幻灯片”群组中单击“自定义幻灯片放映”按钮。

❸ 在“自定义放映”对话框中单击“新建”按钮，弹出“定义自定义放映”对话框。

❹ 在左边一栏中选择幻灯片 2、3 和 4。

❺ 单击“添加”按钮将其添加到右边一栏中。

图 4-8

图 4-9

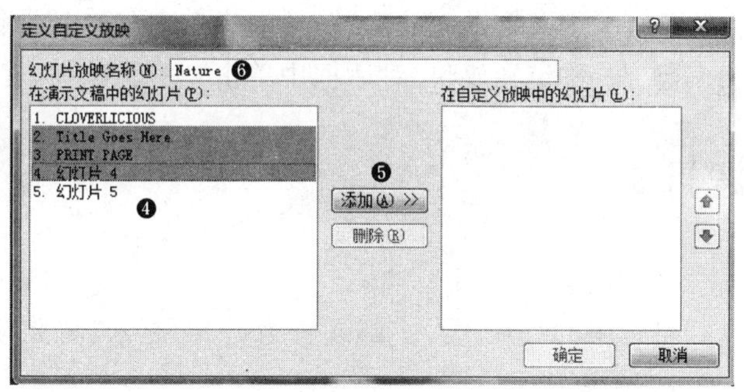

图 4-10

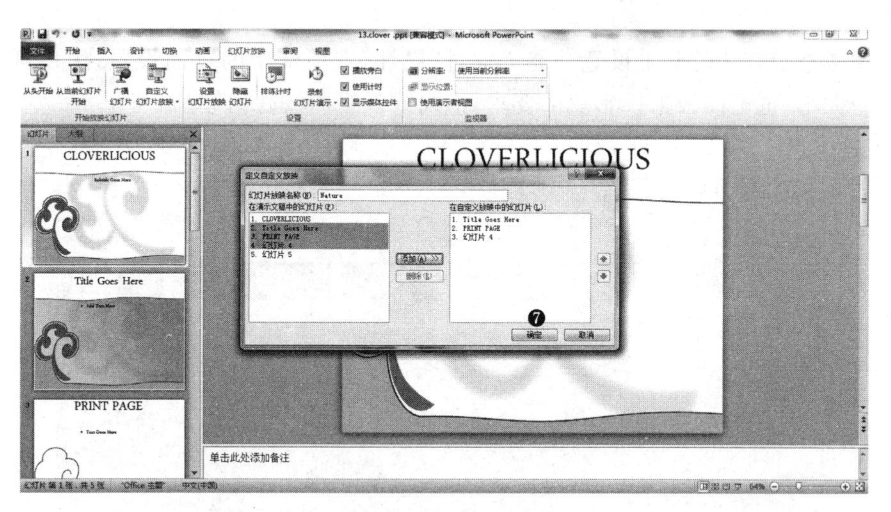

图 4-11

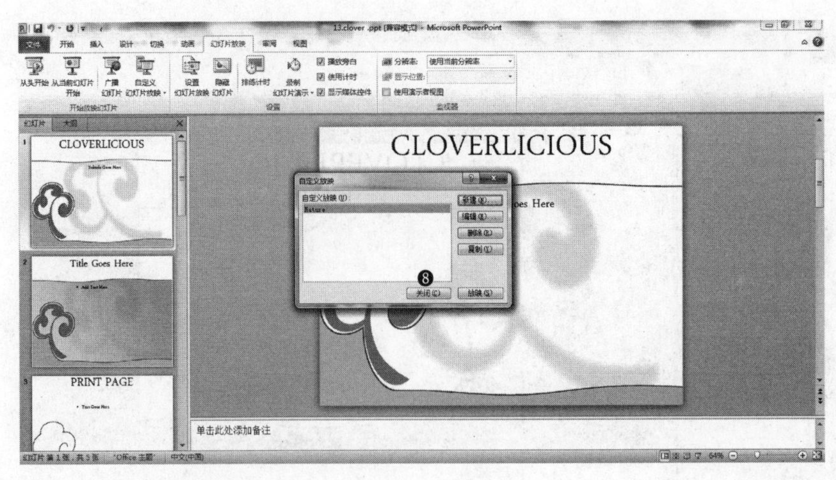

图 4-12

❻ 在“幻灯片放映名称”栏中将名字更改为 Nature。

❼ 在“定义自定义放映”对话框中单击“确定”按钮。

❽ 在“自定义放映”对话框中单击“关闭”按钮，完成操作。

题目 5

试题内容

将每张幻灯片的大小都设置为宽 31 厘米、高 25 厘米。

准备

打开练习文档(\PowerPoint 素材\14. school locker. pptx)。

注释

本题考查幻灯片的基本设置功能。通过“设计”选项卡中的页面设置，用户可以指定幻灯片的大小，也可以根据投影仪的要求，横向或者纵向放映幻灯片。

解法

如图 4-13 和图 4-14 所示。

图 4-13

图 4-14

❶ 选择“设计”选项卡。

❷ 在“页面设置”群组中单击“页面设置”按钮，弹出“页面设置”对话框。

❸ 在“页面设置”对话框中将高度和宽度分别更改为 31cm 和 25cm。

❹ 单击“确定”按钮，完成操作。

题目 6

试题内容

隐藏 PowerPoint 中的拼写错误。

准备

打开练习文档(\PowerPoint 素材\17. summer. pptx)。

注释

本题考查对幻灯片的选项设置。通过“文件”选项卡中基本的选项设置，调整需要的内容。所有 Microsoft Office 2010 程序均附带了检查文件中拼写和语法的功能，可以根据需要，设置或者取消拼写和语法检查功能。

解法

如图 4-15 和图 4-16 所示。

❶ 选择“文件”选项卡。

❷ 选择“选项”命令。

❸ 在弹出的“PowerPoint 选项”对话框中选择“校对”功能。

❹ 勾选“隐藏拼写错误”复选框。

❺ 单击“确定”按钮，完成操作。

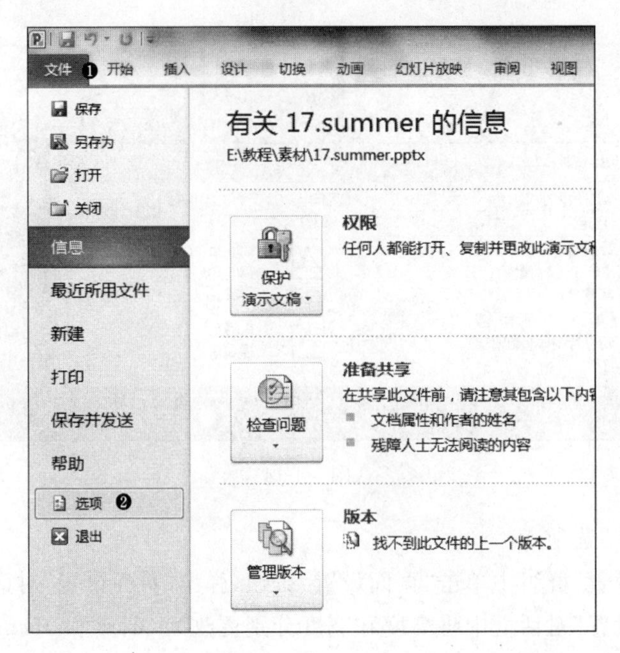

图 4-15

图 4-16

题目 7

试题内容

将 Nature 添加到演示文稿的属性中作为主题。

准备

打开练习文档(\PowerPoint 素材\20. clover. pptx)。

注释

本题考查对演示文稿的管理能力。通过对演示文稿属性的设定,用户可以指定演示文稿的作者、单位、类别和状态等属性。

解法

如图 4-17 和图 4-18 所示。

图 4-17

图 4-18

❶ 选择“文件”选项卡。

❷ 单击“显示所有属性”。

❸ 在“主题”栏中输入 Nature，完成操作。

题目 8

试题内容

在新建窗口中显示当前演示文稿，并将窗口以重排形式显示。

准备

打开练习文档(\PowerPoint 素材\21. planet. pptx)。

注释

本题考查演示文稿中视图的相关功能。在 PowerPoint 2010 中，窗口可以同时显示，方便用户对多个文档进行同时编辑。

解法

如图 4-19 到图 4-21 所示。

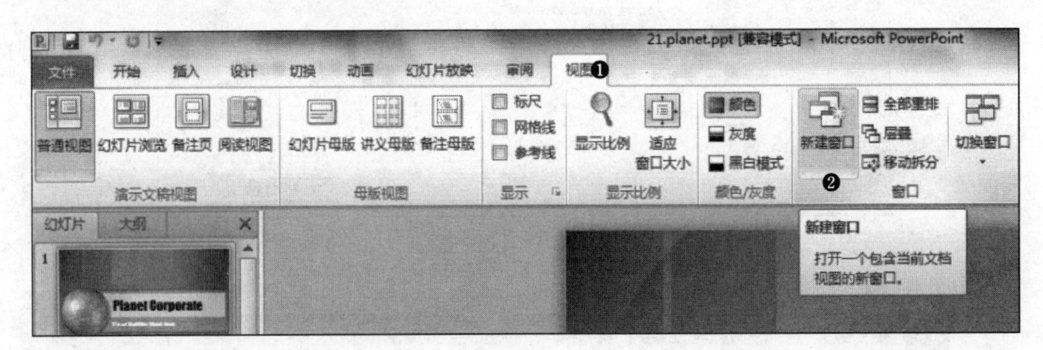

图 4-19

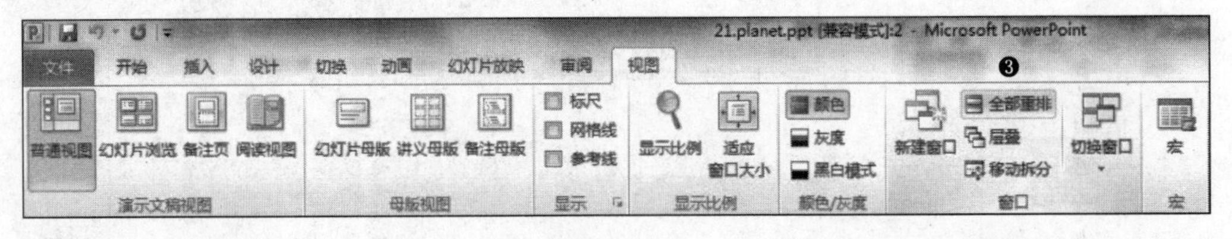

图 4-20

❶ 选择“视图”选项卡。

❷ 在“窗口”群组中单击“新建窗口”按钮。

❸ 在“窗口”群组中单击“全部重排”按钮。

❹ 完成操作，效果如图 4-21 所示。

图 4-21

题目 9

试题内容

将幻灯片放映设置为“在展台浏览”。

准备

打开练习文档(\PowerPoint 素材\22. planet. pptx)。

注释

本题考查幻灯片放映设置。用户可以在“幻灯片放映”选项卡的“设置幻灯片放映”中设置放映方式为“演讲者放映”、“观众自行浏览”和“在展台浏览”3 种。

解法

如图 4-22 和图 4-23 所示。

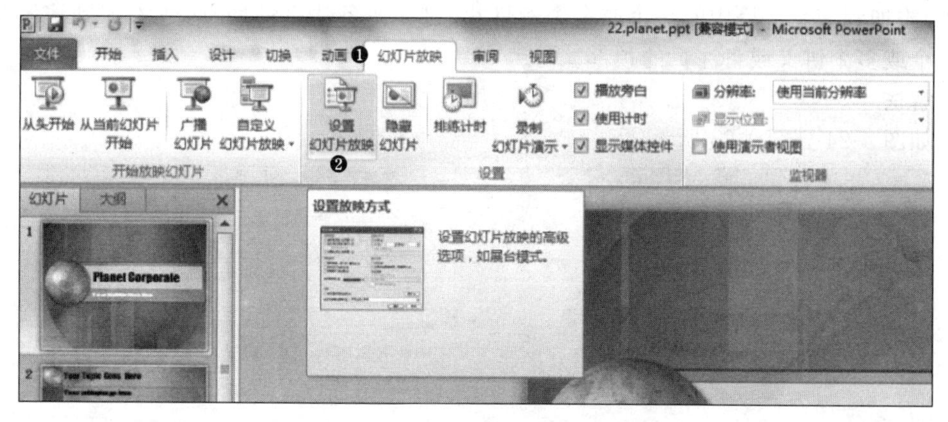

图 4-22

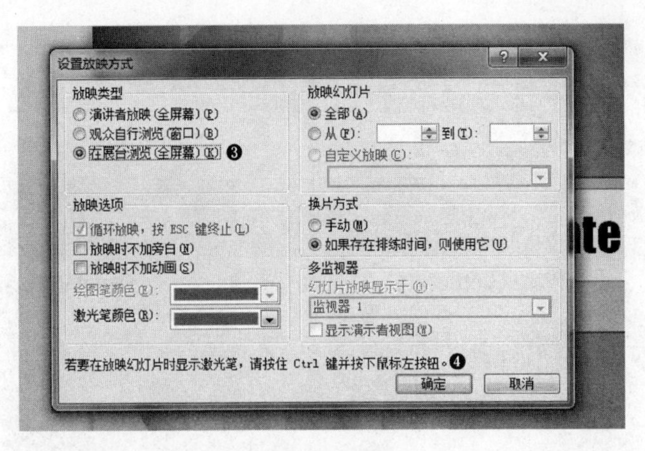

图 4-23

❶ 选择“幻灯片放映”选项卡。

❷ 在“设置”群组中单击“设置幻灯片放映”按钮，弹出“设置放映方式”对话框。

❸ 在“设置放映方式”对话框中选择“在展台浏览”单选按钮。

❹ 单击“确定”按钮，完成操作。

题目 10

试题内容

使用文本“Nature Clover”添加页脚。对标题幻灯片之外的每张幻灯片都应用页脚。

准备

打开练习文档(\PowerPoint 素材\27. clover. pptx)。

注释

本题考查对幻灯片的编辑能力。在“插入”选项卡中，可以将幻灯片编号、页码、日期和时间添加到幻灯片，也可以将文本(如演示文稿的标题、演示文稿的名称、文件名和公司名等)添加到演示文稿中的一个或多个幻灯片、讲义或备注页的底部，或添加到演示文稿中一个或多个讲义或备注页的顶部。

解法

如图 4-24 到图 4-26 所示。

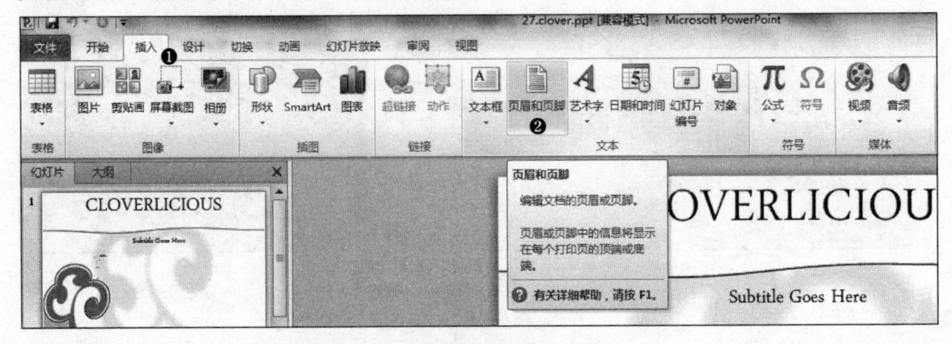

图 4-24

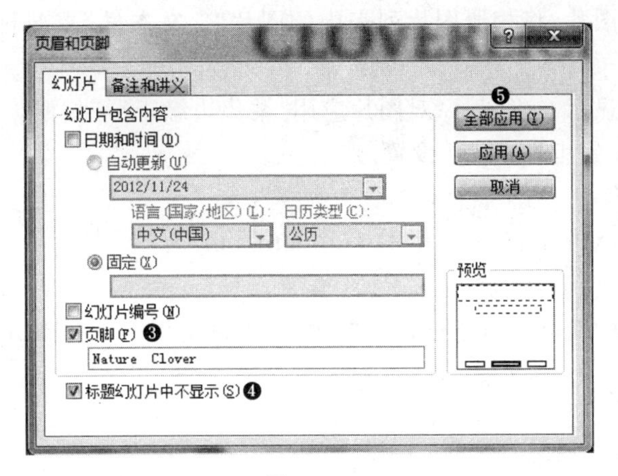

图 4-25

图 4-26

❶ 选择“插入”选项卡。

❷ 单击“文本”群组中的“页眉和页脚”按钮。

❸ 在“页眉和页脚”对话框中，勾选“页脚”复选框，输入“Nature Clover”。

❹ 勾选“标题幻灯片中不显示”复选框。

❺ 单击“全部应用”按钮。

❻ 完成操作，效果如图 4-26 所示。

4.2 创建幻灯片演示文稿

题目 11

试题内容

根据以下标准编辑相册：

全色显示所有图片；将相册图片列表中的图片“3 文本框”重新排序到图片“2 日落”的上方。

使每张幻灯片显示 2 张图片；对图片应用“柔化边缘矩形”相框。

（注意：接受所有其他的默认设置。）

准备

打开练习文档(\PowerPoint 素材\33. photo. pptx)。

注释

本题考查相册的功能。对于创建好的相册，可以使用 PowerPoint 相册里的编辑相册功能重新进行编辑。

解法

如图 4-27 到图 4-31 所示。

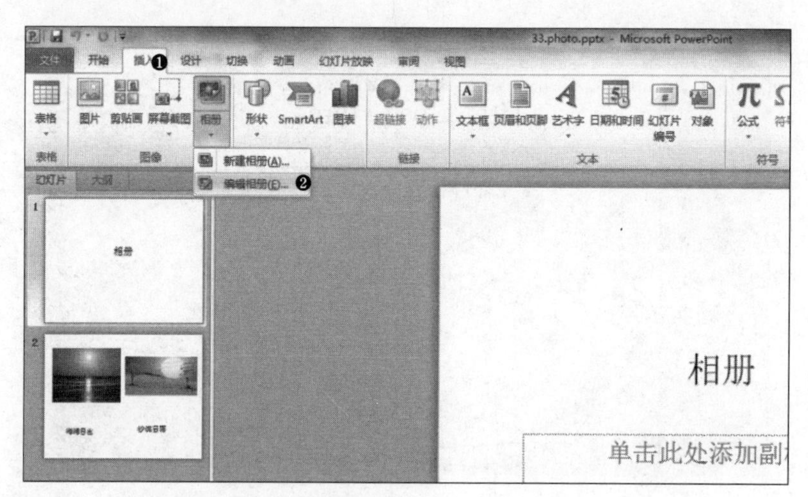

图 4-27

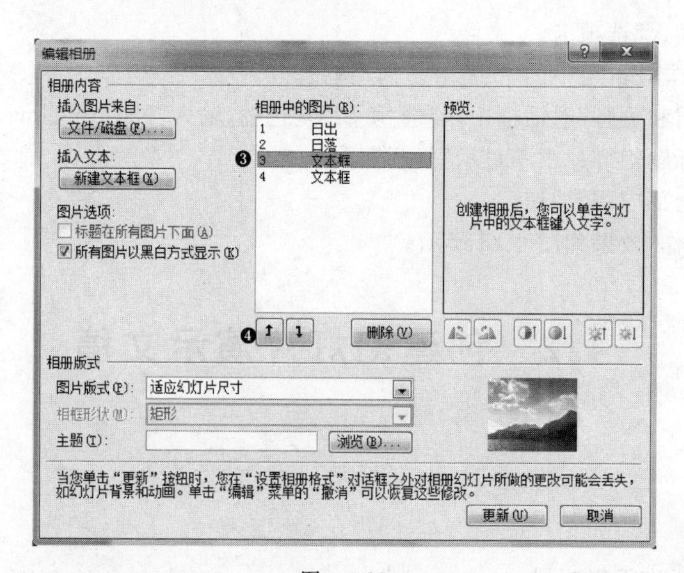

图 4-28

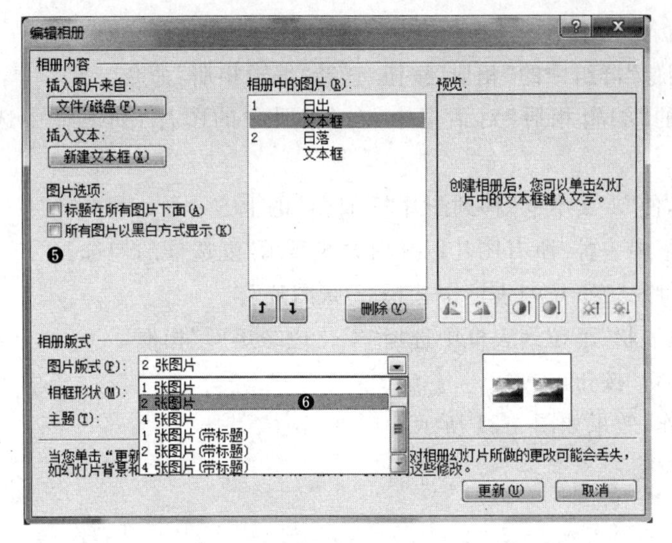

图 4-29

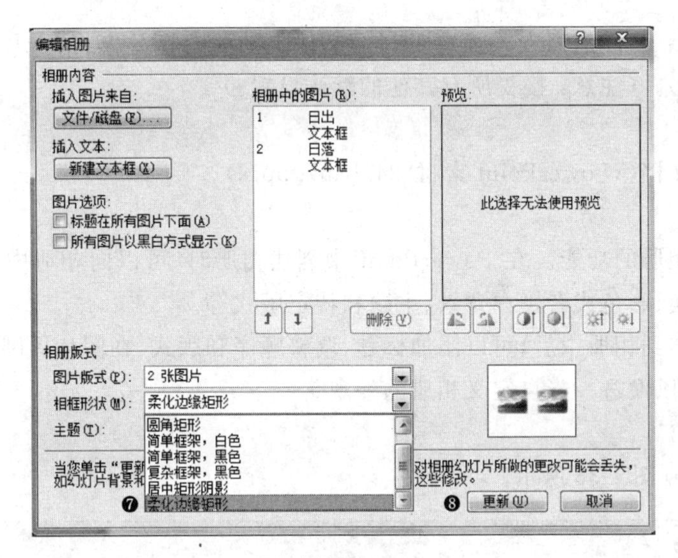

图 4-30

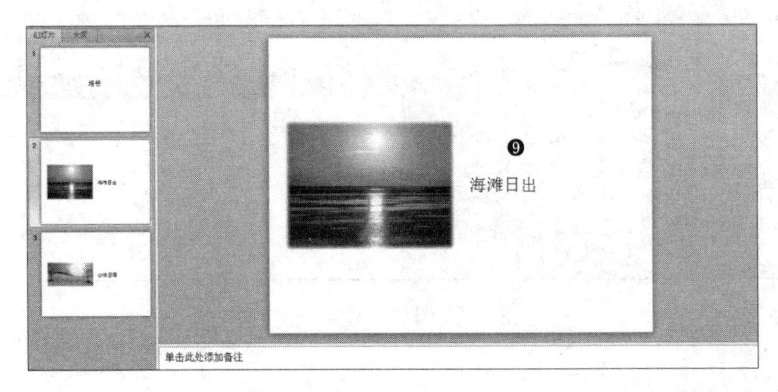

图 4-31

❶ 选择“插入”选项卡。

❷ 单击“图像”群组中的“相册”按钮，选择“编辑相册”命令。

❸ 在弹出的“编辑相册”对话框中，在“相册中的图片”列表框中选择“3 文本框”选项。

❹ 单击[↑]，使“3 文本框”移到图片“2 日落”的上方。

❺ 在对话框中去掉“所有图片以黑白方式显示”复选框的勾选。

❻ 在“图片版式”下拉列表框中选择“2 张图片”。

❼ 在“相框形状”下拉列表框中选择“柔化边缘矩形”相框。

❽ 单击“更新”按钮。

❾ 完成操作，效果如图 4-31 所示。

题目 12

试题内容

创建一个相册，以黑白方式显示“图片”文件夹的所有图片。将“图片版式”设置为 4 张图片（带标题）。（注意：接受所有其他的默认设置。）

准备

打开练习文档（\PowerPoint 素材\34. bank. pptx）。

注释

本题考查相册的功能。在 PowerPoint 中创建相册时，可以向相册中添加一些效果，包括幻灯片切换、彩色或者黑白背景、主题和特定版式等。

将图片添加到相册中后，可以添加标题，调整顺序和版式，在图片周围添加相框，甚至可以应用主题，以便进一步自定义相册的外观。

解法

如图 4-32 到图 4-36 所示。

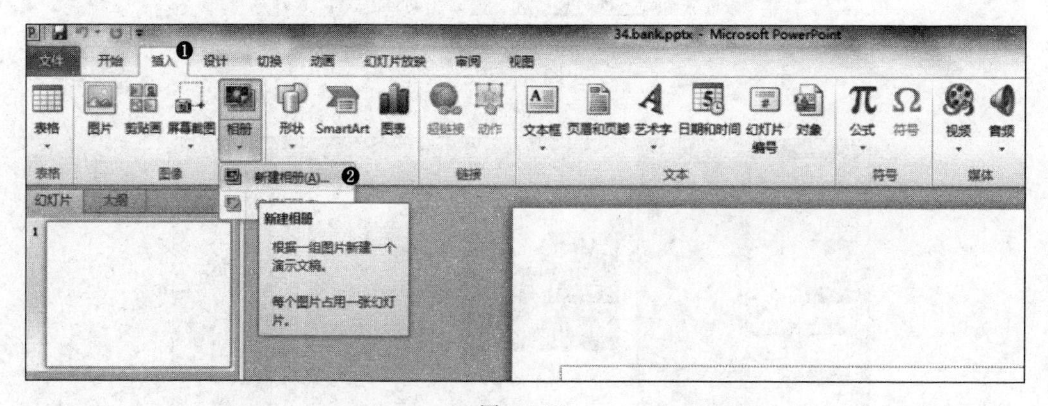

图　4-32

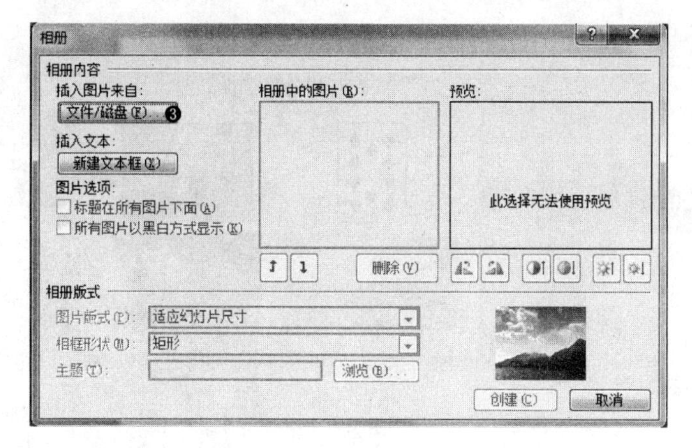

图 4-33

图 4-34

图 4-35

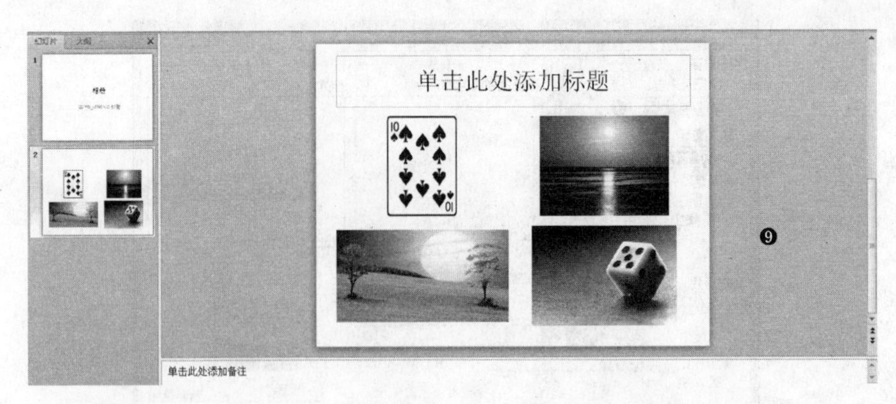

图 4-36

❶ 选择“插入”选项卡。

❷ 单击“图像”群组中的“相册”按钮，选择“新建相册”命令。

❸ 在弹出的“相册”对话框中单击“文件/磁盘”按钮，弹出“插入新照片”对话框。

❹ 选择“文档”中相应目录下的全部图片(\PowerPoint 素材\34. picture\目录下的 4 个图片文件)。

❺ 单击“插入”按钮。

❻ 在“相册”对话框中勾选“所有图片以黑白方式显示”复选框。

❼ 在“图片版式”下拉列表中选择“4 张图片(带标题)”。

❽ 单击“创建”按钮。

❾ 完成操作，效果如图 4-36 所示。

题目 13

试题内容

从演示文稿中删除 4 张节标题幻灯片。

准备

打开练习文档(\PowerPoint 素材\38. tree. pptx)。

注释

本题考查管理幻灯片的方法。通过合理地使用 PowerPoint 2010 中的“节”，可以将整个演示文稿划分成若干个小节来管理。这样，不仅有助于规划文稿结构，同时，编辑和维护起来也能大大节省时间。

解法

如图 4-37 到图 4-39 所示。

❶ 选择“视图”选项卡。

❷ 在“演示文稿视图”群组中单击“幻灯片浏览”按钮。

❸ 按住 Ctrl 键依次选择 4 张节标题幻灯片。

❹ 按 Del 键删除 4 张幻灯片后，效果如图 4-39 所示。

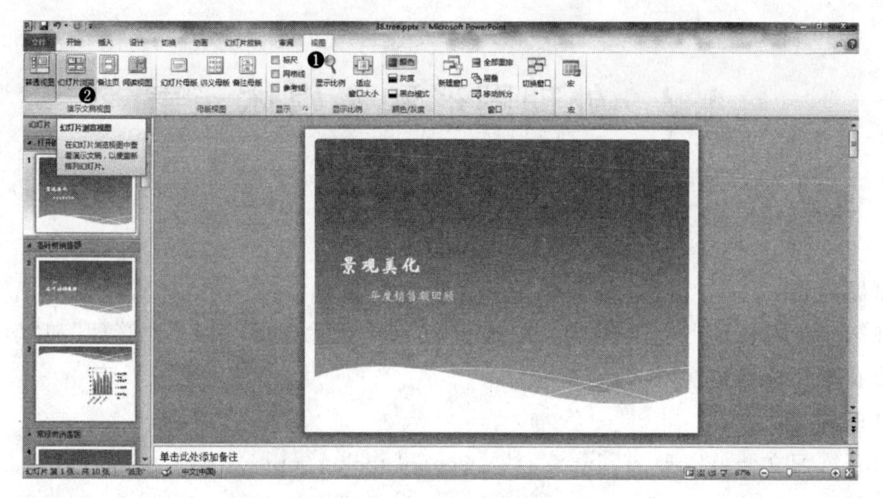

图 4-37

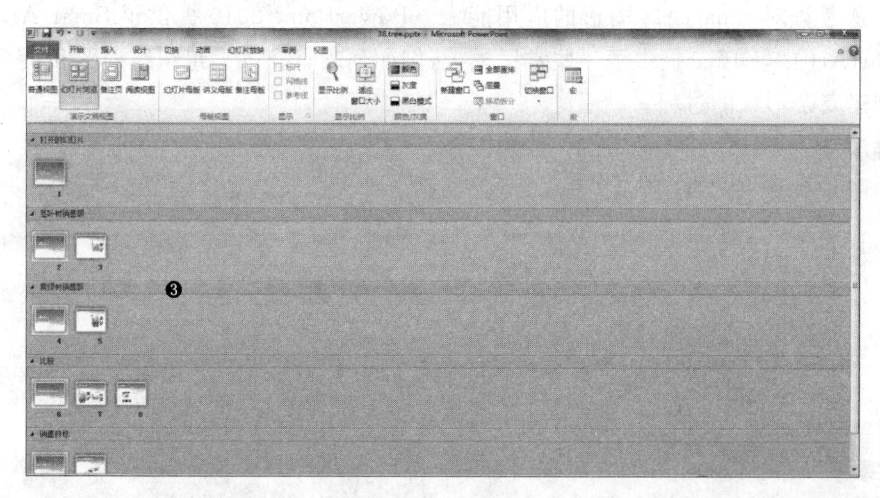

图 4-38

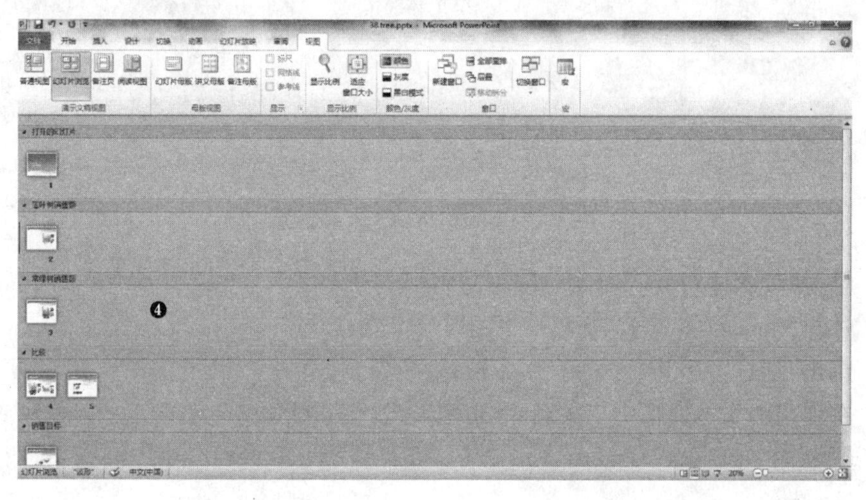

图 4-39

4.3 处理图形和多媒体元素

题目 14

试题内容

在第 5 张幻灯片上，从“教学体系”SmartArt 中删除楔形“服务”、“管理”和“学生”，将剩余形状重新标示为“学校”。

准备

打开练习文档(\PowerPoint 素材\3. school locker. pptx)。

注释

本题考查对 SmartArt 图形的应用能力。PowerPoint 2010 提供了 SmartArt 功能。在 SmartArt 中，Office 提供了一些常用模板，例如列表、流程图、组织结构图和关系图，以简化创建复杂形状的过程。

解法

如图 4-40 和图 4-41 所示。

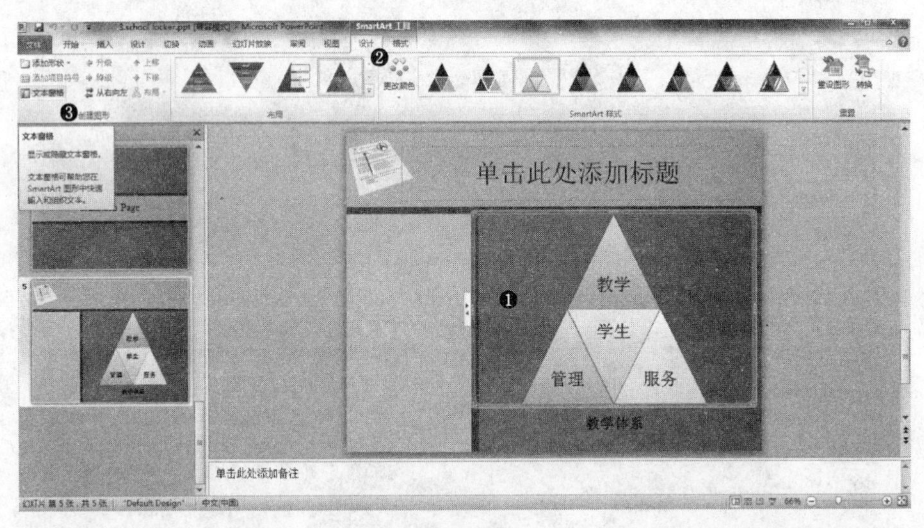

图 4-40

❶ 单击“教学体系”SmartArt 组织结构图。

❷ 选择“SmartArt 工具”选项卡下的“设计”选项卡。

❸ 单击“创建图形”群组中的“文本窗格”按钮。

❹ 在弹出的文本窗格中依次删除“管理”、“学生”和“服务”，将剩下的“教学”改为“学校”，完成操作。

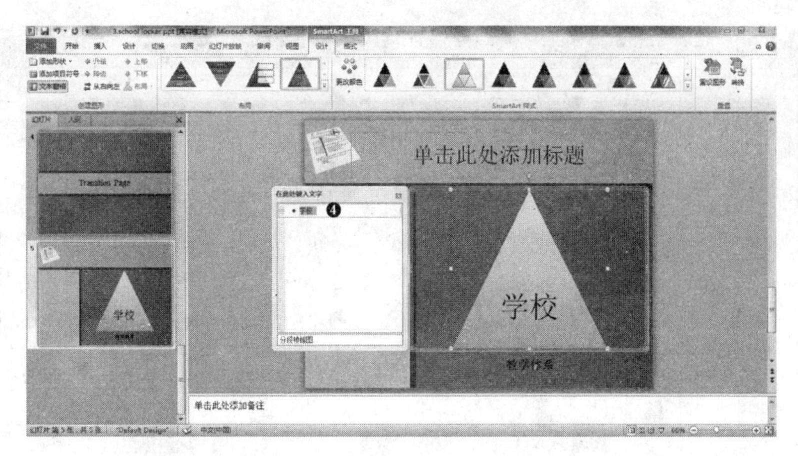

图 4-41

题目 15

试题内容

在第 5 张幻灯片上，将“教学体系”SmartArt 修改为使用“基本循环”布局。

准备

打开练习文档(\PowerPoint 素材\6. school locker. pptx)。

注释

本题考查对 SmartArt 的应用能力。通过双击 SmartArt 图形，可以在 SmartArt 的“设计”选项卡中修改 SmartArt 的形状和效果等。

解法

如图 4-42 和图 4-43 所示。

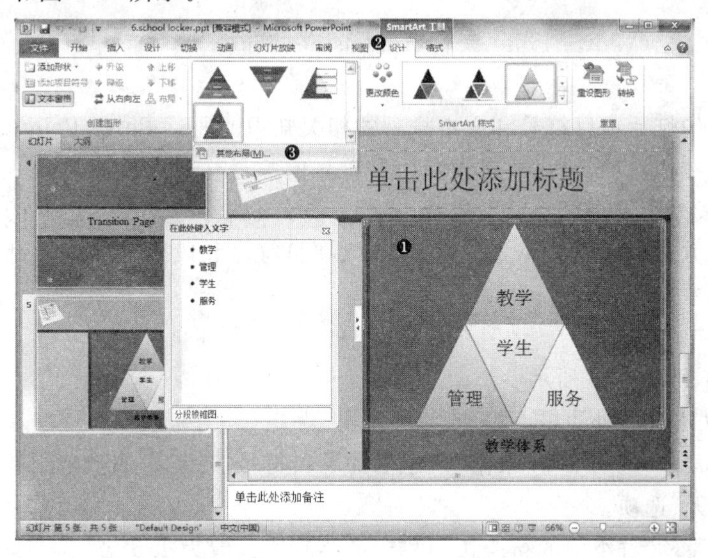

图 4-42

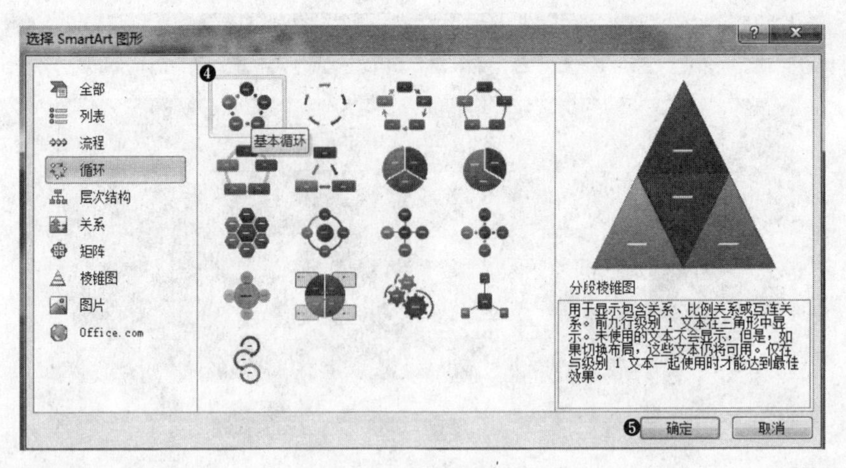

图 4-43

❶ 选中“教学体系”SmartArt 组织结构图。

❷ 选择“SmartArt 工具”选项卡下的“设计”选项卡。

❸ 单击“布局”群组中的下拉箭头，单击 “其他布局”按钮。

❹ 在弹出的“选择 SmartArt 图形”对话框中单击“循环”栏中的“基本循环”选项。

❺ 单击“确定”按钮，完成操作。

题目 16

试题内容

在第 2 张幻灯片上，对项目符号的列表执行以下修改操作：

取消项目符号，文本右对齐并将行距调整为 1.5 倍行距。

准备

打开练习文档(\PowerPoint 素材\16. business. pptx)。

注释

本题考查幻灯片项目符号和文本排列的相关知识。通过 PowerPoint 2010 演示文稿中的项目符号按钮选项，用户可以设置项目符号的编号样式、颜色和大小，还可以更改起始编号，增大或减小缩进以及增大或减小项目符号或编号与其文本之间的间距。通过不同的文本排列方式来增强表现力。关于文本、项目符号和段落等的设置都在开始选项卡的“段落”群组中。

解法

如图 4-44 到图 4-48 所示。

❶ 选择文本框的外边框。

❷ 单击“开始”选项卡中“段落”群组中的项目符号按钮右侧的下拉箭头。

❸ 单击“无”选项。

❹ 单击“段落”群组中的行距按钮，并将行距设置为 1.5 倍。

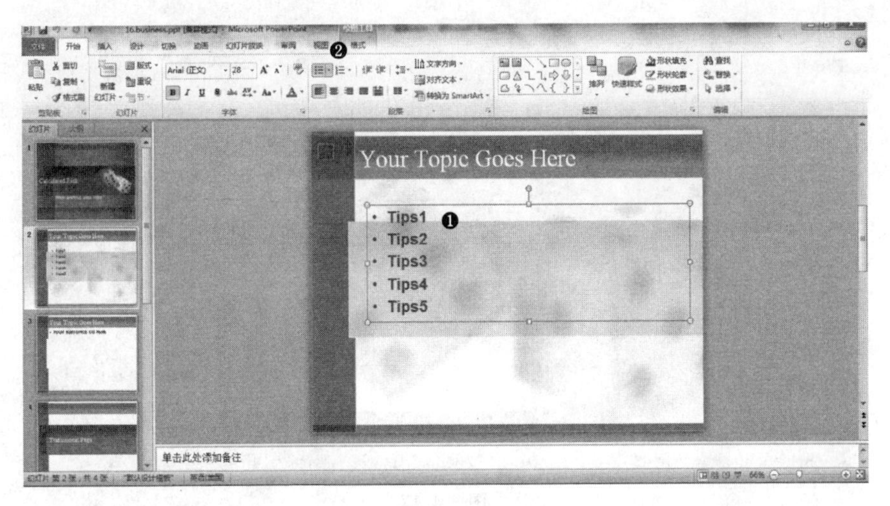

图　4-44

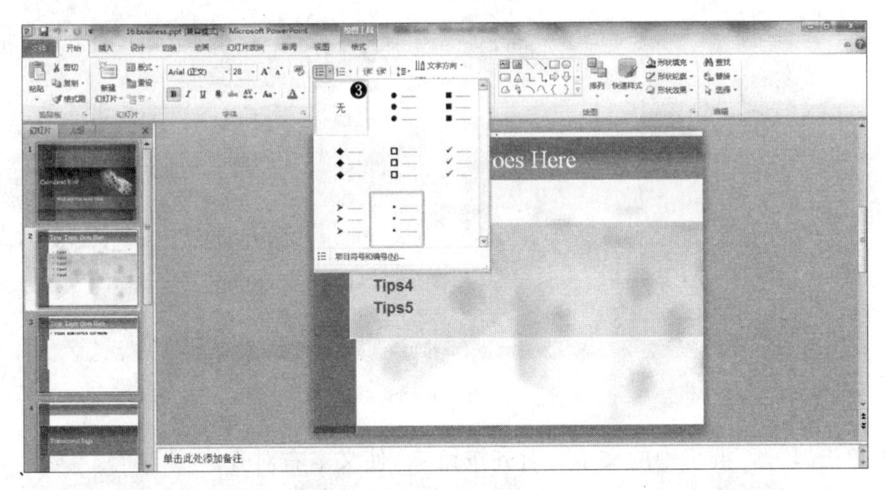

图　4-45

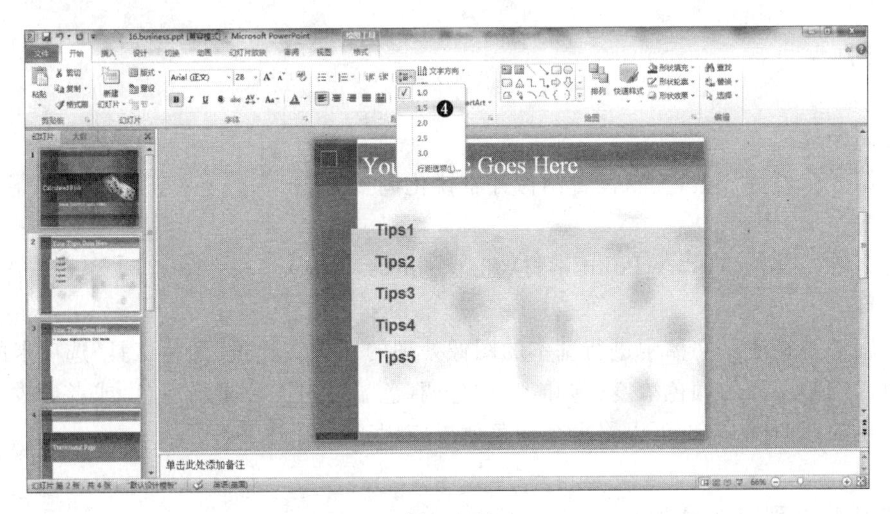

图　4-46

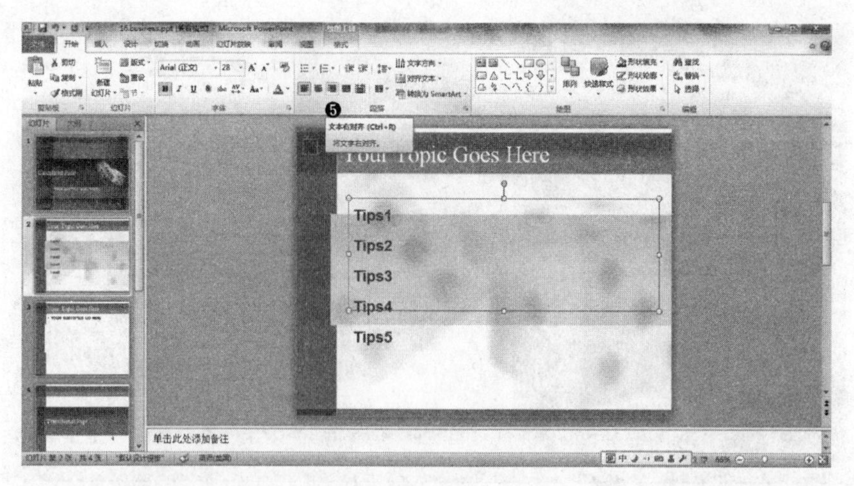

图 4-47

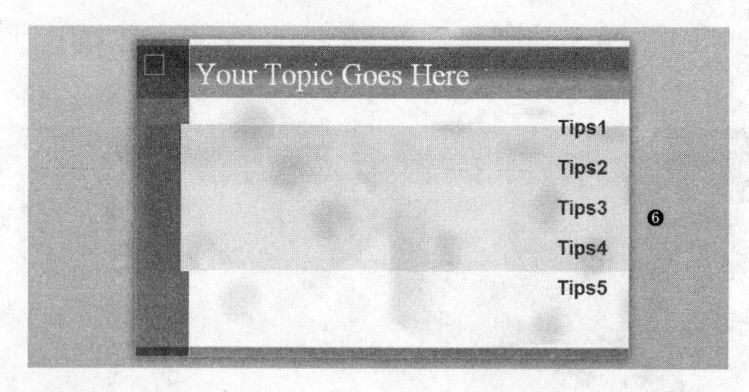

图 4-48

❺ 单击“段落”群组中的文本右对齐按钮,使文本右对齐。

❻ 单击幻灯片空白处,完成操作。

题目 17

试题内容

在第 3 张幻灯片上,重新设置图像并将锐化调整为 50%。

准备

打开练习文档(\PowerPoint 素材\23. business. pptx)。

注释

本题考查在演示文稿中进行基本的图像处理的知识。通过“图片工具”选项卡的各种工具可以调整图片的颜色浓度(饱和度)和色调(色温),对图片重新着色,或者更改图片中某个颜色的透明度等,也可以将多个颜色效果应用于一幅图片上。

解法

如图 4-49 到图 4-51 所示。

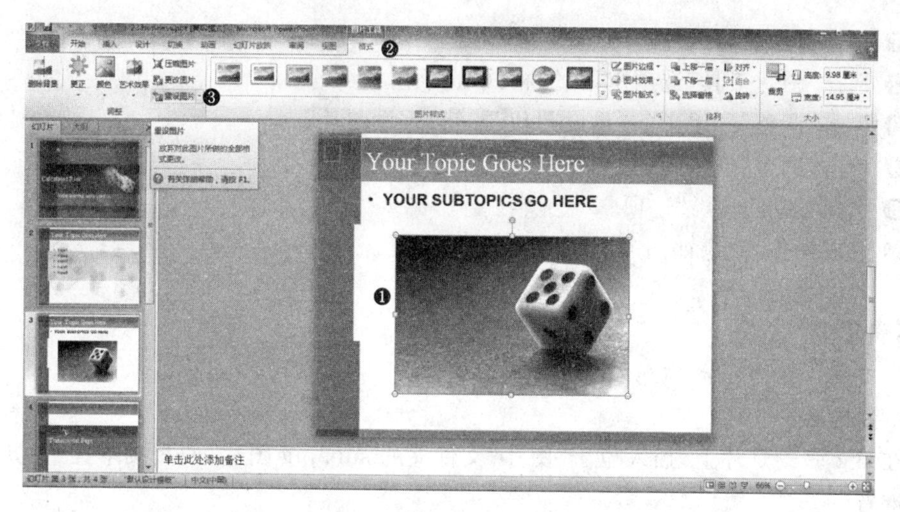

图 4-49

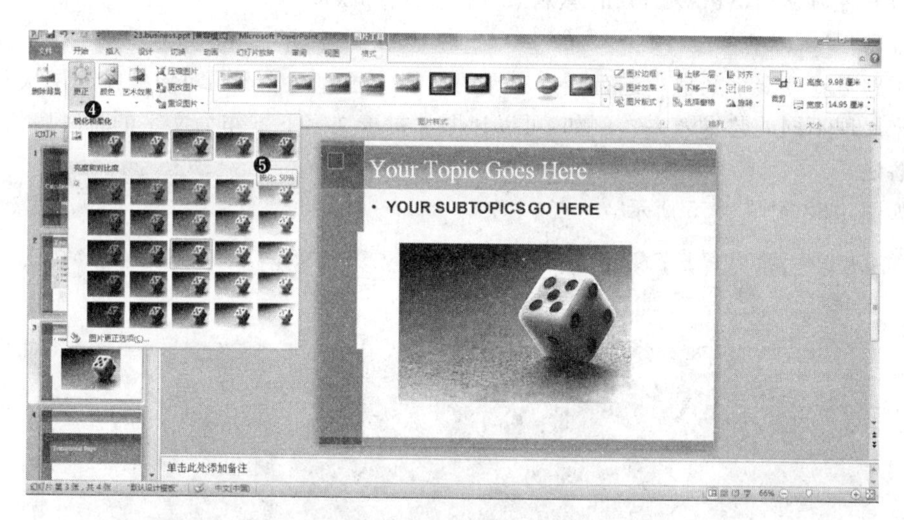

图 4-50

图 4-51

❶ 选定要操作的图片。

❷ 选择“图片工具”选项卡下的“格式”选项卡。

❸ 单击“调整”群组中的“重设图片”按钮,重设图片。

❹ 单击“调整”群组中的“更正”按钮。

❺ 选择“锐化 50%”选项。

❻ 完成操作,效果如图 4-51 所示。

题目 18

试题内容

在第 3 张幻灯片上,插入位于“图片”文件夹的 sun.jpg 图片,使其文本置于底层。

准备

打开练习文档(\PowerPoint 素材\24. planet. pptx)。

注释

本题考查在演示文稿中进行排列布局的功能。通过调整不同对象的排列层次和排列位置来展现不同的艺术效果。例如,可以让图片衬于文字下方作为文字的背景底色等。

解法

如图 4-52 到图 4-55 所示。

图 4-52

❶ 选择“插入”选项卡。

❷ 单击“图像”群组中的“图片”按钮,弹出“插入图片”对话框。

❸ 选择 24. sun. jpg 图片文件。

❹ 单击“插入”按钮。

❺ 在图片上右击,在弹出的快捷菜单中选择“置于底层”命令。

❻ 完成操作,效果如图 4-55 所示。

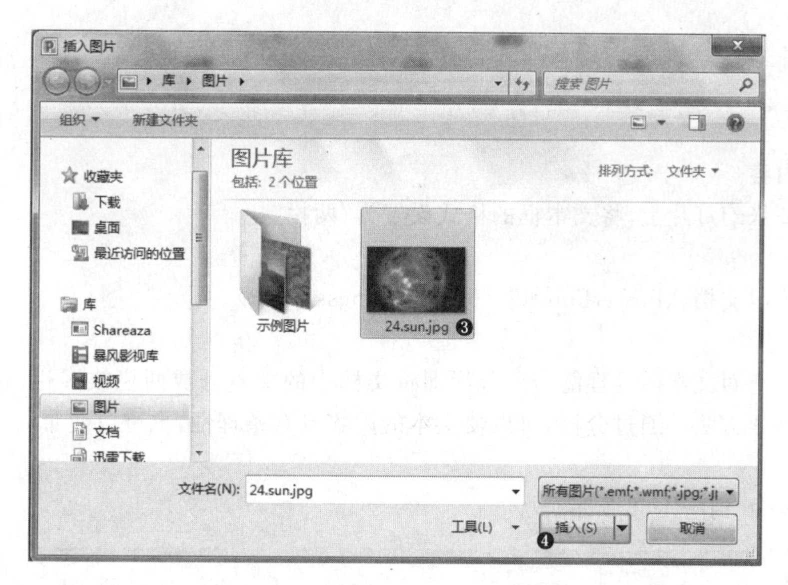

图 4-53

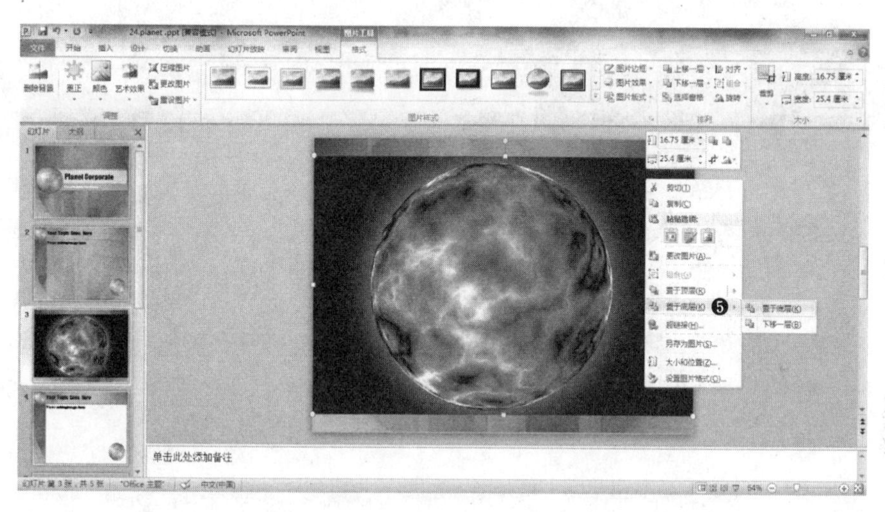

图 4-54

图 4-55

题目 19

试题内容

在第 2 张幻灯片上，将文本框的格式设置为“两栏”。

准备

打开练习文档(\PowerPoint 素材\25. business. pptx)。

注释

本题考查对文本的处理能力。分栏即将文档中的文本分成两栏或多栏，是文档编辑中的一个基本方法。通过分栏，可以使文本的内容具有条理性，也可以使布局更加美观。

解法

如图 4-56 到图 4-58 所示。

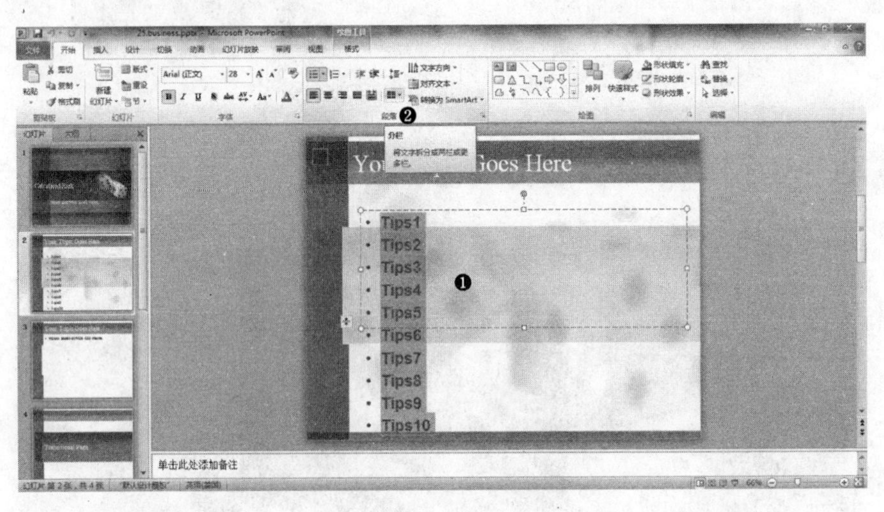

图 4-56

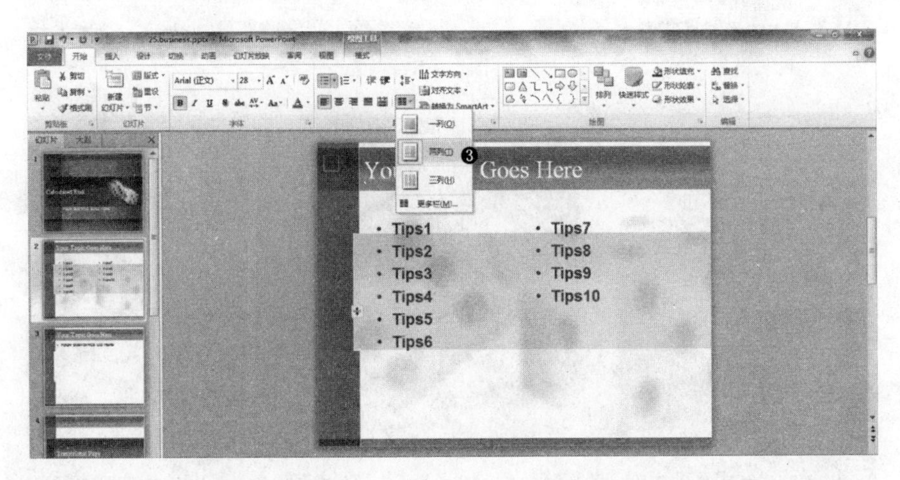

图 4-57

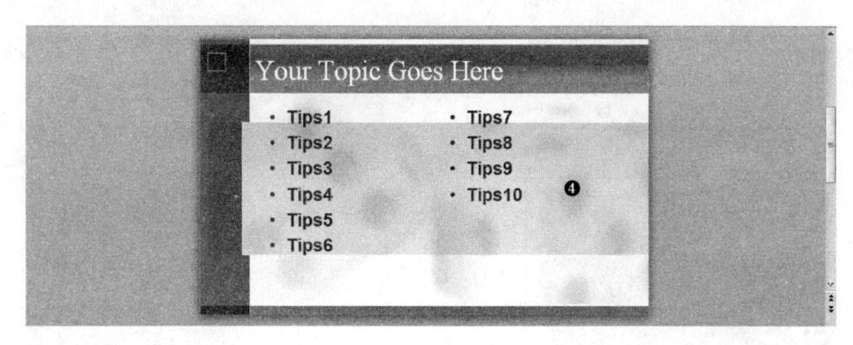

图 4-58

❶ 选择“项目列表”文本框的所有内容。
❷ 单击“开始”选项卡“段落”群组中的“分栏”按钮。
❸ 选择“两列”选项。
❹ 完成操作,效果如图 4-58 所示。

题目 20

试题内容

在第 3 张幻灯片上,对“Tree:”文本框应用“彩色轮廓-蓝色,强调颜色 2”形状样式。

准备

打开练习文档(\PowerPoint 素材\30. clover. pptx)。

注释

本题主要考查对演示文稿中多媒体元素的使用能力。如果要修改文本框或形状的边框,首先要选中要更改的文本框或形状的边框;如果要更改多个文本框或形状,单击第一个文本框或形状,然后按住 Ctrl 键,同时单击其他文本框或形状。

在绘图工具格式选项卡下的“形状样式”群组中,按照需要修改样式。

解法

如图 4-59 到图 4-61 所示。

图 4-59

图 4-60

图 4-61

❶ 选中“Tree：”文本框的边框。
❷ 选择“绘图工具”选项卡下的“格式”选项卡。
❸ 选择“彩色轮廓-蓝色，强调颜色 2”形状样式。
❹ 完成操作，效果如图 4-61 所示。

题目 21

试题内容

在第 4 张幻灯片上，修改音频剪辑使其自动播放。

准备

打开练习文档(\PowerPoint 素材\31. clover. pptx)。

注释

本题考查对演示文稿中多媒体元素的使用能力。在“音频工具”选项卡下，修改音频的设置，来配合演示者的展示需要。

解法

如图 4-62 所示。

图 4-62

❶ 单击第 4 张幻灯片上的“音频”图标。

❷ 选择“音频工具”选项卡下的“格式”选项卡。

❸ 单击“音频选项”群组中的下拉箭头，并选择“自动”选项。

题目 22

试题内容

在第 4 张幻灯片上，对图像应用“金属圆角矩形”。

准备

打开练习文档(\PowerPoint 素材\37. planet. pptx)。

注释

本题考查对图片设置的功能。PowerPoint 提供了大量的图片样式，通过使用这些图片样式，用户可以方便快速地创建出不同效果的图片，增强图片的表现力。

解法

如图 4-63 到图 4-65 所示。

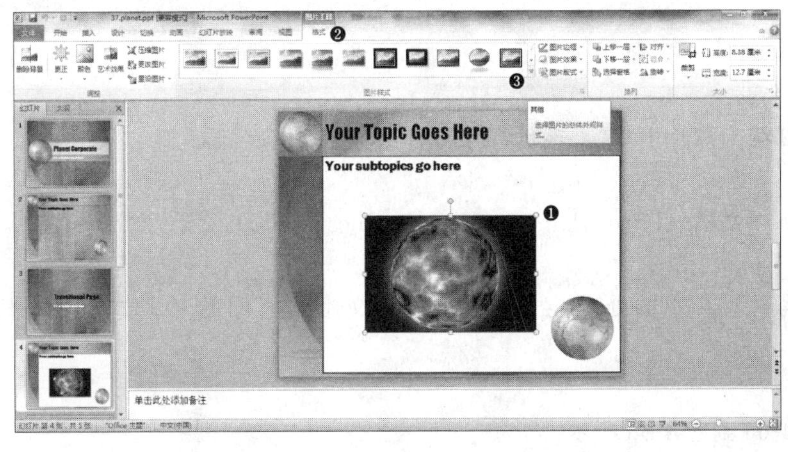

图 4-63

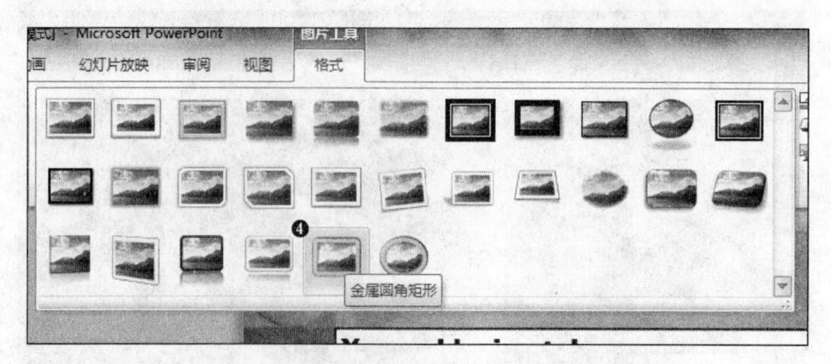

图 4-64

图 4-65

❶ 选中要操作的图片。

❷ 选择“图片工具”选项卡下的“格式”选项卡。

❸ 单击“图片样式”中的下拉箭头。

❹ 选择“金属圆角矩形”样式。

❺ 完成操作，效果如图 4-65 所示。

题目 23

试题内容

在第 2 张幻灯片上，将带项目符号的列表与文本框底部对齐。

准备

打开练习文档(\PowerPoint 素材\40. business. pptx)。

注释

本题考查对文本的处理能力。通过设置文本框不同的对齐方式来调整幻灯片的排版。

解法

如图 4-66 到图 4-68 所示。

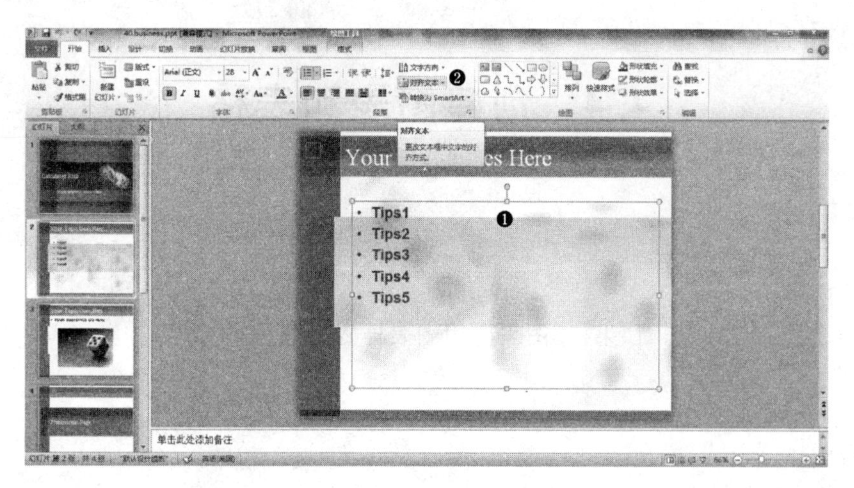

图 4-66

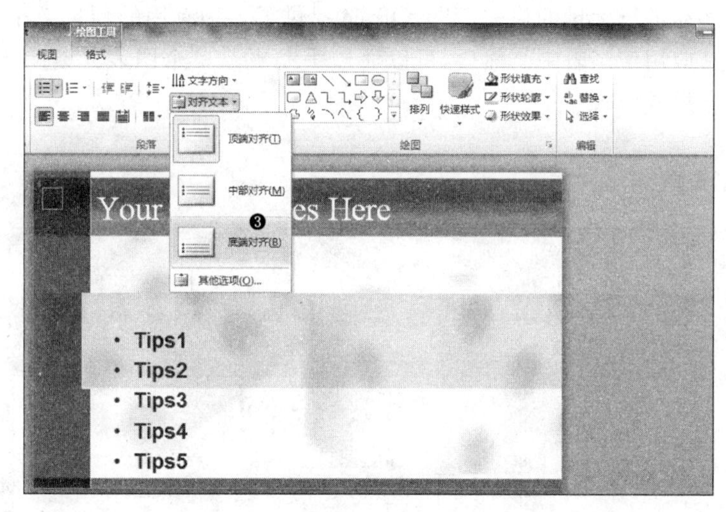

图 4-67

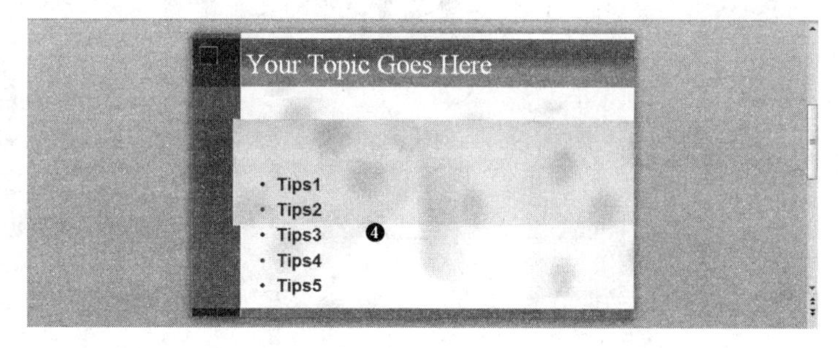

图 4-68

❶ 选中文本框的边框。

❷ 单击“开始”选项卡中“段落”群中的“对齐文本”按钮。

❸ 选择“对齐文本”下拉菜单中的“底端对齐”命令。

❹ 完成操作,效果如图 4-68 所示。

4.4　创建图表和表格

题目 24

试题内容

在第 3 张幻灯片上，对“果树”图表应用图表样式中的“样式 23”。

准备

打开练习文档(\PowerPoint 素材\9. clover. pptx)。

注释

本题考查对图表的应用能力。在 PowerPoint 中创建图表后，可以更改它的外观等设置。为了避免手动进行大量的格式设置，Office 提供了多种有用的预定义布局和样式，从而可以快速将其应用于图表中。然后，可以通过手动更改单个图表元素的布局和样式来进一步自定义布局或样式。

解法

如图 4-69 和图 4-70 所示。

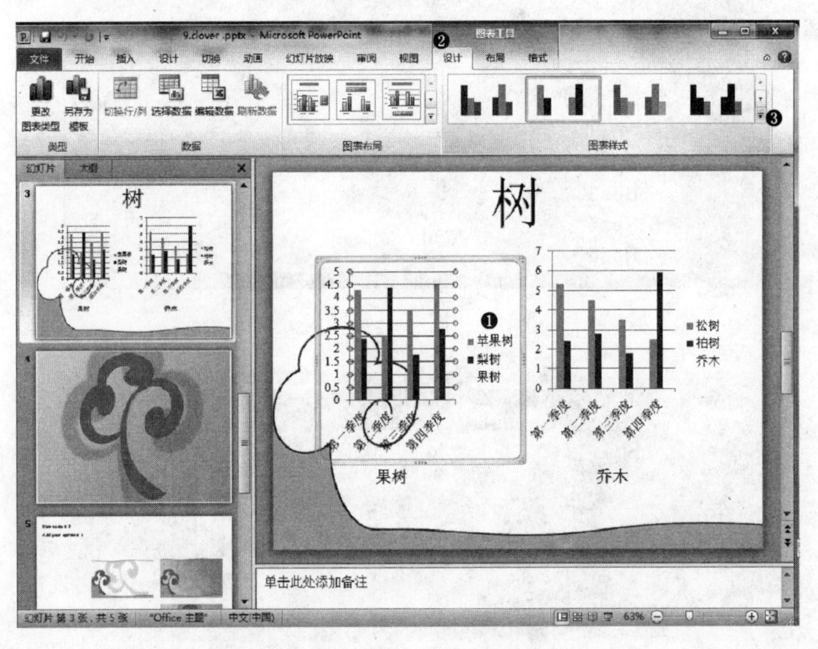

图　4-69

❶ 选中“果树”图表。

❷ 选择“图表工具”选项卡下的“设计”选项卡。

❸ 单击“图表样式”群组中的下拉箭头。

❹ 选择“样式 23”，完成操作。

图 4-70

题目 25

试题内容

在第 4 张幻灯片上，对图表背景应用“深色木质”纹理。

准备

打开练习文档(\PowerPoint 素材\10. clover. pptx)。

注释

本题考查对图表的应用能力。在图表工具设计选项卡中可以通过手动更改单个图表元素的布局和样式来进一步自定义布局或样式。也可以通过右键快捷菜单中的格式设置来设置图表的背景样式。

解法

如图 4-71 到图 4-73 所示。

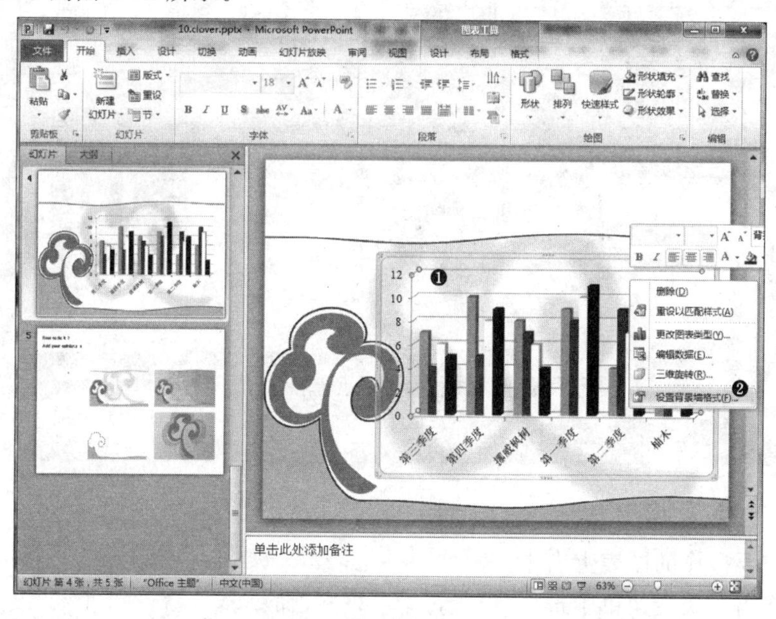

图 4-71

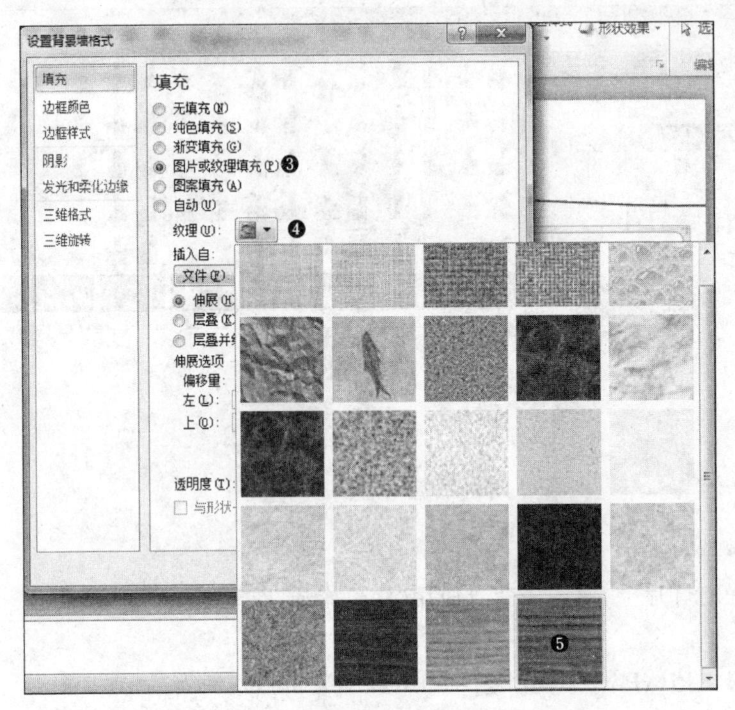

图 4-72

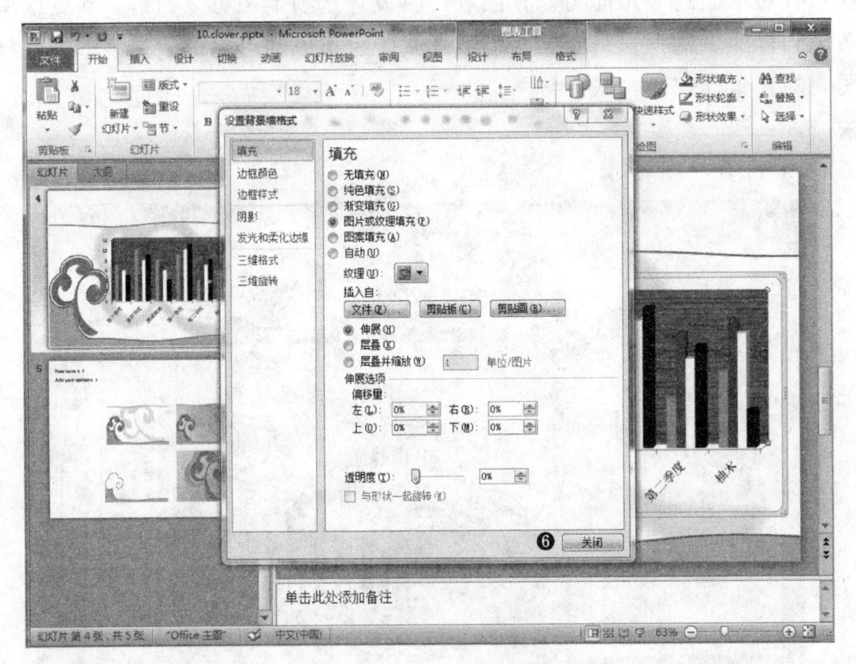

图 4-73

❶ 在需要操作的图表上右击。

❷ 在弹出的快捷菜单中选择“设置背景墙格式”命令。

❸ 在“设置背景墙格式”对话框的“填充”选项中，选择“图片或纹理填充”单选按钮。

❹ 单击“纹理”按钮。

❺ 选择“深色木质”效果。

❻ 单击“关闭”按钮，完成操作。

题目 26

试题内容

在第 2 张幻灯片上，插入一个有 2 列 4 行的表格。将表的左列标题设置为“班级 1”，右列标题设置为“班级 2”。

准备

打开练习文档(\PowerPoint 素材\15. school locker. pptx)。

注释

本题考查对幻灯片内基本设计元素的掌握。向 PowerPoint 幻灯片中添加表格有 4 种不同方法：可以在 PowerPoint 中创建表格以及设置表格格式；从 Word 中复制和粘贴表格；从 Excel 中复制和粘贴一组单元格；在 PowerPoint 中插入 Excel 电子表格。具体执行的操作完全取决于需求和拥有的资源。

解法

如图 4-74 到图 4-76 所示。

图 4-74

❶ 选择“插入”选项卡。

❷ 在“表格”群组中单击“插入表格”按钮。

❸ 在“插入表格”对话框中输入列数“2”和行数“4”，单击“确定”按钮。

❹ 将所插入表格的左列标题编辑为“班级 1”，右列标题编辑为“班级 2”。单击表格外区域退出表格编辑状态，完成操作。

图 4-75

图 4-76

题目 27

试题内容

在第 3 张幻灯片上，将“果树”图表类型修改为“三维堆积柱形图”。

准备

打开练习文档(\PowerPoint 素材\35. clover. pptx)。

注释

本题考查图表的功能使用。PowerPoint 2010 支持许多类型的图表，因此在创建图表或更改现有图表的类型时，可以采用对用户最有意义的方式来显示数据。常见的图表类型在图标工具选项卡的类型群组中。

解法

如图 4-77 到图 4-79 所示。

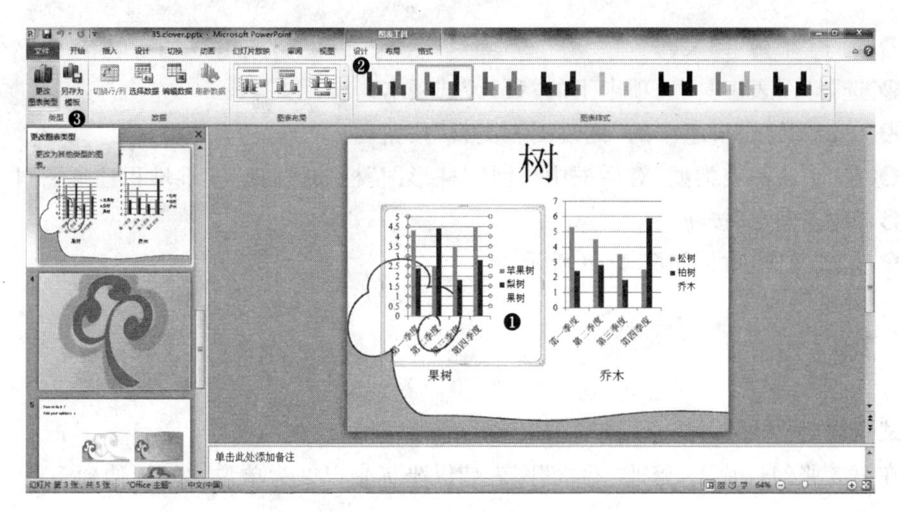

图 4-77

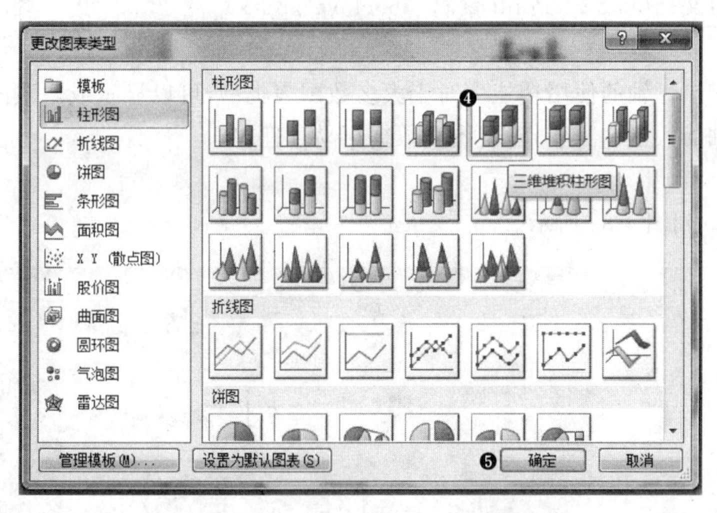

图 4-78

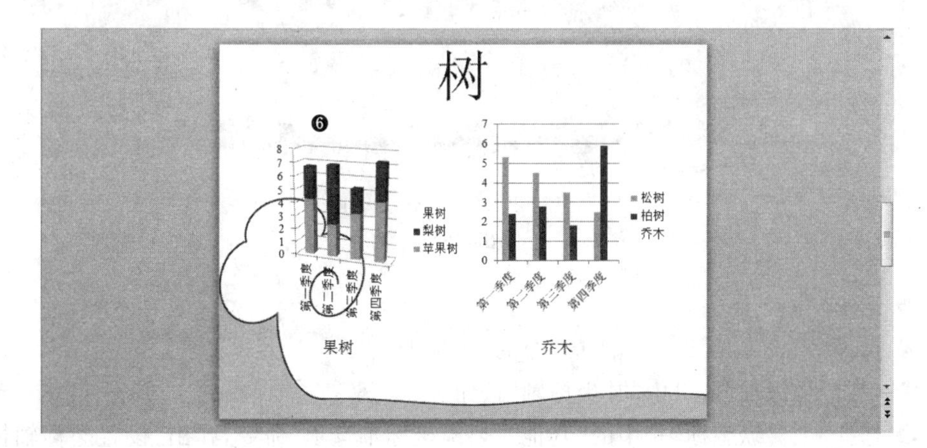

图 4-79

❶ 选中“果树”图表。

❷ 选择“图表工具”选项卡下的“设计”选项卡。

❸ 单击“类型”群组中的“更改图表类型”按钮。

❹ 在“更改图表类型”对话框中，选择“柱形图”栏，并选择“三维堆积柱形图”样式。

❺ 单击“确定”按钮。

❻ 完成操作，效果如图 4-79 所示。

题目 28

试题内容

在第 3 张幻灯片上，修改“乔木”图表使纵坐标轴以 2 为单位从 0 延伸到 10。

准备

打开练习文档(\PowerPoint 素材\36. clover. pptx)。

注释

本题考查坐标轴的使用功能。对于大多数图表类型，可以显示或隐藏图表坐标轴，或者更改坐标轴的数值和间隔，以使图表数据更易于理解。

解法

如图 4-80 到图 4-83 所示。

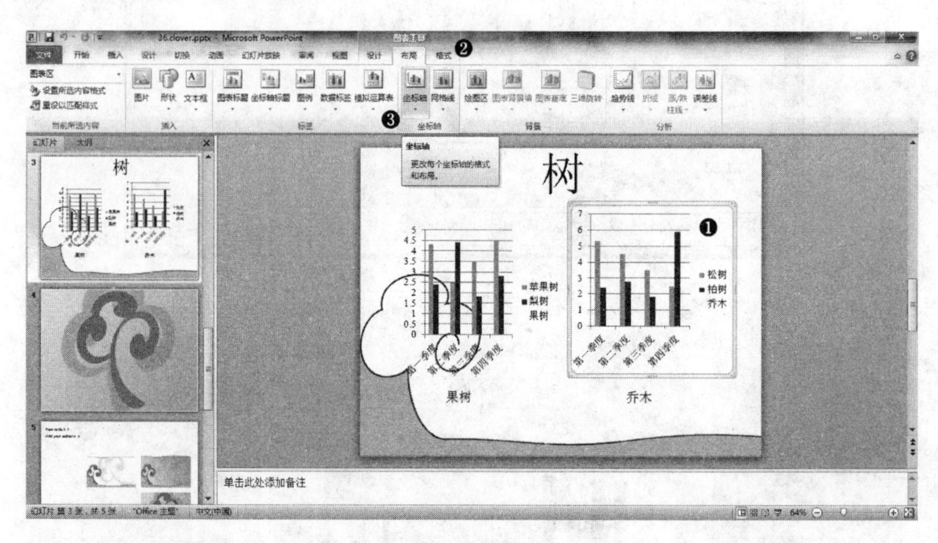

图 4-80

❶ 选中“乔木”图表。

❷ 选择“图表工具”选项卡下的“布局”选项卡。

❸ 单击“坐标轴”群组中的“坐标轴”按钮。

❹ 选择“主要纵坐标轴”中的“其他主要纵坐标轴选项”命令，弹出“设置坐标轴格式”对话框。

动画
幻灯片放映
审阅
视图
设计
布局
格式
图表标题
坐标轴标题
图例
数据标签
模拟运算表
坐标轴
网格线
绘图区
图表背景墙
图表基底
三维旋转
趋势线
折线
涨/跌柱线
误差线
标签
背景
分析
主要横坐标轴(H)
主要纵坐标轴(V)
无
不显示坐标轴
显示默认坐标轴
显示使用默认顺序和标签的坐标轴
显示千单位坐标轴
显示数字单位为千的坐标轴
显示百万单位坐标轴
显示数字单位为百万的坐标轴
显示十亿单位坐标轴
显示数字单位为十亿的坐标轴
显示对数刻度坐标轴
显示以 10 为底的对数刻度坐标轴
其他主要纵坐标轴选项(M)...
❹
松树
柏树
乔木
果树
乔木
单击此处添加备注

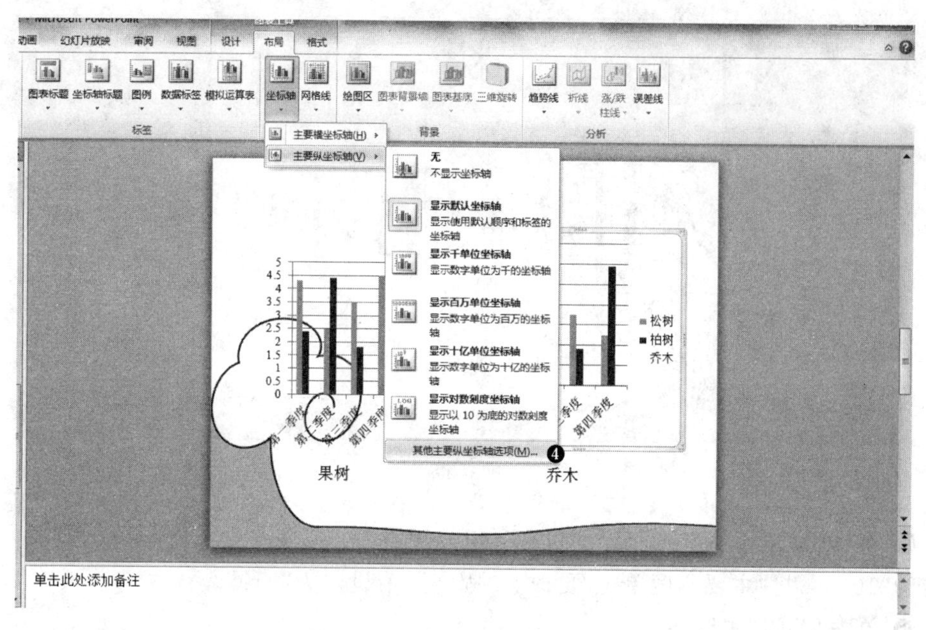

图　4-81

设置坐标轴格式
坐标轴选项
数字
填充
线条颜色
线型
阴影
发光和柔化边缘
三维格式
对齐方式
坐标轴选项
最小值：　自动(A)　固定(F)　0.0
最大值：　自动(U)　固定(I)　10.0 ❺
主要刻度单位：　自动(T)　固定(X)　2.0
次要刻度单位：　自动(O)　固定(E)　0.2
逆序刻度值(V)
对数刻度(L)　基(B)：10
显示单位(U)：无
在图表上显示刻度单位标签(S)
主要刻度线类型(J)：外部
次要刻度线类型(I)：无
坐标轴标签(A)：轴旁
横坐标轴交叉：
自动(O)
坐标轴值(E)：0.0
最大坐标轴值(M)
❻ 关闭

图　4-82

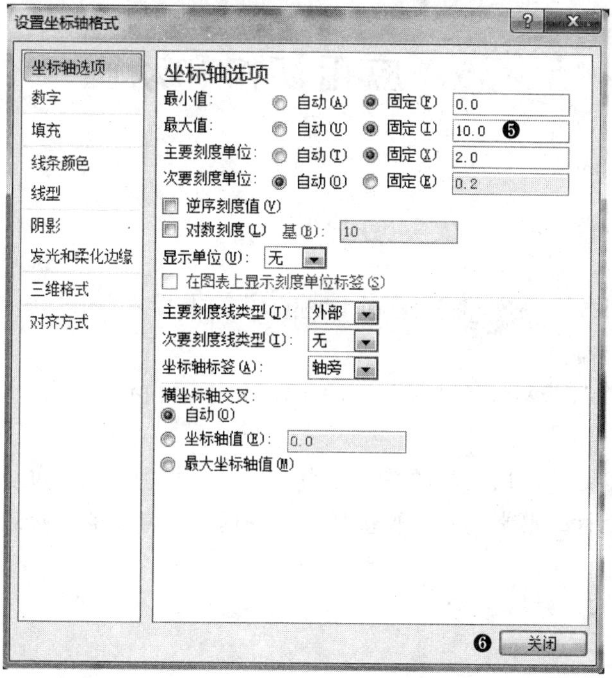

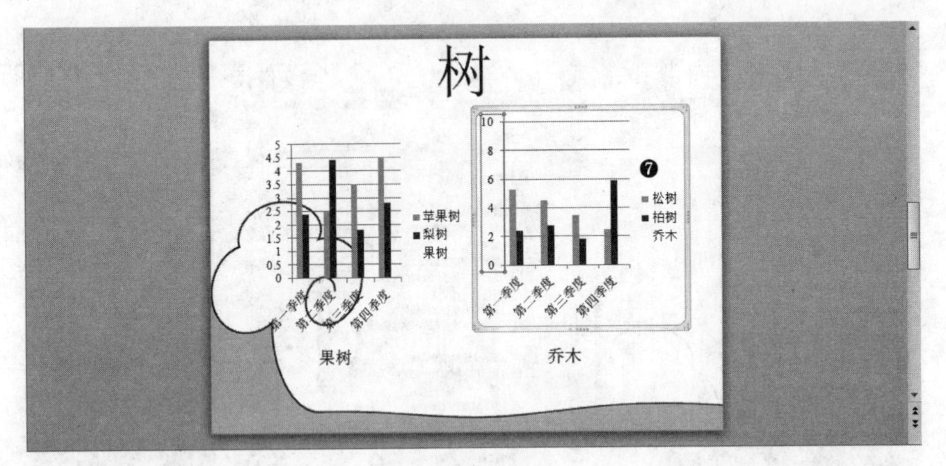

图 4-83

❺ 将其中的“最小值”更改为“固定”，值设定为“0.0”；将“最大值”更改为“固定”，值设定为“10.0”；将“主要刻度单位”更改为“固定”，值设定为“2.0”。

❻ 单击“关闭”按钮。

❼ 完成操作，效果如图 4-83 所示。

4.5 应用切换和动画

题目 29

试题内容

在第 1 张幻灯片上，对文本“School Lockers”应用“浮入”动画。

准备

打开练习文档(\PowerPoint 素材\2. school locker. pptx)。

注释

本题考查对幻灯片应用动画的基本能力。动画可使演示文稿更具动态效果，并有助于提高信息的生动性。最常见的动画包括进入和退出。常见的动画效果都在动画选项卡中的“动画”群组中。

解法

如图 4-84 所示。

❶ 选中文本“School Locker”。

❷ 选择“动画”选项卡。

❸ 单击“动画”群组中的“浮入”按钮，完成操作。

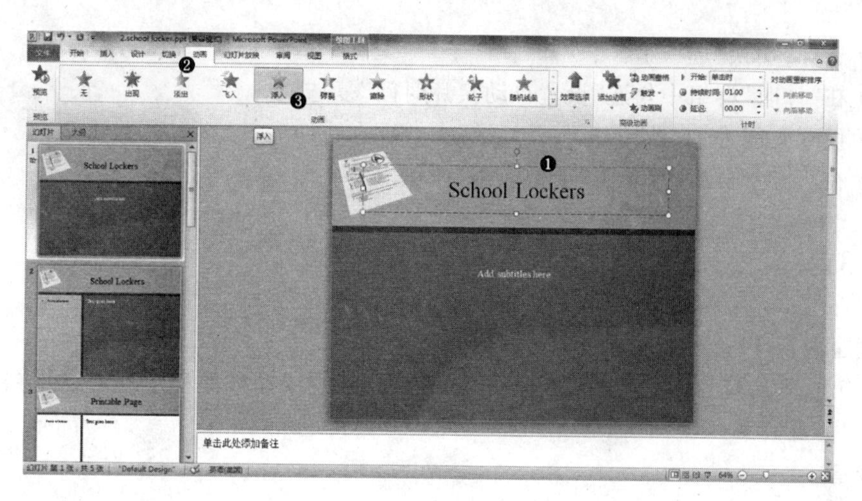

图 4-84

题目 30

试题内容

设置幻灯片选项，使每张幻灯片在 15 秒后自动切换。

准备

打开练习文档(\PowerPoint 素材\5. clover. pptx)。

注释

本题考查对幻灯片切换的应用能力。通过修改切换的持续时间或切换效果，或者指定切换期间播放的声音来增强幻灯片的表现力。设置幻灯片的切换等效果主要在幻灯片的“切换”选项卡中，这也是 PowerPoint 2010 中新增加的选项卡功能。

解法

如图 4-85 所示。

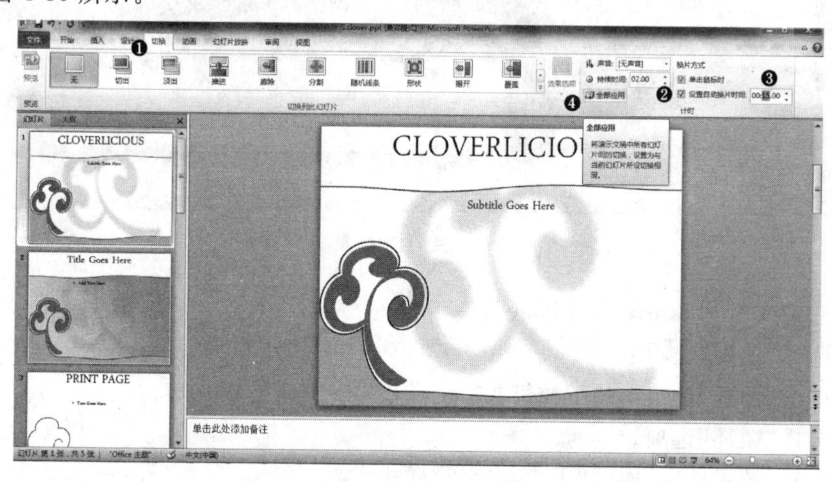

图 4-85

❶ 选择“切换”选项卡。

❷ 在“计时”群组中勾选“设置自动换片时间”复选框。

❸ 设置时间为 15 秒。

❹ 在“计时”群组中，单击“全部应用”按钮。

题目 31

试题内容

在第 4 张幻灯片上，对文本“Transitional Page”应用动作路径“循环”，并将动作路径更改为“垂直数字 8”。

准备

打开练习文档(\PowerPoint 素材\18. business. pptx)。

注释

本题考查对幻灯片应用动画的基本能力。在“动画”选项卡中，不但可以为对象添加最常见的进入和退出动画，还可以具体地设定某一个动画的效果，例如，在“浮入”动画中，就有上浮和下浮的效果。设置具体的动画效果可以用“动画”群组中的“效果选项”按钮设定。

解法

如图 4-86 到图 4-88 所示。

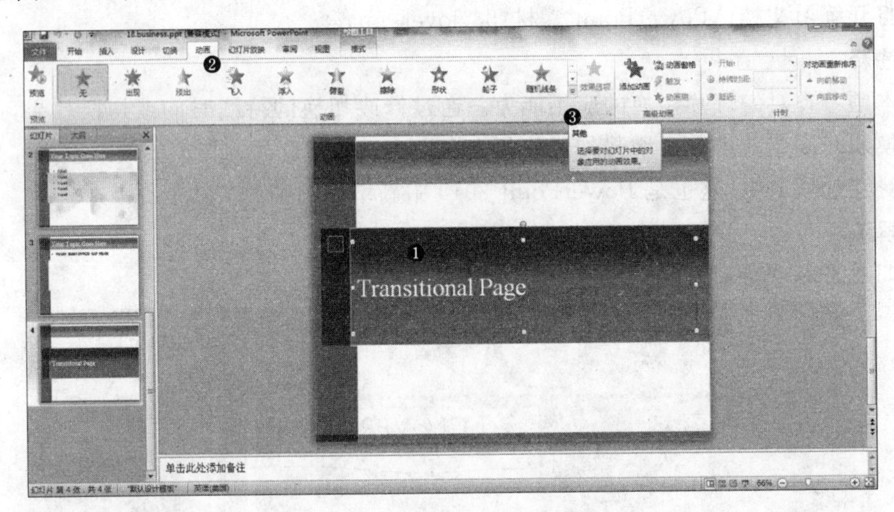

图 4-86

❶ 选中文本“Transitional Page”。

❷ 选择“动画”选项卡。

❸ 单击“动画”群组中的下拉箭头。

❹ 选择“循环”选项。

❺ 选择“效果选项”中的“垂直数字 8”样式。

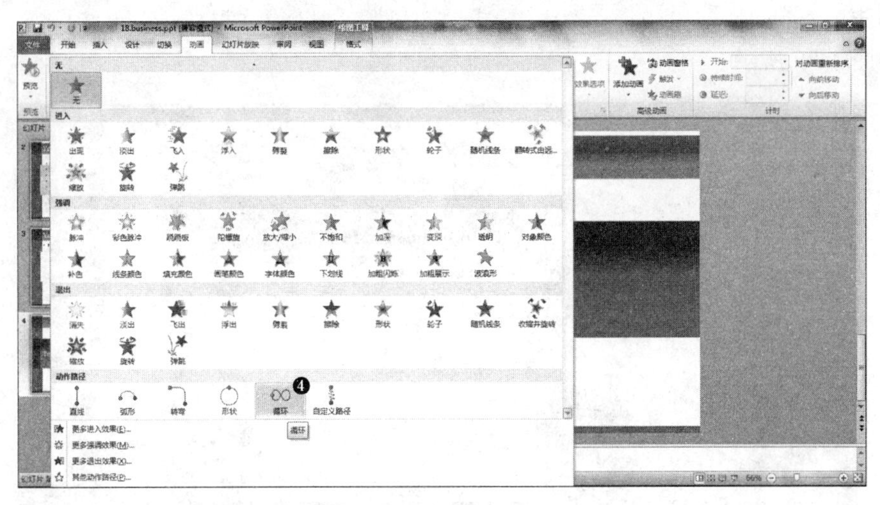

图　4-87

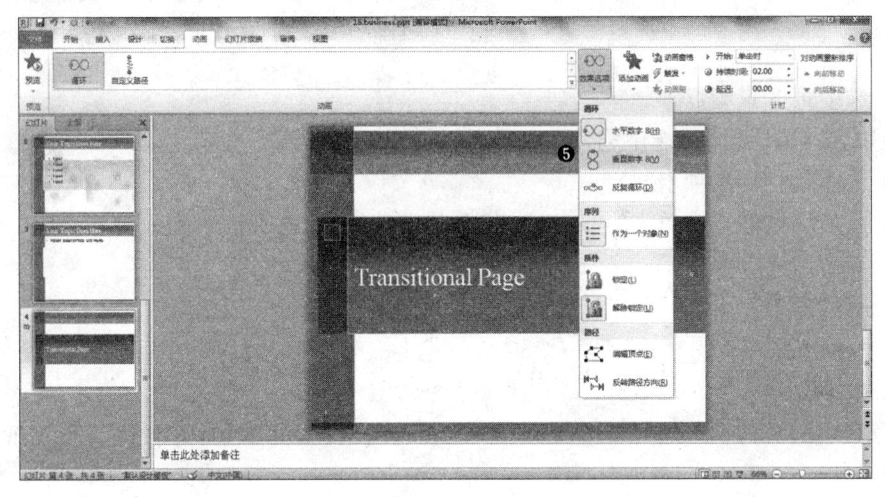

图　4-88

题目 32

试题内容

对第 2 张和第 4 张幻灯片应用切换声音“锤打”。

准备

打开练习文档(\PowerPoint 素材\28. planet. pptx)。

注释

本题考查对幻灯片切换的应用能力。PowerPoint 2010 提供了大量的切换声音，通过指定切换期间播放的声音来增强幻灯片的表现力。幻灯片的切换设置主要在“切换”选项卡中。

解法

如图 4-89 所示。

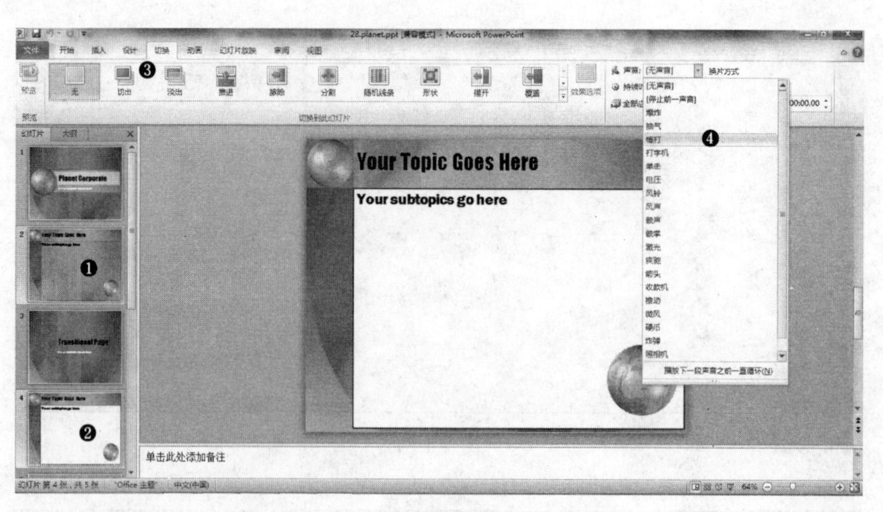

图 4-89

❶ 选中第 2 张幻灯片。

❷ 按住 Ctrl 键同时选中第 4 张幻灯片。

❸ 选择“切换”选项卡。

❹ 在“计时”群组中单击“声音”按钮，在其中选择“锤打”选项，完成操作。

题目 33

试题内容

在第 2 张幻灯片上，将第 2 个动画的“持续时间”设置为 2 秒，并将该动画设置为“下浮”。

准备

打开练习文档(\PowerPoint 素材\29. clover. pptx)。

注释

本题考查对动画窗格的使用。动画窗格是设置和布局动画的重要功能，通过动画窗格，用户可以方便地找到要修改的动画项目，调整动画播出顺序，修改动画效果等。

解法

如图 4-90 到图 4-92 所示。

❶ 选择“动画”选项卡。

❷ 单击“高级动画”群组中的“动画窗格”按钮。

❸ 在“动画窗格”中选择第 2 个动画。

❹ 在“计时”群组中将“持续时间”选项设置为“02:00”。

❺ 在“动画”群组中单击“效果选项”按钮，在“方向”中选择“下浮”。

图 4-90

图 4-91

图 4-92

4.6 合作处理演示文稿

题目 34

试题内容

以幻灯片放映的形式浏览演示文稿。切换到名为“My summer holiday”的幻灯片，用笔工具圈选以文本“I finished...”开头的第 2 段。结束放映，保存注释。

准备

打开练习文档(\PowerPoint 素材\12. summer. pptx)。

注释

本题考查对幻灯片的管理能力。在幻灯片放映过程中，可以用在右键快捷菜单里选择不同的指针选项，如“笔”，来为当前放映的幻灯片添加注释内容。在退出时，可以选择保留或者删除注释。

解法

如图 4-93 到图 4-96 所示。

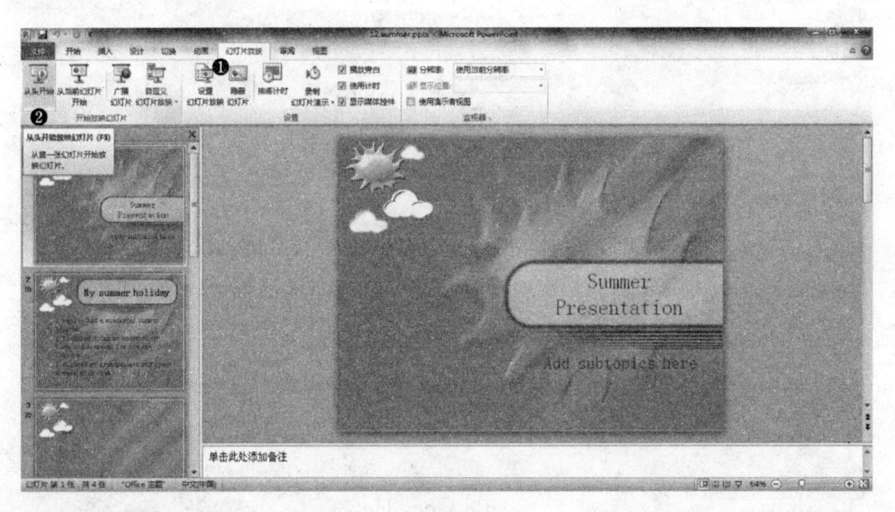

图 4-93

❶ 选择“幻灯片放映”选项卡。

❷ 在“开始放映幻灯片”群组中单击“从头开始”按钮。

❸ 放映到指定幻灯片位置，右击鼠标，在弹出的快捷菜单中选择“指针选项”→“笔”命令。

❹ 用“笔”圈选以“I finished...”开头的第 2 段。

❺ 按两次 Esc 键退出放映，弹出询问“是否保留墨迹注释”的对话框，单击“保留”按钮，完成操作。

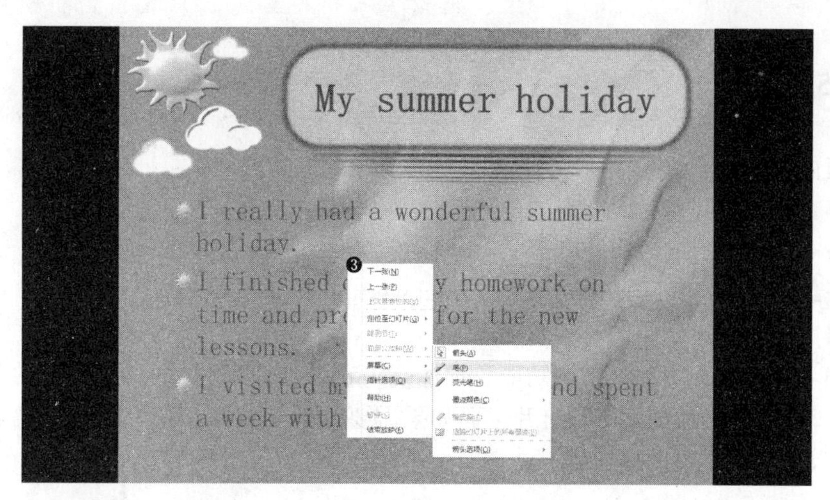

图 4-94

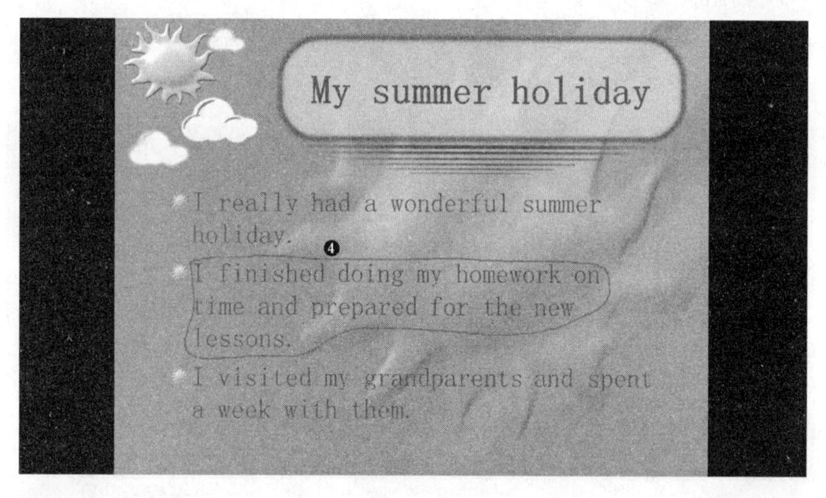

图 4-95

图 4-96

题目 35

试题内容

在第 3 张幻灯片上，添加批注“Good”。

准备

打开练习文档(\PowerPoint 素材\19. clover. pptx)。

注释

本题考查对演示文稿的审阅功能。批注是一种备注，可附加到幻灯片上的某个字母或词语上，也可以附加到整个幻灯片上。如果需要其他用户在审阅完演示文稿后提供反馈信息时，便可以使用批注功能。

解法

如图 4-97 到图 4-99 所示。

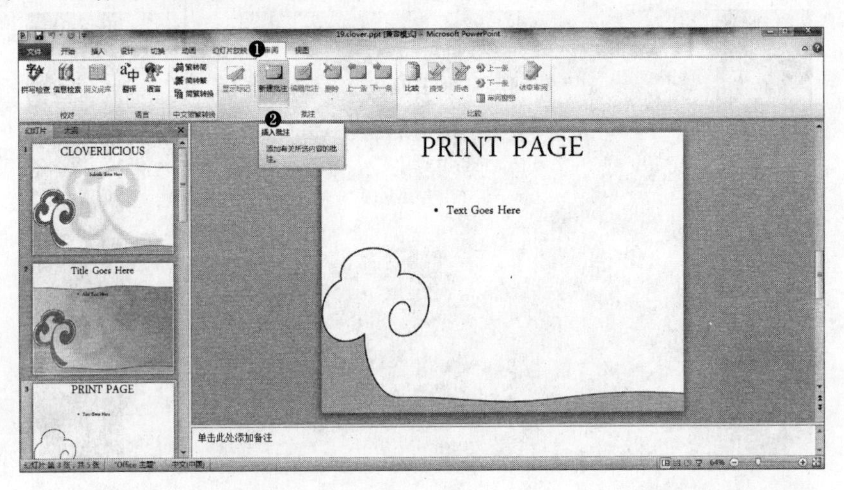

图 4-97

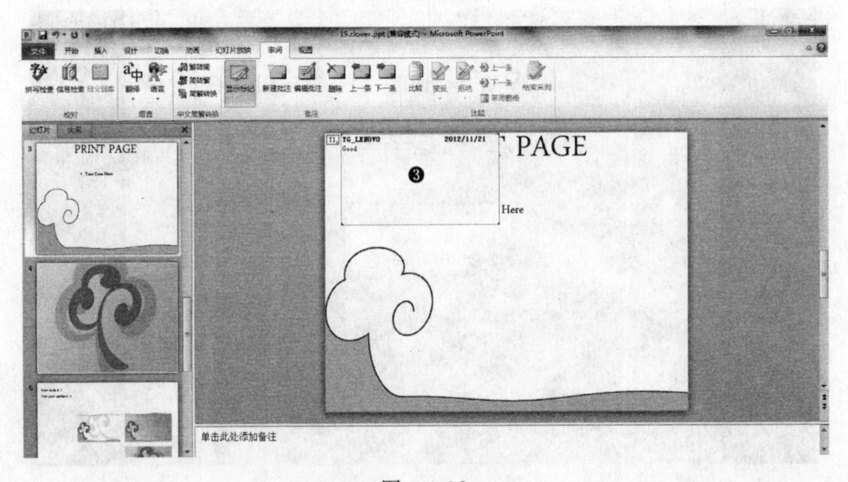

图 4-98

图 4-99

❶ 选择“审阅”选项卡。

❷ 在“批注”群组中单击“新建批注”按钮。

❸ 在新建的“批注”文本框中输入“Good”。

❹ 单击幻灯片空白处使批注生效，完成操作。

题目 36

试题内容

在第 2 张幻灯片上，删除所有批注。

准备

打开练习文档(\PowerPoint 素材\32. school locker. pptx)。

注释

本题考查演示文稿的审阅功能。如果其他用户在审阅完演示文稿后提供反馈信息时使用了批注，则用户可以在浏览和修改完成后去掉其他用户审阅留下的批注。

解法

如图 4-100 和图 4-101 所示。

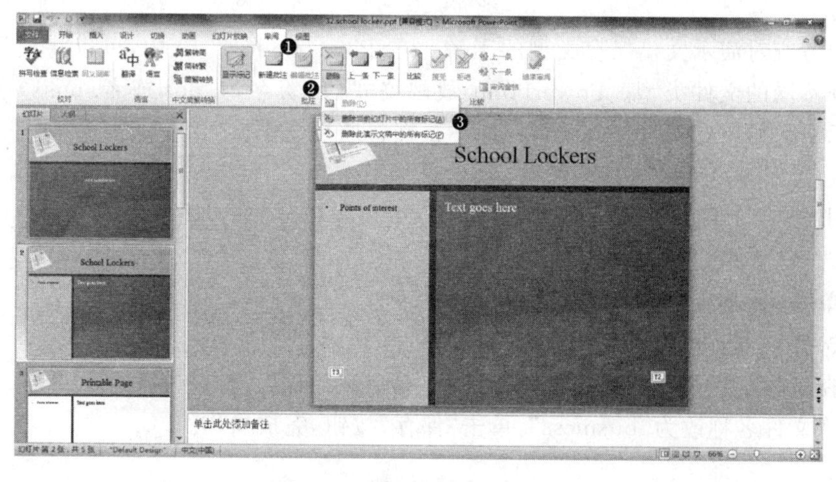

图 4-100

图 4-101

❶ 选择“审阅”选项卡。

❷ 单击“批注”群组中的“删除”按钮。

❸ 选择“删除幻灯片中的所有标记”命令。

❹ 完成操作,效果如图 4-101 所示。

4.7 交付演示文稿

题目 37

试题内容

在“文档”文件夹中将演示文稿保存为名为“business”的 PowerPoint 放映格式。

准备

打开练习文档(\PowerPoint 素材\8. business. pptx)。

注释

本题考查对演示文稿保存类型的了解。在 PowerPoint 2010 中,可以将演示文稿保存为各种不同的文件类型。PowerPoint 放映格式(后缀名为. pps 或者. ppsx)能够使打开的演示文稿始终在幻灯片放映视图而不是在普通视图中。

解法

如图 4-102 和图 4-103 所示。

❶ 选择“文件”选项卡。

❷ 单击“另存为”按钮,弹出“另存为”对话框。

❸ 选择“文档”栏。

❹ 在“保存类型”下拉列表中选择“PowerPoint 放映”。

❺ 将文件名称改为“business”,单击“保存”按钮,完成操作。

图 4-102

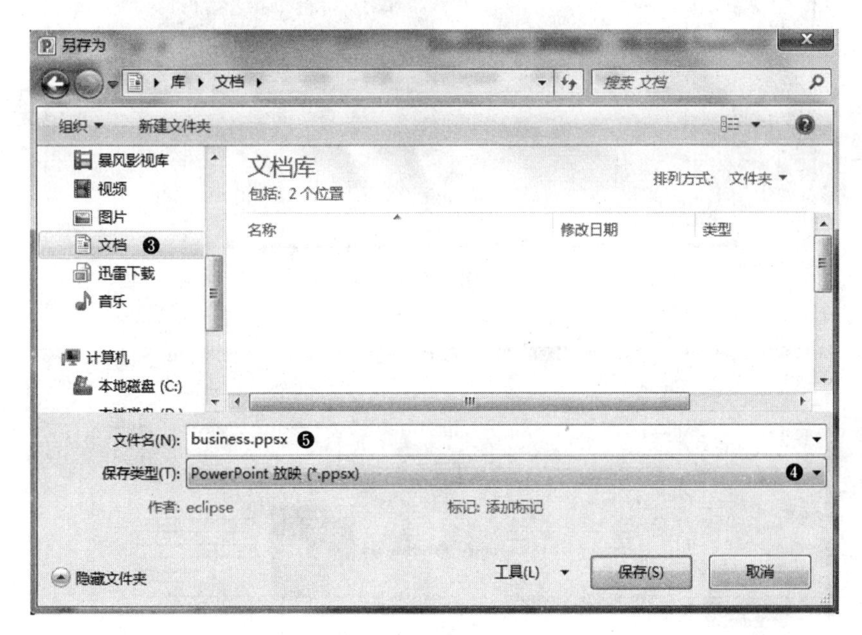

图 4-103

题目 38

试题内容

使用“测试交付打印机 2010”打印机，以每页 3 张幻灯片打印当前演示文稿的讲义，用灰度打印，并在“文档”文件夹内将文件保存为“讲义”。

准备

打开练习文档(\PowerPoint 素材\11. business. pptx)。

注释

本题考查交付演示文稿的能力。通过对文件选项卡中打印功能的设置来满足不同的打印要求。PowerPoint 支持 4 种版式(整个幻灯片、大纲、备注以及讲义)的打印设置。

解法

如图 4-104 到图 4-108 所示。

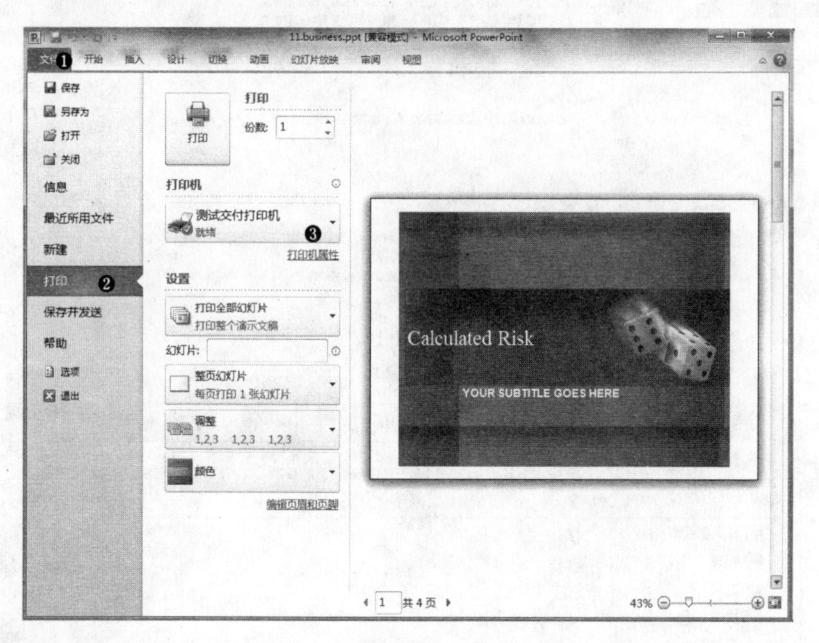

图 4-104

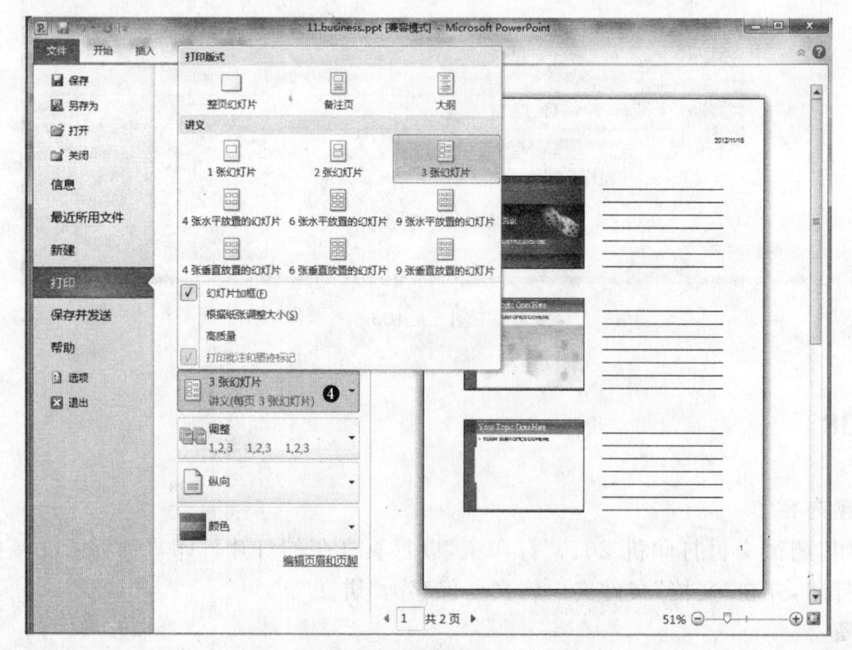

图 4-105

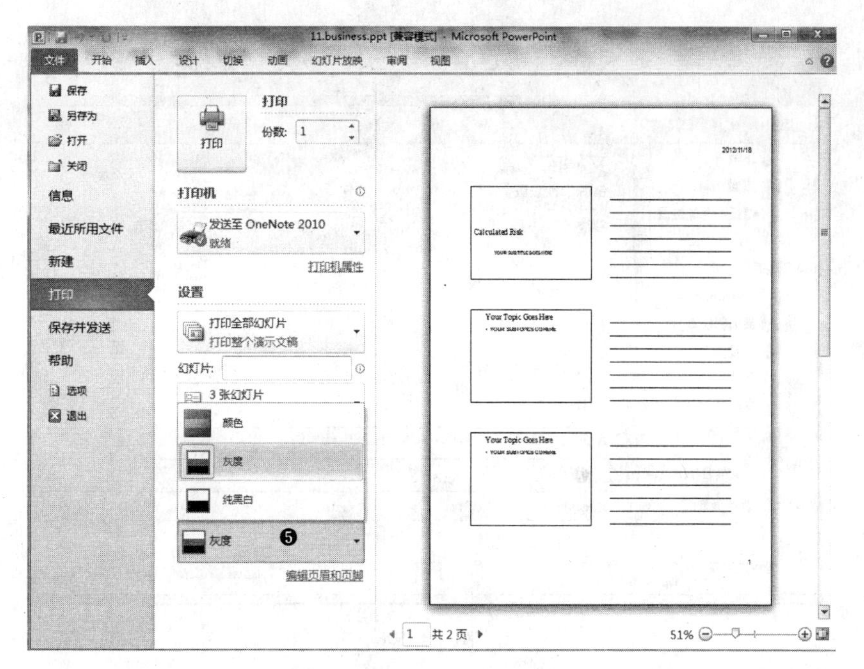

11.business.ppt [兼容模式] - Microsoft PowerPoint
文件
开始
插入
设计
切换
动画
幻灯片放映
审阅
视图
保存
另存为
打开
关闭
信息
最近所用文件
新建
打印
保存并发送
帮助
选项
退出
打印
份数: 1
打印机
发送至 OneNote 2010
就绪
打印机属性
设置
打印全部幻灯片
打印整个演示文稿
幻灯片:
3 张幻灯片
颜色
灰度
纯黑白
灰度
5
编辑页眉和页脚
Calculated Risk
Your Topic Goes Here
1
共 2 页
51%

图 4-106

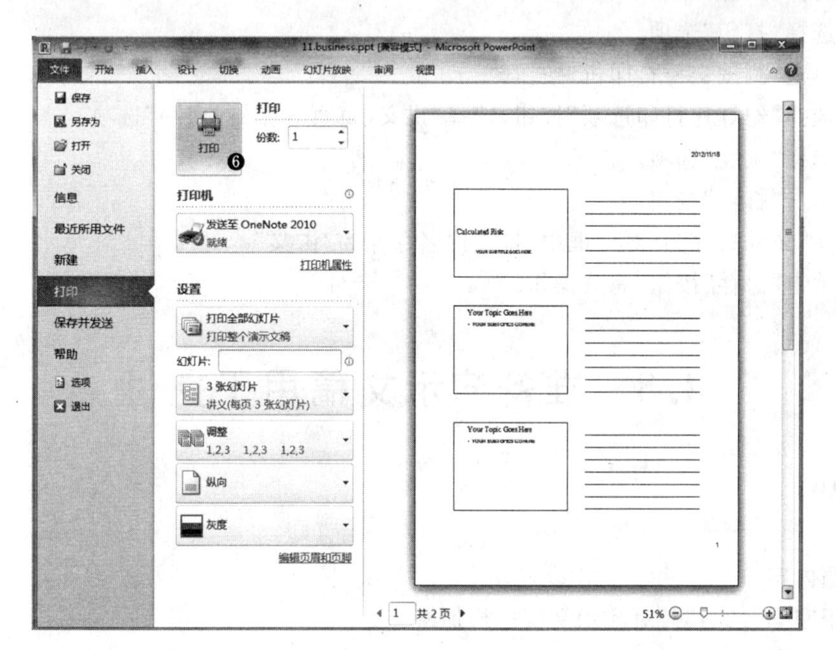

11.business.ppt [兼容模式] - Microsoft PowerPoint
文件
开始
插入
设计
切换
动画
幻灯片放映
审阅
视图
保存
另存为
打开
关闭
信息
最近所用文件
新建
打印
保存并发送
帮助
选项
退出
打印
6
份数: 1
打印机
发送至 OneNote 2010
就绪
打印机属性
设置
打印全部幻灯片
打印整个演示文稿
幻灯片:
3 张幻灯片
讲义(每页 3 张幻灯片)
调整
1,2,3 1,2,3 1,2,3
纵向
灰度
编辑页眉和页脚
Calculated Risk
Your Topic Goes Here
1
共 2 页
51%

图 4-107

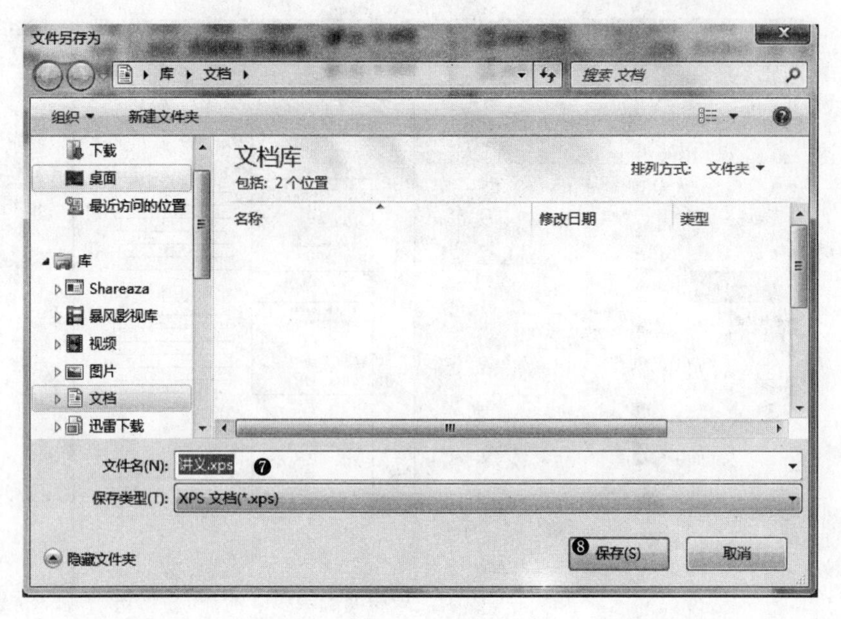

图 4-108

❶ 选择“文件”选项卡。

❷ 选择“打印”选项。

❸ 单击“测试交付打印机”按钮。

❹ 选择“幻灯片打印选项”按钮，选择“讲义(每页 3 张幻灯片)”选项。

❺ 选择“灰度”选项。

❻ 单击“打印”按钮。

❼ 在“文件另存为”对话框中，将文件名存储为“讲义”。

❽ 单击“保存”按钮，完成操作。

4.8 准备演示文稿用于交付

题目 39

试题内容

使用密码“123456”对演示文稿进行加密。

准备

打开练习文档(\PowerPoint 素材\26. school locker. pptx)。

注释

本题考查管理演示文稿的知识。通过加密 PowerPoint 演示文稿，可以保护演示文稿的信息和内容。

解法

如图 4-109 到图 4-112 所示。

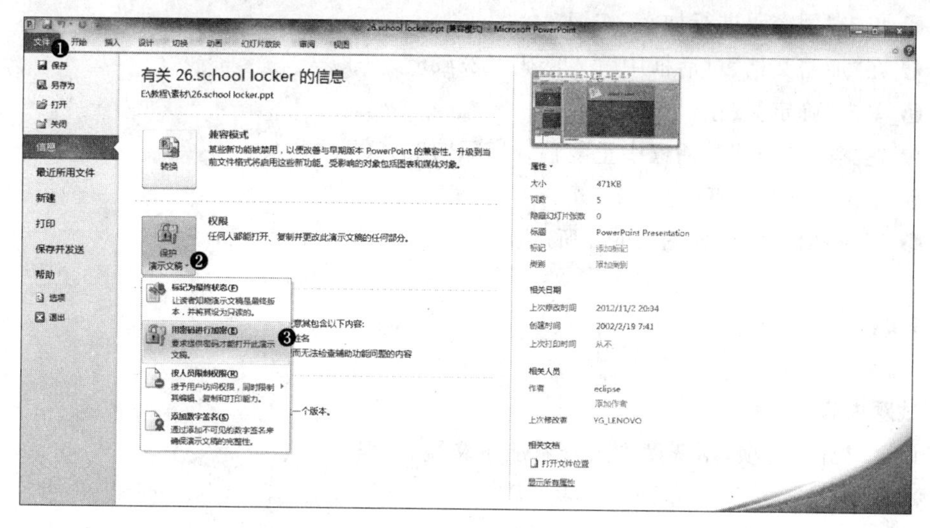

图　4-109

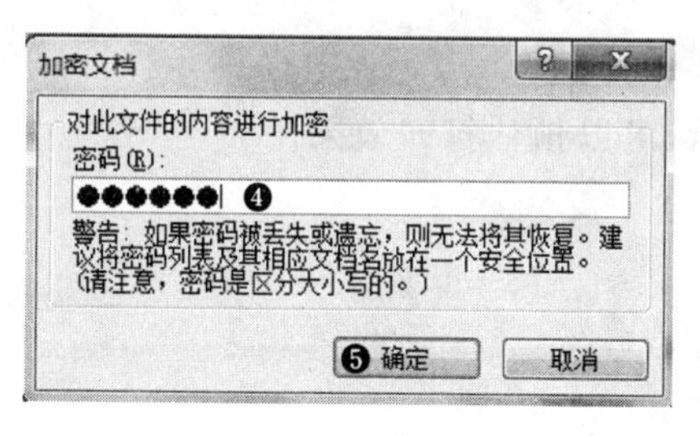

图　4-110

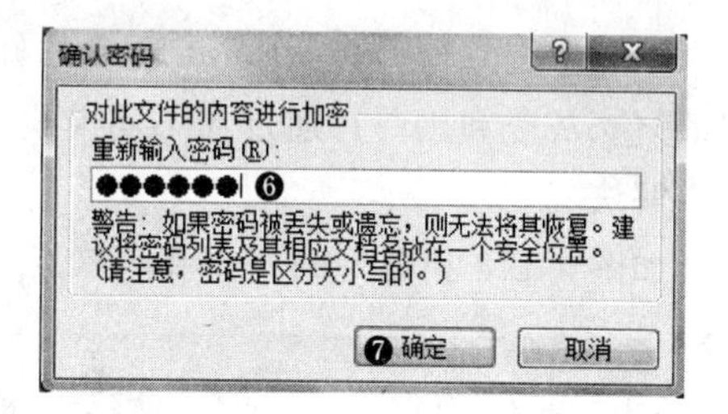

图　4-111

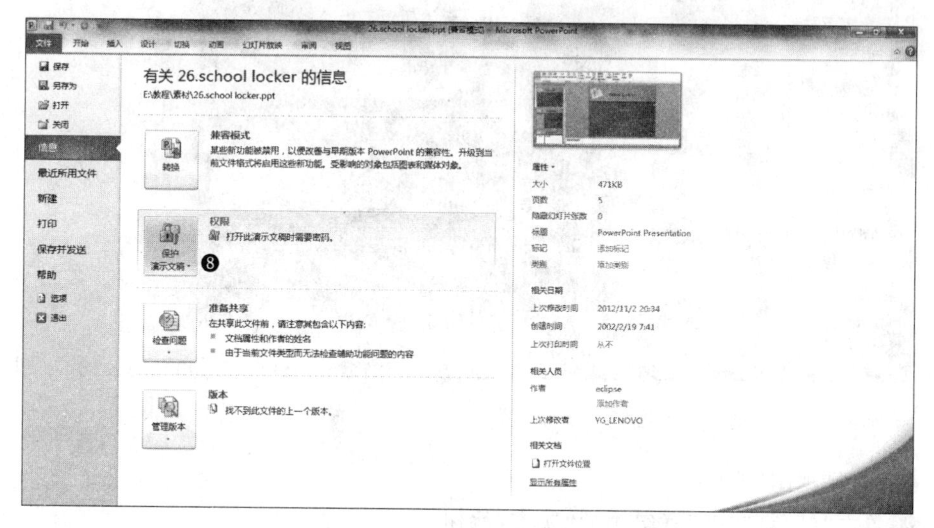

图　4-112

❶ 选择“文件”选项卡。

❷ 单击“保护演示文稿”按钮。

❸ 单击“用密码进行加密”按钮。

❹ 在“加密文档”对话框中输入密码“123456”。

❺ 单击“确定”按钮。

❻ 在“确认密码”对话框中重复输入密码“123456”。

❼ 单击“确定”按钮。

❽ 完成操作，效果如图 4-112 所示。

题目 40

试题内容

设置“视图”选项，用灰度方式查看演示文稿。

准备

打开练习文档(\PowerPoint 素材\39. business. pptx)。

注释

本题考查管理 PowerPoint 环境的知识。在 PowerPoint 2010 中提供 3 种方式的打印(彩色、灰度和黑白)，通过在不同模式下的展示，可以预估打印效果。

解法

如图 4-113 和图 4-114 所示。

图 4-113

❶ 选择“视图”选项卡。

❷ 单击“颜色/灰度”群组中的“灰度”按钮。

❸ 完成操作，效果如图 4-114 所示。

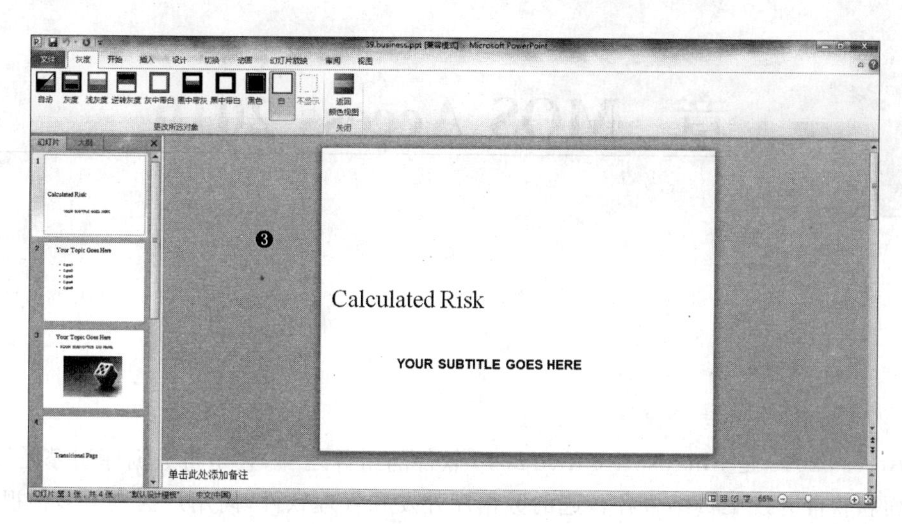

图　4-114

第5章 MOS Access 2010

Access 2010 是 Microsoft Office 2010 软件的组件之一，它是将数据库引擎的图形用户界面和软件开发工具结合在一起的数据库开发和管理软件，向用户提供了多种视图、向导设计和访问数据库。

Access 2010 的用途体现在以下两个方面：

(1) 强大的数据分析统计。Access 2010 有强大的数据处理、统计分析能力，利用它可以方便地进行各类汇总、求平均值等统计，可以灵活地设置统计条件，能够对大量记录数据进行快速、方便的统计分析。

(2) 便捷的应用开发设计。运用 Access 2010 开发设计数据库管理系统，不要求用户具有高深的数据库知识，它能够便捷地完成数据库的创建、检索和维护等功能，非计算机专业的工作人员能够快速学习和掌握它的使用，并且能够便捷地设计开发符合现实需要的数据库管理系统。

Access 2010 可以创建友好美观的操作界面，使用起来灵活方便，应用领域十分广泛，开发设计的低成本满足了各领域的工作需要。

5.1 管理 Access 环境

题目 1

试题内容

更改 Access 选项，将所有图片数据转换为位图。

准备

打开练习文档(\Access 素材\A01_素材.accdb)。

注释

本题考查对 Access 环境的操作。将数据库中所有图片转换为位图，使得图片与数据库格式相匹配。本题在“Access 选项”对话框里进行操作。

解法

如图 5-1 和图 5-2 所示。

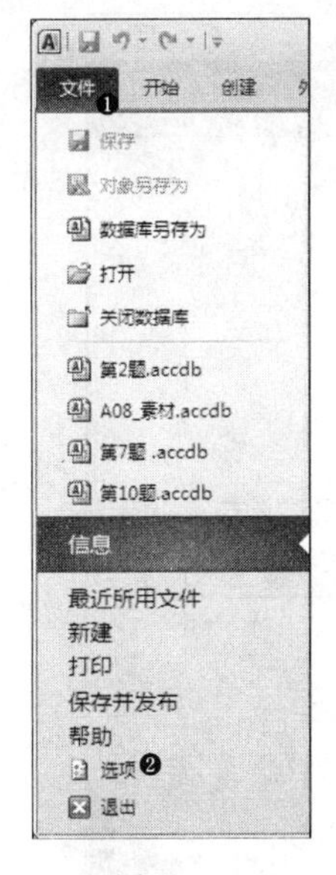

图 5-1

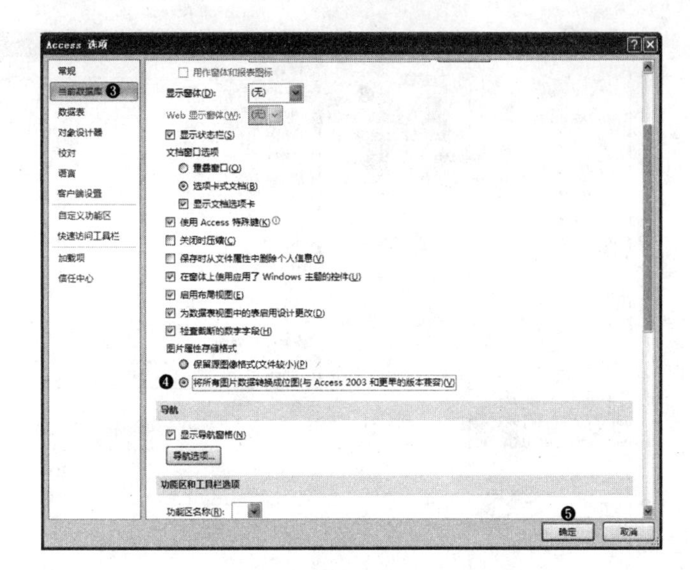

图 5-2

❶ 选择“文件”选项卡。

❷ 单击“选项”按钮。

❸ 在“Access 选项”对话框中选择“当前数据库”栏。

❹ 在“图片属性存储格式”下选中“将所有图片数据转换成位图”复选框。

❺ 单击“确定”按钮完成操作。

题目 2

试题内容

将数据库备份到“文档”文件夹,并使用文件名“副本”。(注意:接受所有其他的默认设置。)

准备

打开练习文档(\Access 素材\A02_素材.accdb)。

注释

本题考查管理 Access 环境的操作,主要涉及备份数据库的操作。备份数据库时,Access 2010 首先会保存和关闭在“设计”视图中打开的对象,然后将数据库文件的副本保存在指定位置。

备份数据库的副本表面上似乎浪费了存储空间,但备份操作可以避免数据库的数据和设计等方面的损失。如果有多个用户在更新数据库,那么定期创建备份就更为重要。没有备份副本,用户将无法还原损坏或丢失的数据库数据,也无法还原数据库设计的任何更改。

解法

如图 5-3 所示。

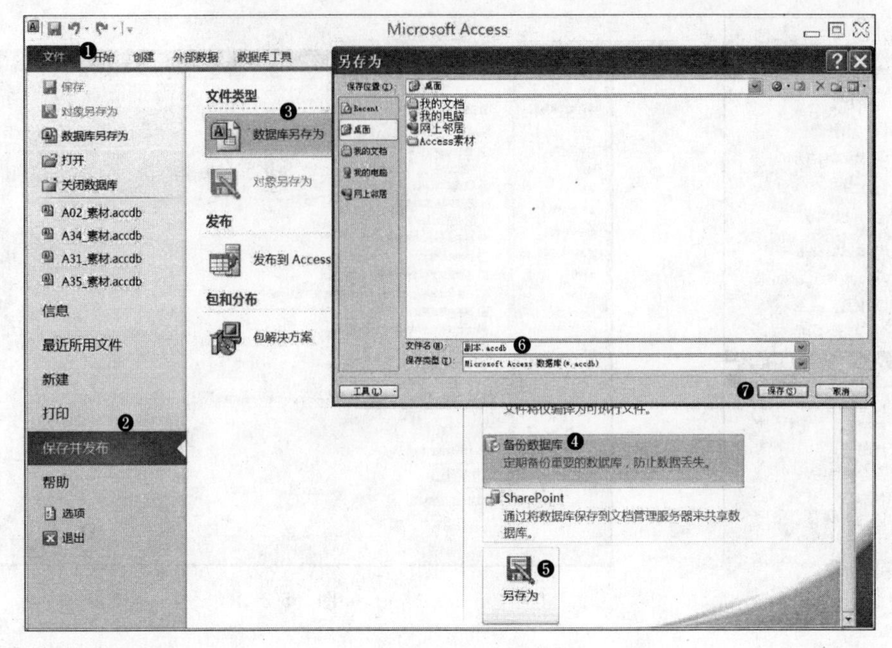

图 5-3

❶ 选择“文件”选项卡。

❷ 单击“保存并发布”。

❸ 在“文件类型”下，单击“数据库另存为”按钮。

❹ 单击“备份数据库”按钮。

❺ 单击“另存为”按钮。

❻ 在“另存为”对话框中将文件名称修改为“副本”。

❼ 单击“保存”按钮。

题目 3

试题内容

从“A03_职工基本情况.accdb”数据库导入“BK 职工信息”表，用以创建已打开数据库的新表。（注意：接受所有其他的默认设置。）

准备

打开练习文档(\Access 素材\A03_素材.accdb)。

注释

本题考查导入外部数据操作。Access 2010 不仅可以使用本数据库中的对象，也可以通过导入外部数据的功能，将外部 Access 数据表、Excel 表和 ODBC 数据库表中的数据导入 Access 数据库。Access 将导入的数据创建为新表，用户可以用这些新表作为数据库应用程序的基础。

解法

如图 5-4 到图 5-6 所示。

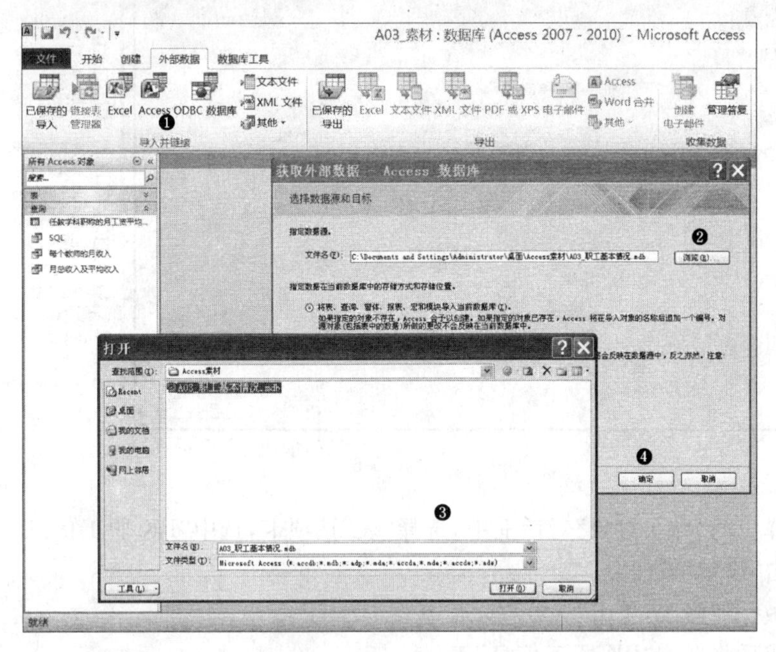

图 5-4

图 5-5

❶ 选择“外部数据”选项卡，单击“导入并链接”群组中的“Access”按钮。

❷ 在弹出的“获取外部数据”对话框中，单击“浏览”按钮选择文件。

❸ 选中“\Access 素材\A03_职工基本情况”文件后，单击“打开”按钮。

❹ 单击“确定”按钮。

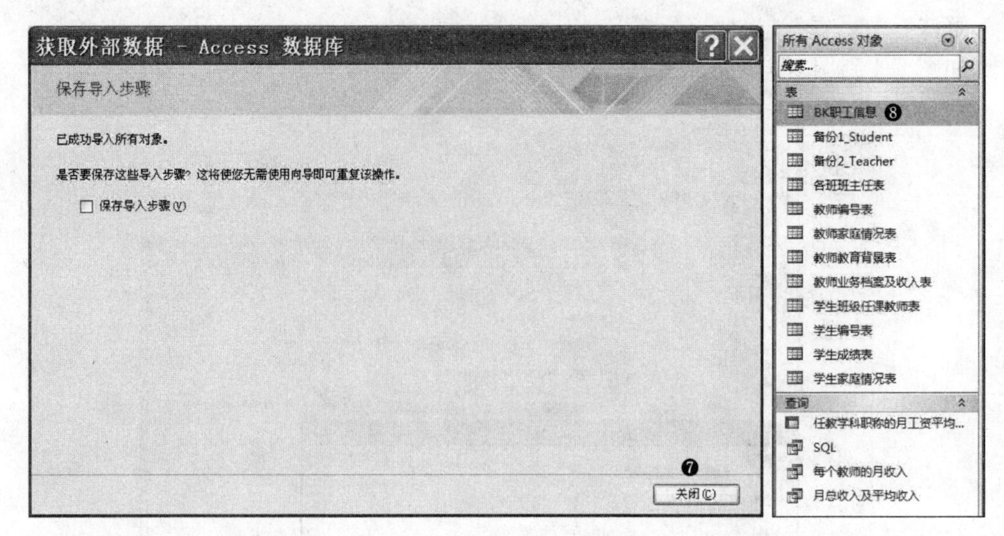

图 5-6

❺ 在弹出的"导入对象"对话框中,选择"表"选项卡,选中"BK 职工信息"。

❻ 单击"确定"按钮。

❼ 不做任何修改,单击"关闭"按钮。

❽ 完成后将新增"BK 职工信息"表。

题目 4

试题内容

更改 Access 选项,在关闭数据库文件时对其进行压缩操作。

准备

打开练习文档(\Access 素材\A04_素材.accdb)。

注释

本题考查 Access 环境管理。压缩数据库并不是压缩数据,而是通过清除未使用的空间来缩小数据库文件所占用的存储空间。如果要在数据库关闭时自动执行压缩和修复,可以选择"关闭时压缩"数据库选项。

设置此选项只会影响当前打开的数据库,对要自动压缩和修复的每个数据库,必须单独设置此选项。

解法

如图 5-7 和图 5-8 所示。

❶ 选择"文件"选项卡。

❷ 单击"选项"。

❸ 在弹出的"Access 选项"对话框中,在左栏选择"当前数据库"。

❹ 在"Access 选项"对话框的右栏中勾选"关闭时压缩"复选框。

❺ 单击"确定"按钮。

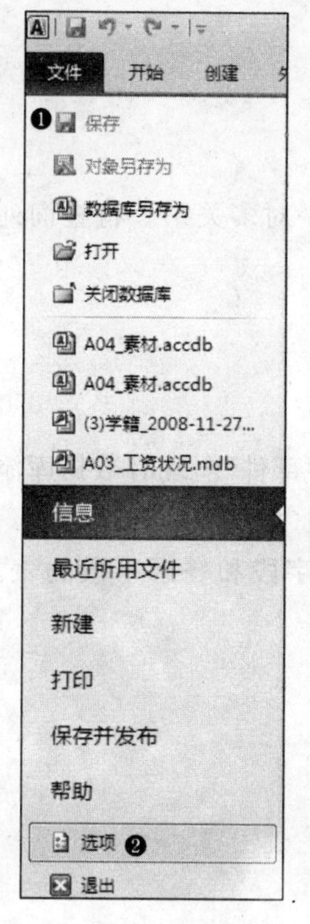

图 5-7

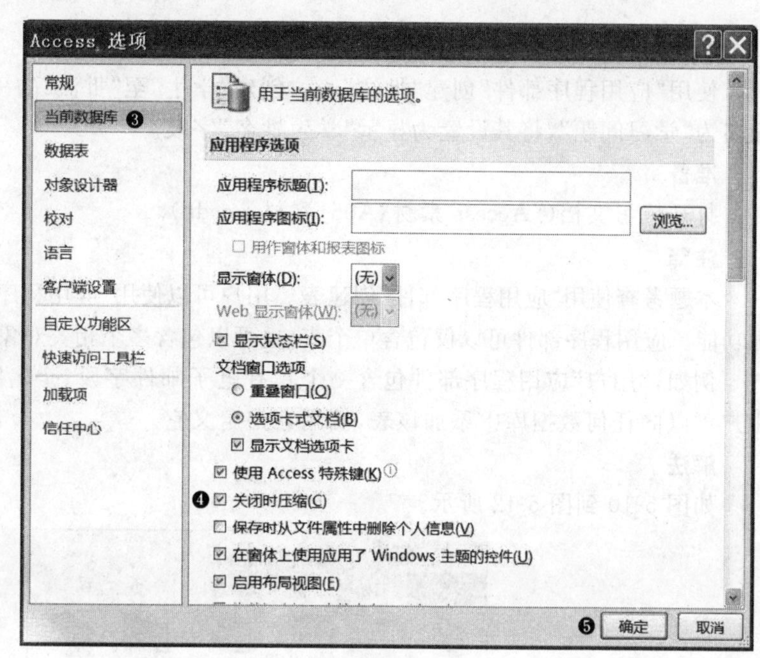

图 5-8

题目 5

试题内容

将“教师”表重命名为“教师编号表”。

准备

打开练习文档(\Access 素材\A05_素材.accdb)。

注释

本题考查对表的重命名操作。在表的管理中可以修改表的名称。

解法

如图 5-9 所示。

❶ 在左侧导航栏中,右击“教师”表,在弹出的快捷菜单中选择“重命名”命令。

❷ 在导航栏修改“教师”表名,输入“教师编号表”,退出表名编辑状态,完成操作。

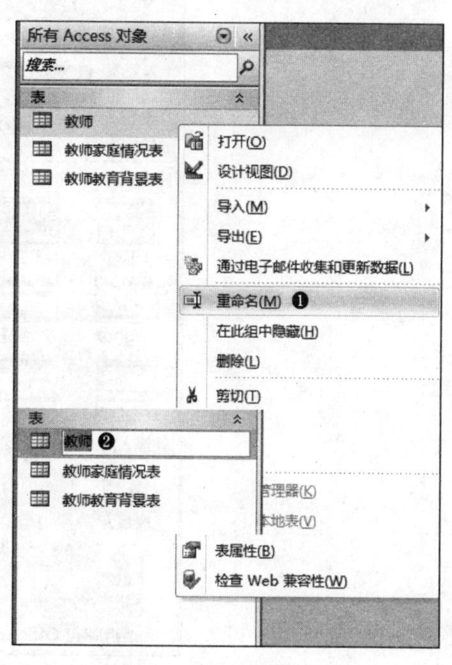

图 5-9

题目 6

试题内容

使用“应用程序部件”创建“批注”表。创建“学生”至“批注”的一对多关系。将查询列命名为“学习问题”，将其设置为显示“学生姓名”字段。

准备

打开练习文档(\Access 素材\A06_素材.accdb)。

注释

本题考查使用“应用程序部件”创建表。用户可以使用“应用程序部件”向现有数据库添加功能。应用程序部件可以仅包含单个表，也可以包含多个相关对象(如表和绑定窗体)。

例如，“用户”应用程序部件包含一个具有电子邮件字段、全名字段和登录字段的表。用户可以向任何数据库中添加该表，使用它并定义它。

解法

如图 5-10 到图 5-12 所示。

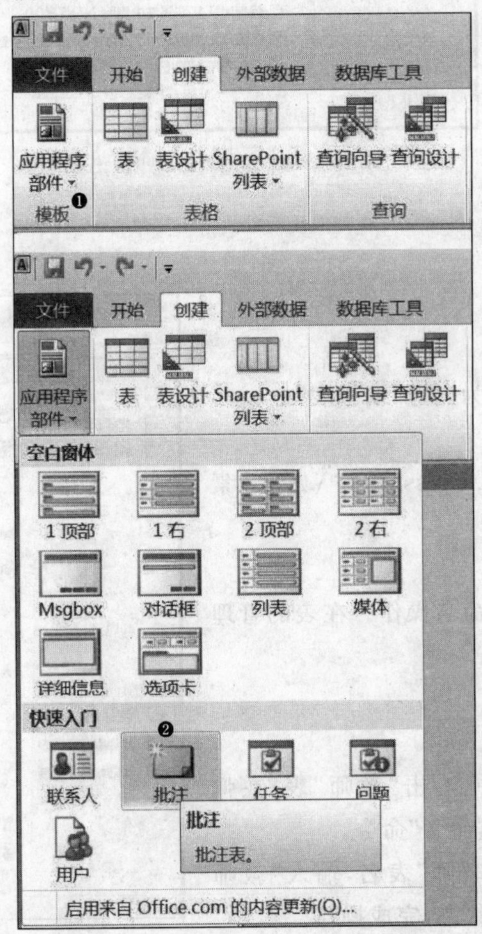

图 5-10

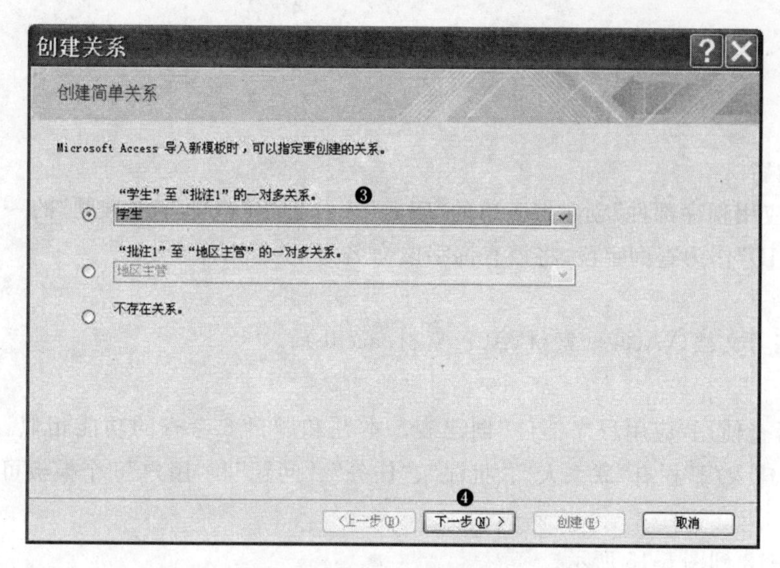

图 5-11

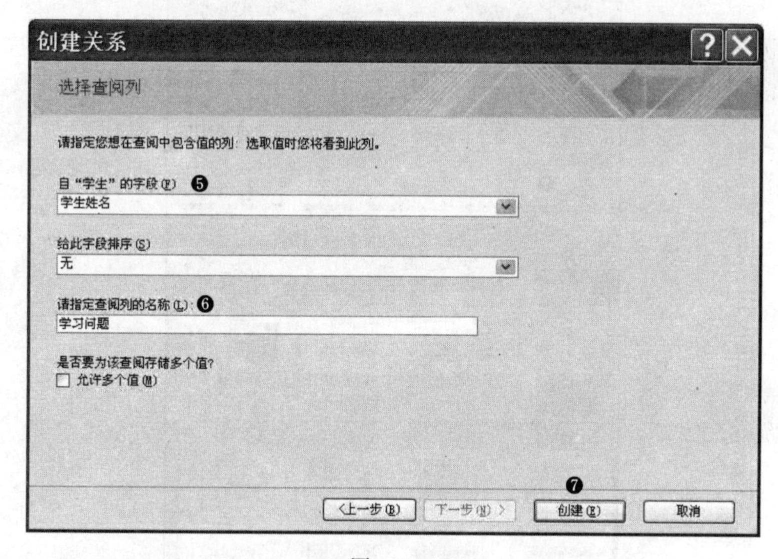

图 5-12

❶ 单击“创建”选项卡“模板”群组中“应用程序部件”下拉按钮。

❷ 在下拉列表的“快速入门”栏中单击“批注”按钮。

❸ 在弹出的“创建关系”对话框中，在下拉列表中选择“学生”表。

❹ 单击“下一步”按钮。

❺ 在“创建关系”对话框的下一个窗口中“自‘学生’的字段”栏的下拉列表中选择“学生姓名”字段。

❻ 在“请指定查阅列的名称”栏输入“学习问题”。

❼ 单击“创建”按钮，完成操作。

题目 7

试题内容

使用“应用程序部件”创建带表单的“问题”表。创建“教师”至“难题”的一对多关系。使用“主管 ID”作为查询字段，将该查询字段命名为“主管”。

准备

打开练习文档(\Access 素材\A07_素材.accdb)。

注释

本题考查使用“应用程序部件”创建表。本题和题目 6 考查的功能相似。在 Access 2010 中“快速入门”栏有“联系人”、“批注”、“任务”、“问题”和“用户”5 个模板可供选择。

解法

如图 5-13 到图 5-15 所示。

图 5-13

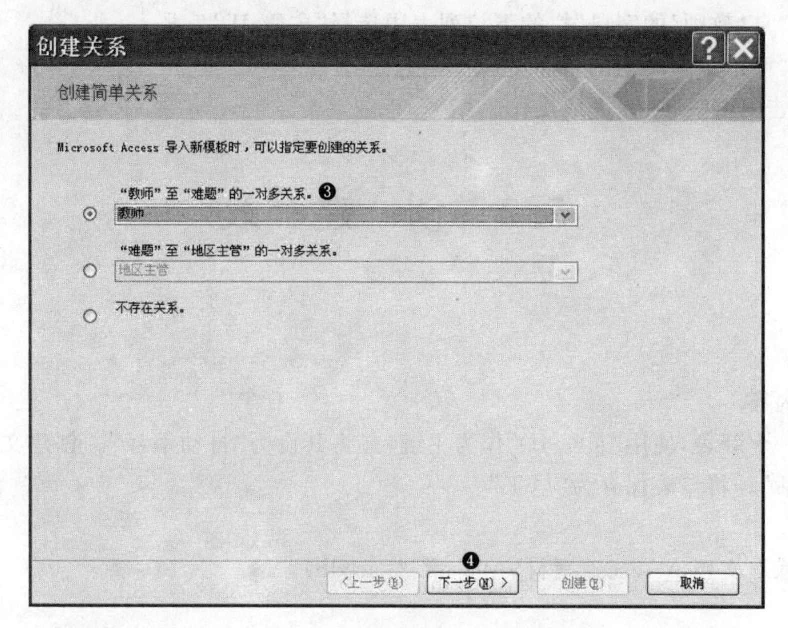

图 5-14

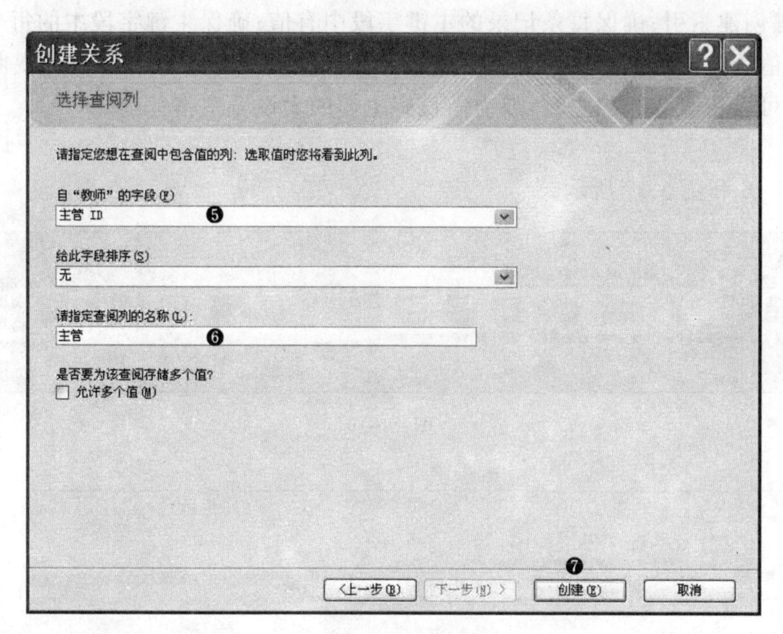

图 5-15

❶ 单击“创建”选项卡“模板”群组中“应用程序部件”下拉按钮。

❷ 在下拉列表的“快速入门”栏中单击“问题”按钮。

❸ 在弹出的“创建关系”对话框中，在下拉列表中选择“教师”表，形成“教师”表对“难题”的一对多关系。

❹ 单击“下一步”按钮。

❺ 在“自‘教师’的字段”栏的下拉列表中选择“主管 ID”字段。

❻ 在“请指定查阅列的名称”栏输入“主管”。

❼ 单击“创建”按钮，完成操作。

5.2 创 建 表

题目 8

试题内容

创建一个新表，使用“员工 ID”作为主键，并将其设为“自动编号”。创建文本字段“全名”和“电话”。将该表保存为“员工”。

准备

打开练习文档(\Access 素材\A08_素材.accdb)。

注释

本题考查创建新表和定义字段及主键的操作。Access 2010 数据表设置主键时规定：自动为主键创建索引；确保每条记录的主键字段中有值；确保主键字段中的每个值都是唯一的，唯一值的设定可以可靠地将某一条记录与其他记录相区分。在设计视图中创建新表时，用户可以更改或删除主键，或为尚没有主键的表设置主键。

解法

如图 5-16 和图 5-17 所示。

图 5-16

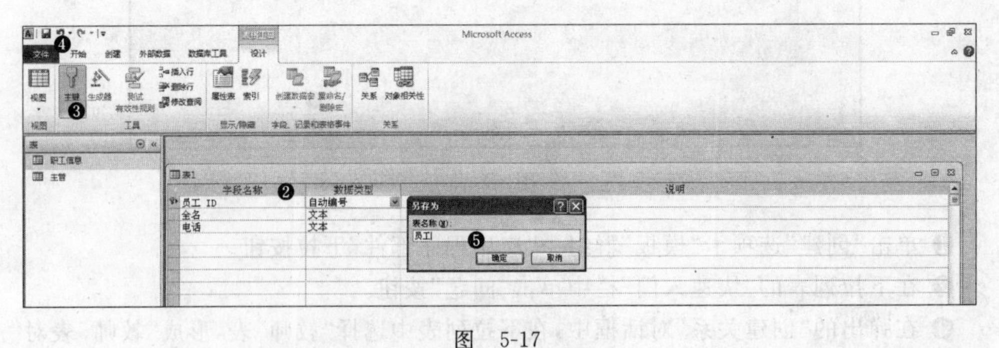

图 5-17

❶ 单击“创建”选项卡“表格”群组中“表设计”按钮。

❷ 在“字段名称”下输入“员工 ID”，将数据类型设置为“自动编号”，依次输入“全名”和“电话”字段名称，数据类型均为“文本”。

❸ 在选中“员工 ID”的状态下单击“设计”选项卡“工具”群组的“主键”按钮。

❹ 单击“保存”按钮，弹出“另存为”对话框。

❺ 输入表名称“员工”，单击“确定”按钮。

题目 9

试题内容

修改“销售团队”和“主管”表之间的现有关系，使这些表用“主管 ID”连接起来。

准备

打开练习文档(\Access 素材\A09_素材.accdb)。

注释

本题考查表间关系的操作。虽然各表存储数据的主题不同，但数据库中表存储的数据通常都是相互关联的。因此，可以用相同的字段将两个表联系起来，这个过程称为建立“关系”。在“关系”窗口中用户可以查看、创建和编辑表与查询之间的关系。

解法

如图 5-18 和图 5-19 所示。

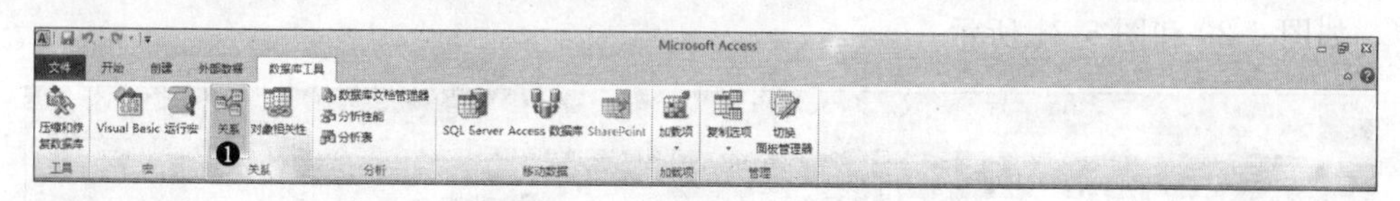

图　5-18

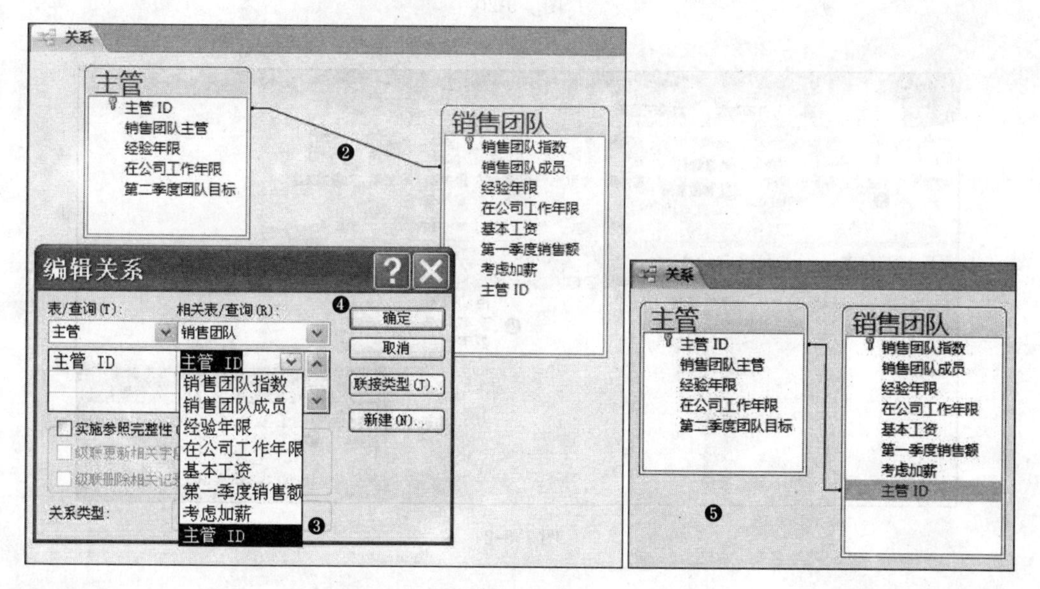

图　5-19

❶ 选择“数据库工具”选项卡，单击“关系”群组中“关系”按钮。

❷ 在出现的“关系”窗口中编辑关系，双击两个表之间的连线。

❸ 在弹出的“编辑关系”窗口中选择“相关表/查询”选项为“主管 ID”。

❹ 单击“确定”按钮。

❺ 完成关系设置。

题目 10

试题内容

创建一个新表，使用“信使 ID”作为主键，并将其设为“自动编号”。创建一个名为“记录”的文本字段和一个名为“欠额”的数字字段。将该表保存为“信使”。

准备

打开练习文档(\Access 素材\A10_素材.accdb)。

注释

本题考查创建表和主键设置的操作。在设计视图中为尚没有主键的表设置主键或更改、删除主键时，应注意在所有记录的范围内主键字段或主键字段组合相应的值必须是唯一值，且该值不会改变。

解法

如图 5-20 和图 5-21 所示。

图 5-20

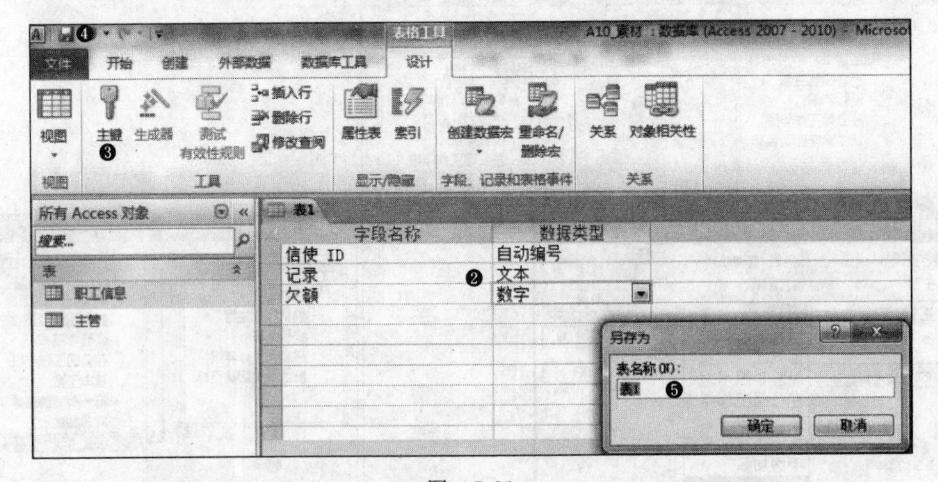

图 5-21

❶ 选择“创建”选项卡，单击“表格”群组中“表设计”按钮。

❷ 在“字段名称”下输入“信使 ID”，将数据类型设置为“自动编号”；在下一行输入“记录”，设置数据类型为“文本”；在第 3 行输入字段名称“欠额”，设置数据类型为“数字”。

❸ 选择“信使 ID”后，单击“设计”选项卡“工具”群组的“主键”按钮。

❹ 单击“保存”按钮。

❺ 在弹出的“另存为”对话框中，输入表名称“信使”，单击“确定”按钮。

题目 11

试题内容

在“学生”表中创建一个名为“入学日期”的新字段，使用“中日期”格式，并默认为当前日期。保存该表。

准备

打开练习文档(\Access 素材\A11_素材.accdb)。

注释

本题考查修改表操作，涉及新增字段以及设置字段属性的操作。表和字段都有属性，可以通过设置这些属性来控制其特征或行为。

字段属性用于定义字段的某一个特征或字段行为的某个方面，可以在数据表视图中设置字段属性。

解法

如图 5-22 到图 5-24 所示。

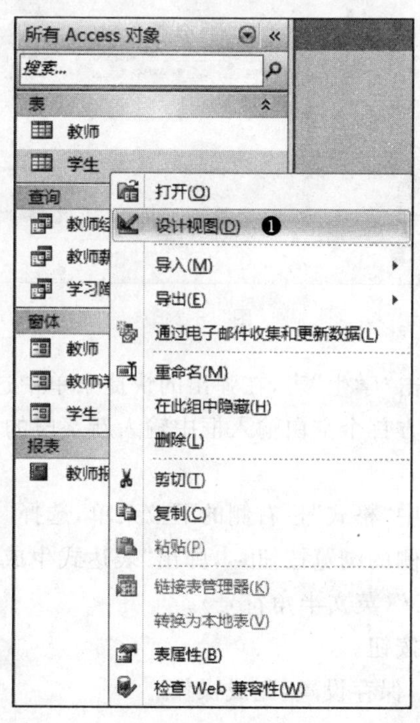

图 5-22

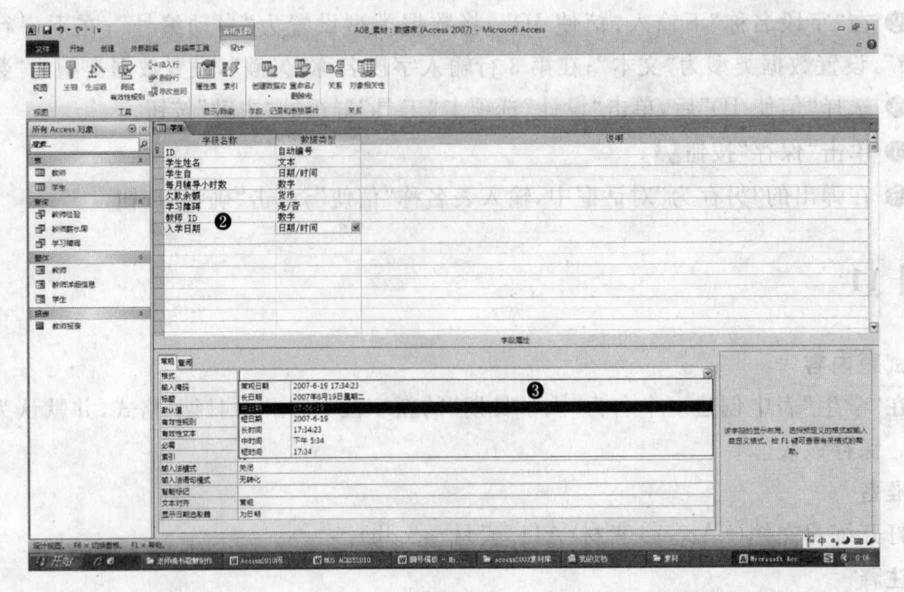

图　5-23

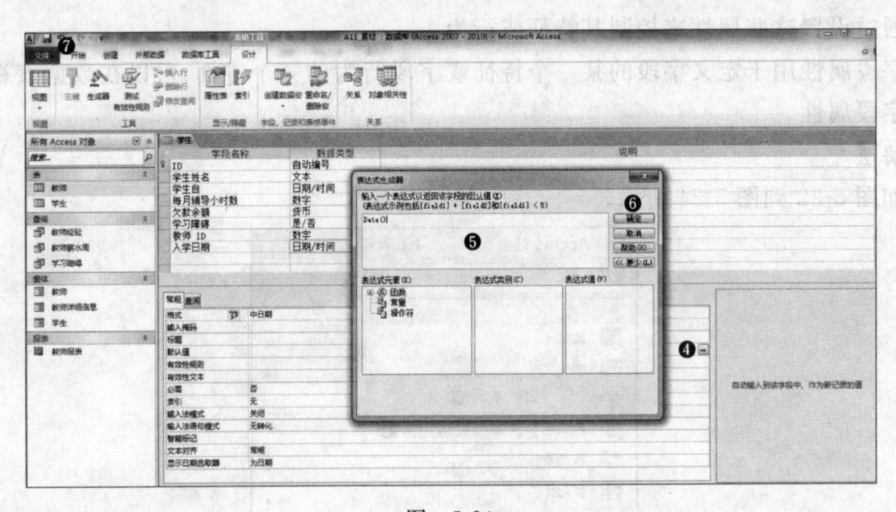

图　5-24

❶ 在左侧导航栏中右击“学生”表，在弹出的快捷菜单中选择“设计视图”命令。

❷ 在“字段名称”列下方首个空白输入框中输入新字段的名称“入学日期”，数据类型选择“日期/时间”。

❸ 单击“常规”标签页中“格式”栏右侧的下拉菜单，选择“中日期”格式。

❹ 单击“默认值”栏右侧的浏览按钮[...]，弹出“表达式生成器”窗口。

❺ 输入表达式“Date()”(英文半角符号)。

❻ 单击右侧的“确定”按钮。

❼ 单击“保存”按钮，保存设置，完成操作。

题目 12

试题内容

移除“教师”和“学生”表之间的参照完整性。

准备

打开练习文档(\Access 素材\A12_素材.accdb)。

注释

本题考查编辑表间关系的操作。关系是表之间的逻辑连接,设置不同表之间共有字段间的关系。Access 2010 中参照完整性与表间关系密切相关,当在表中更新、删除或插入数据时,通过参照引用相互关联的另一个表中的数据,检查对表的数据操作是否正确。

解法

如图 5-25 所示。

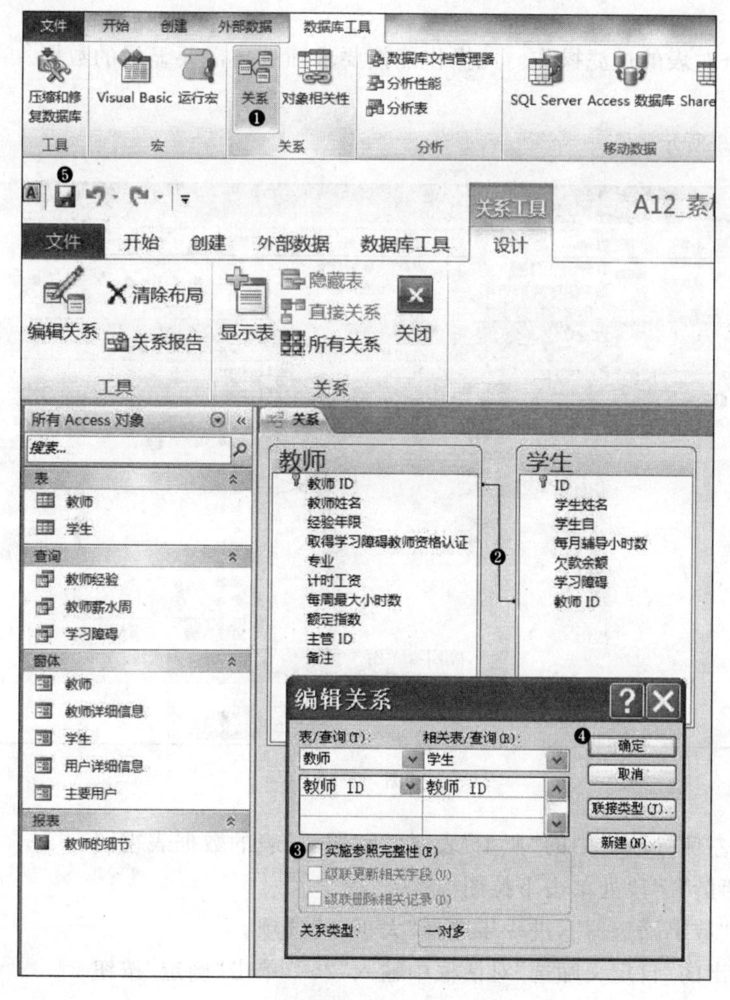

图 5-25

❶ 选择“数据库工具”选项卡，单击“关系”群组的“关系”按钮。

❷ 弹出“关系”编辑界面，双击“教师”表和“学生”表之间的连线，弹出“编辑关系”对话框。

❸ 在“编辑关系”对话框中，去掉勾选“实施参照完整性”复选框。

❹ 单击“确定”按钮。

❺ 单击“保存”按钮。

题目 13

试题内容

对“职工”表应用过滤，仅显示“年龄”大于 25 岁的记录。

准备

打开练习文档(\Access 素材\A13_素材.accdb)。

注释

本题考查对表的过滤操作。此操作能按要求筛选出需要显示的数据。

解法

如图 5-26 所示。

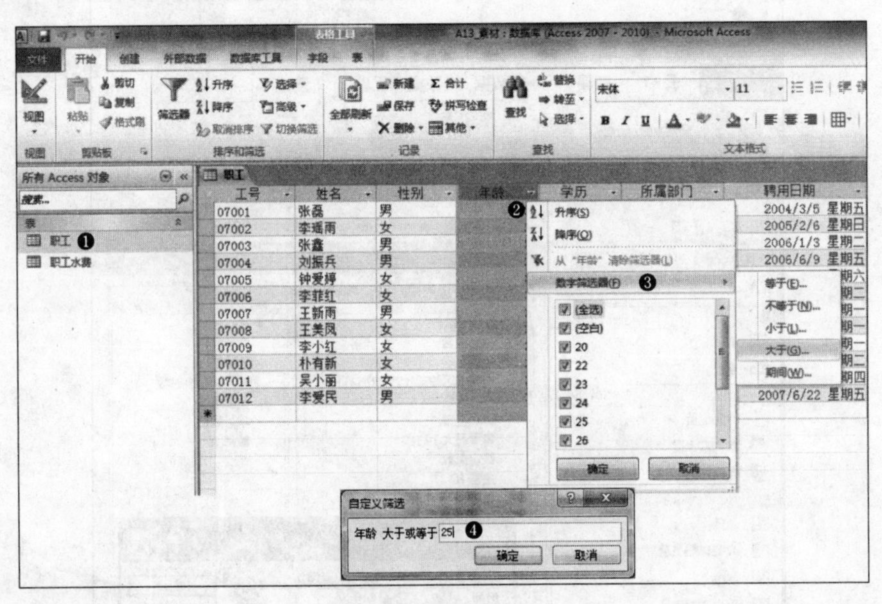

图 5-26

❶ 双击左侧导航栏中的“职工”表，打开“职工”表的数据表视图。

❷ 在“年龄”字段处单击下拉图标。

❸ 选择“数字筛选器”，进一步选择“大于...”选项。

❹ 在弹出的“自定义筛选”对话框中输入“25”，单击“确定”按钮。

题目 14

试题内容

将“Student”表中现有的“备注”字段更改为允许 255 个以上文本字符的数据类型，保存该表。

准备

打开练习文档(\Access 素材\A14_素材. accdb)。

注释

本题考查编辑表的字段属性。备注字段属性用于存储字母、数字和字符，长度可以超过 255 个字符，用于较长的文本和数字等，最多可存储 65 535 个字符。

解法

如图 5-27 所示。

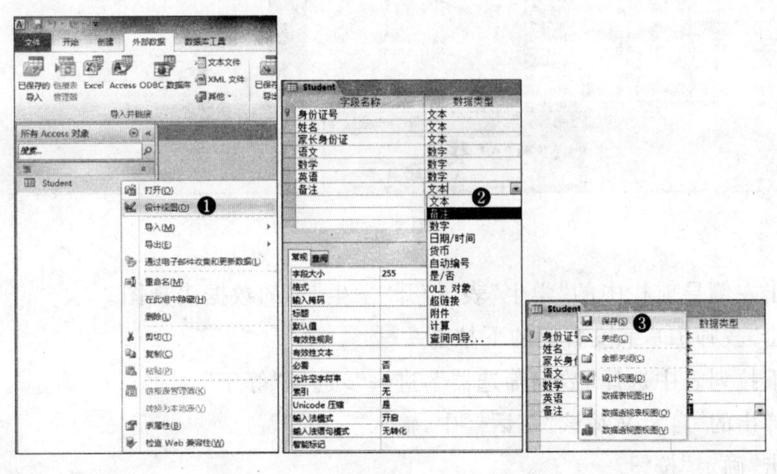

图 5-27

❶ 在左侧导航栏中右击“Student”表，在弹出的快捷菜单中选择“设计视图”命令，打开“Student”表的设计视图。

❷ 在“Student”表的设计视图中，将“备注”字段的数据类型修改为“备注”类型。

❸ 右击“Student”表名称，在弹出的快捷菜单中选择“保存”命令。

题目 15

试题内容

对“学生”表应用过滤，仅显示“教师 ID”是 5 或 7 的记录。

准备

打开练习文档(\Access 素材\A15_素材. accdb)。

注释

本题考查对表进行过滤操作。筛选操作是参照条件筛选需要显示的数据。

解法

如图 5-28 所示。

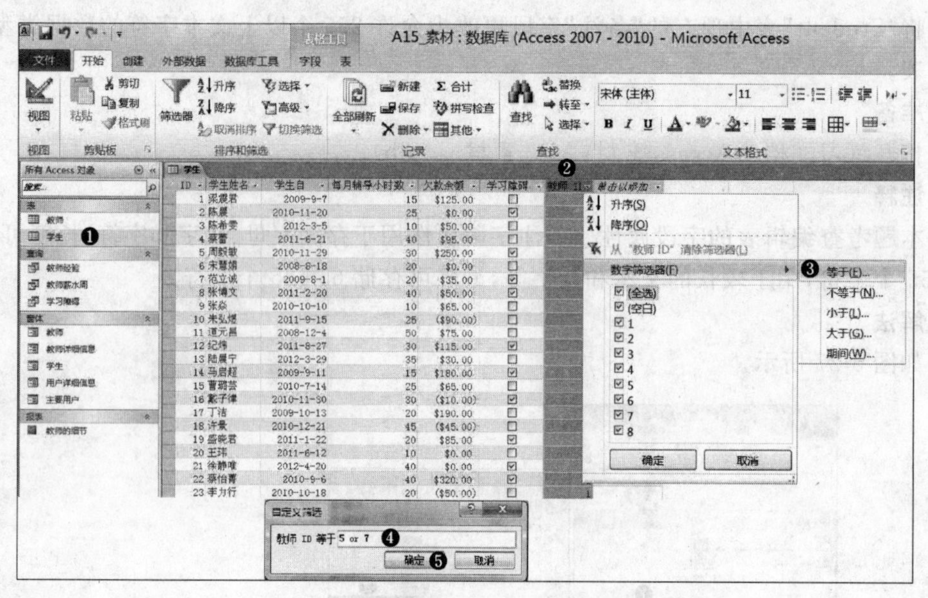

图 5-28

❶ 双击左侧导航栏中的“学生”表，打开“学生”表的数据表视图。

❷ 单击“教师 ID”字段右侧的下拉箭头▼。

❸ 在下拉列表中选择“数据筛选器”，进一步选择“等于”。

❹ 在弹出的“自定义筛选”对话框中，输入“5 or 7”。

❺ 单击“确定”按钮。

题目 16

试题内容

创建一个新表，使用“员工 ID”作为主键，并将其设为“自动编号”。创建数字字段“工作年龄”、“私人电话”和“所在部门编号”。将该表保存为“员工”。

准备

打开练习文档(\Access 素材\A16_素材.accdb)。

注释

本题考查创建表、设置主键、创建字段和设置字段属性的操作。在数据表视图中创建新表时，Access 2010 会自动为用户创建主键，并为它指定字段名 ID 和“自动编号”数据类型。在设计视图中，可以更改或删除主键，或为尚没有主键的表设置主键。设置主键时应注意每条记录的该字段或字段组合中有唯一值，且该值不为空也不会改变。

解法

如图 5-29 所示。

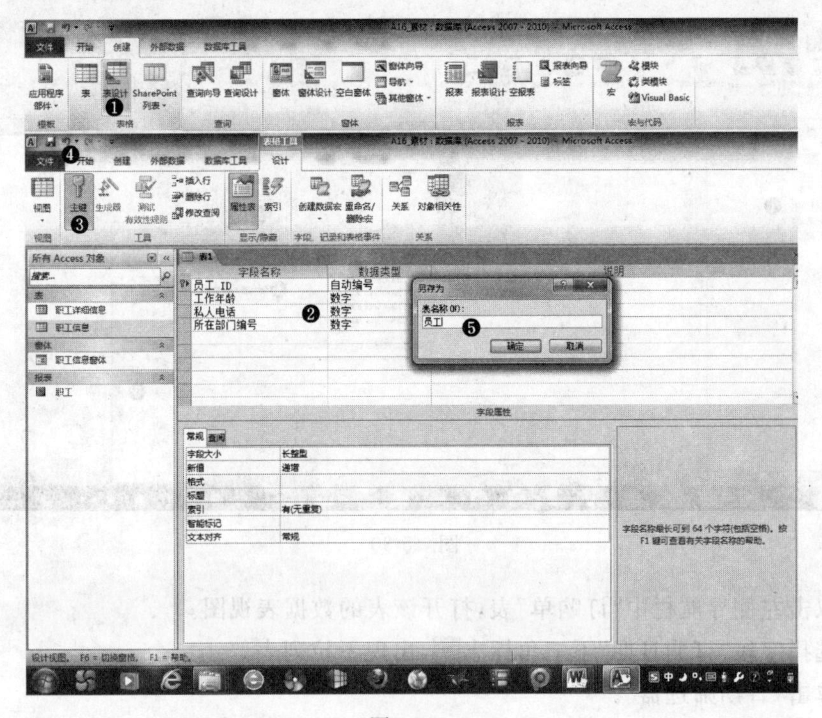

图 5-29

❶ 选择“创建”选项卡，单击“表格”群组中“表设计”按钮。

❷ 输入字段名称“员工 ID”，设置数据类型为“自动编号”；输入字段名称“工作年龄”，设置数据类型为“数字”；输入字段名称“私人电话”，设置数据类型为“数字”；输入字段名称“所在部门编号”，设置数据类型为“数字”。

❸ 在选中“员工 ID”字段的情况下，选择“设计”选项卡，单击“工具”群组的“主键”按钮，将“员工 ID”字段设置为主键。

❹ 单击“保存”按钮。

❺ 在弹出的“另存为”对话框中输入“员工”，单击“确定”按钮，完成操作。

题目 17

试题内容

对“订购单”表应用过滤，仅显示“订购日期”处于 2004 年 7 月的记录。

准备

打开练习文档(\Access 素材\A17_素材.accdb)。

注释

本题考查对表的筛选操作。筛选操作能按条件筛选出需要显示的数据。

解法

如图 5-30 所示。

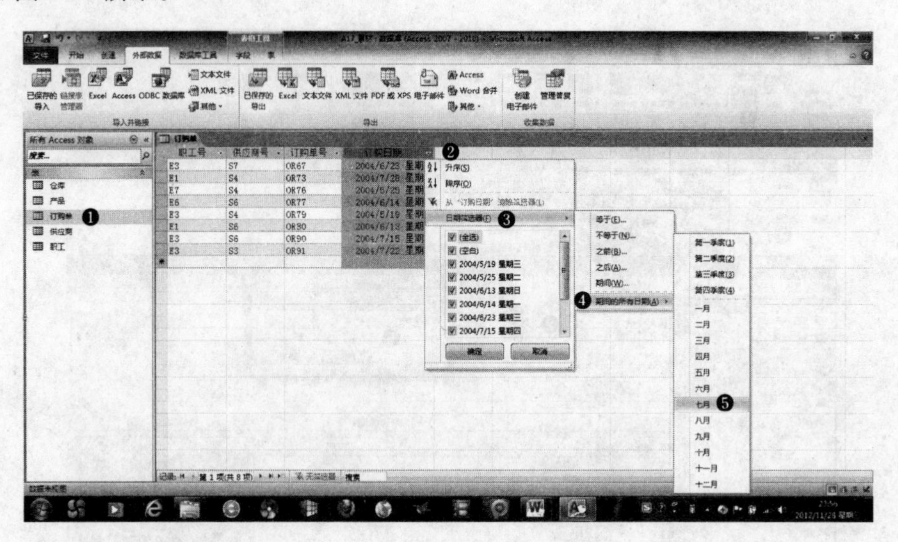

图 5-30

❶ 双击左侧导航栏中“订购单”表，打开该表的数据表视图。

❷ 选择字段“订购日期”下三角标志▼，出现下拉列表。

❸ 单击“日期筛选器”。

❹ 进一步单击“期间的所有日期”。

❺ 进一步单击“七月”，完成操作。

5.3 创建窗体

题目 18

试题内容

在“销售团队”窗体中，将“主体”部分的背景色更改为“褐色 3”。保存该窗体。

准备

打开练习文档(\Access 素材\A18_素材.accdb)。

注释

本题考查对窗体编辑的操作，在设计视图下打开属性表微调窗体的属性。窗体是一个数据库对象，可用于为数据库应用程序创建用户界面。本题需要打开“属性表”面板修改窗体控件属性，用以修改窗体布局。在“属性表”面板的下拉菜单中设置将要选择的对象，然后对其属性进行修改。

解法

如图 5-31 所示。

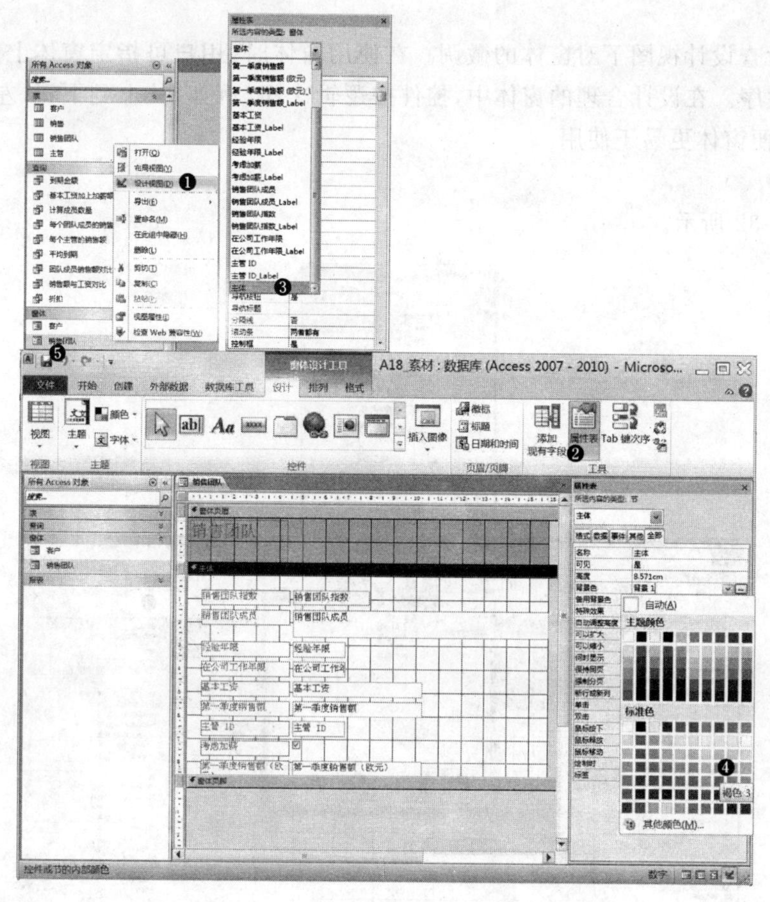

图 5-31

❶ 右击"销售团队"窗体,在弹出的快捷菜单中选择"设计视图"命令。

❷ 选择"窗体设计工具设计"选项卡,单击"工具"群组中的"属性表"按钮,在右侧显示"属性表"面板。

❸ 在"属性表"面板中,将所选内容修改为"主体",即在下拉列表中选择"主体"。

❹ 在"背景色"选项中,单击右侧的[...]按钮,在弹出的颜色列表中选择"褐色 3"。保存修改。

❺ 单击"保存"按钮,保存设置。

题目 19

试题内容

在"客户"窗体上自动重新安排标签的顺序,使元素以默认顺序显示。保存该窗体。

准备

打开练习文档(\Access 素材\A19_素材.accdb)。

注释

本题考查设计视图下对窗体的微调。在使用窗体时，用户可指定窗体上的控件响应Tab键的次序。在设计合理的窗体中，控件按逻辑次序（例如，从上到下，从左到右）响应Tab键，以便窗体更易于使用。

解法

如图 5-32 所示。

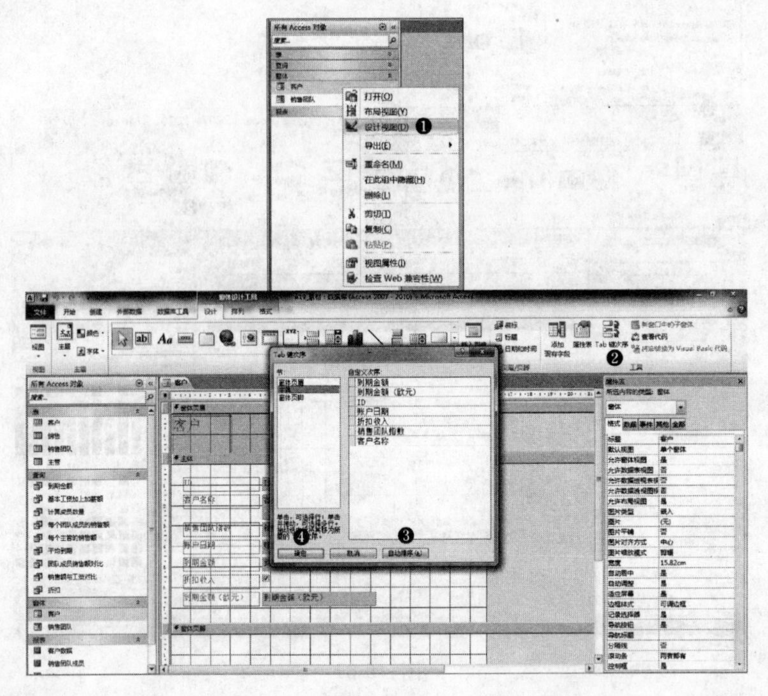

图 5-32

❶ 在左侧导航栏中右击“客户”窗体，在弹出的快捷菜单中选择“设计视图”命令。

❷ 选择“窗体设计工具设计”选项卡，单击“工具”群组的“Tab 键次序”按钮，弹出“Tab 键次序”对话框。

❸ 在“Tab 键次序”窗口中，单击“自动排序”按钮。

❹ 单击“确定”按钮，保存修改。

题目 20

试题内容

使用“窗体向导”创建新的窗体，该窗体包含“职工”表中除“学历”之外的所有字段，并使用“两端对齐”式布局。将该窗体保存为“职工详细信息”。

准备

打开练习文档(\Access 素材\A20_素材.accdb)。

注释

本题考查创建窗体的操作。Access 在“创建”选项卡上提供了几个快速创建窗体工具，使用其中每个工具，只需单击鼠标就可以创建窗体。但是，如果想对显示在窗体上的字段有特殊的设置，可以改用“窗体向导”。通过该向导还可以定义对数据进行分组和排序的方式，并且可以使用来自多个表或查询的字段。

单击 > 按钮是字段逐个添加，单击 >> 按钮是全部字段添加到右侧的“选定字段”域。

解法

如图 5-33 所示。

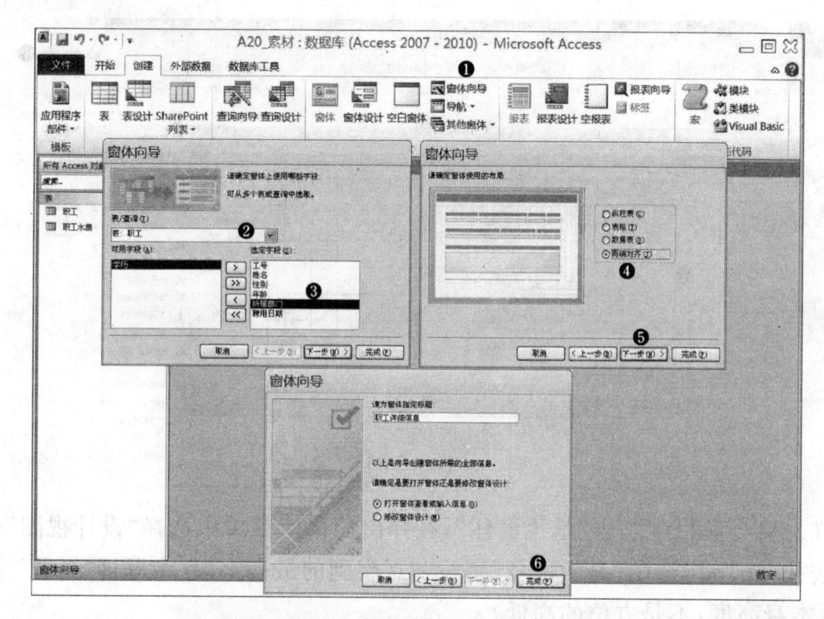

图 5-33

❶ 选择“创建”选项卡，单击“窗体”群组的“窗体向导”，弹出“窗体向导”对话框。

❷ 在“表/查询”下拉列表中选择“职工”表。

❸ 单击 > 按钮将除“学历”外的所有字段移动到“选定字段”栏，单击“下一步”按钮。

❹ 选择“两端对齐”单选按钮。

❺ 单击“下一步”按钮。

❻ 在“请为窗体指定标题”栏，输入“职工详细信息”作为窗体标题，其他均为默认设置，单击“完成”按钮。

题目 21

试题内容

在“学生窗体”中重新调整“身份证号”数据库字段的大小，使其与最高的数据库字段高度保持一致。保存该窗体。

准备

打开练习文档(\Access 素材\A21_素材.accdb)。

注释

本题考查在设计视图下微调窗体。例如,调整字段的高度,保持高度一致(不是方位的高低,而是字段本身上下边距间的高度)。也可能在考试中会出现要求调整字段的宽度以保持一致,操作类似。

解法

如图 5-34 所示。

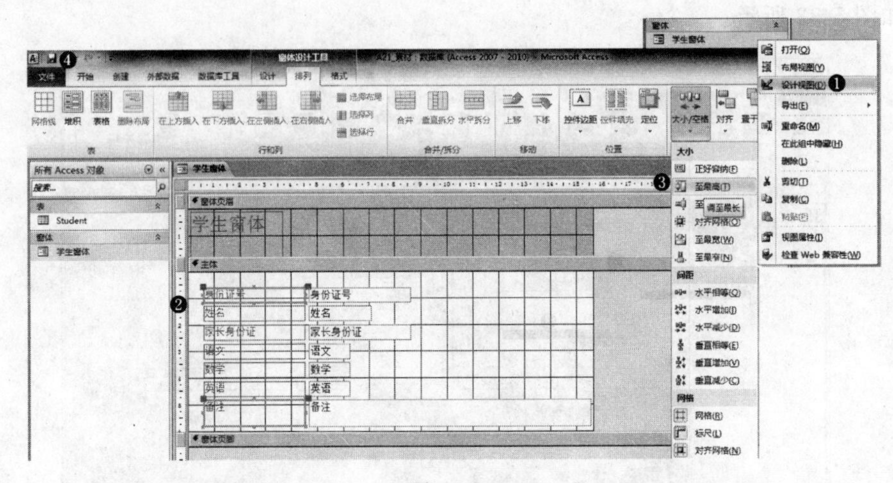

图 5-34

❶ 在左侧导航栏中右击“学生窗体”,在弹出的快捷菜单中选择“设计视图”命令。

❷ 按住 Ctrl 键,选中“身份证号”字段和观察到的最高字段(本题即“备注”字段,最高是指字段本身高度,不是方位的高低)。

❸ 单击“窗体设计工具排列”选项卡,单击“调整大小和排列”群组中的“大小/空格”下拉按钮,进一步选择“至最高”命令。

❹ 单击“保存”按钮,保存修改。

题目 22

试题内容

新建“导航”窗体,使用“水平标签”。在新窗体添加,将“入学成绩”报表以单独标签的形式添加新窗体。将该窗体保存为“导航”。

准备

打开练习文档(\Access 素材\A22_素材.accdb)。

注释

本题考查创建导航窗体操作。为了能让用户使用已存在的数据库对象,必须为他们提供一种方法:创建导航窗体,并指定在他人通过 Web 浏览器打开已存在的应用程序时显示此导航窗体。

解法

如图 5-35 所示。

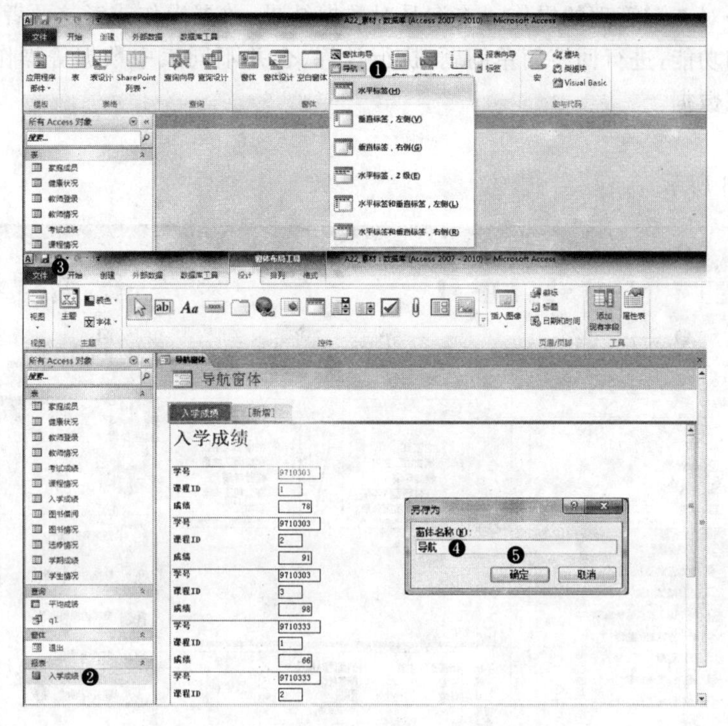

图 5-35

❶ 选择“创建”选项卡，单击“窗体”群组中的“导航”按钮，在下拉列表中，单击“水平标签”。

❷ 将左侧导航栏中的报表“入学成绩”拖曳到右侧“导航窗体”内部上方的“新增”位置，效果如图 5-35 所示。

❸ 单击按钮，弹出“另存为”对话框。

❹ 在“窗体名称”栏输入“导航”。

❺ 单击“确定”按钮。

5.4 创建和管理查询

题目 23

试题内容

在“计算成员数目”查询中，将查询更改为显示“销售团队主管”和“销售团队成员”的数量。运行并保存该查询。

准备

打开练习文档(\Access 素材\A23_素材.accdb)。

注释

本题考查对查询管理的操作。查询是对数据结果、数据操作或者这两者的请求操作。可以使用查询功能,进行回答简单问题、执行计算、合并不同表中数据等操作,甚至添加、更改或删除表数据。

解法

如图 5-36 所示。

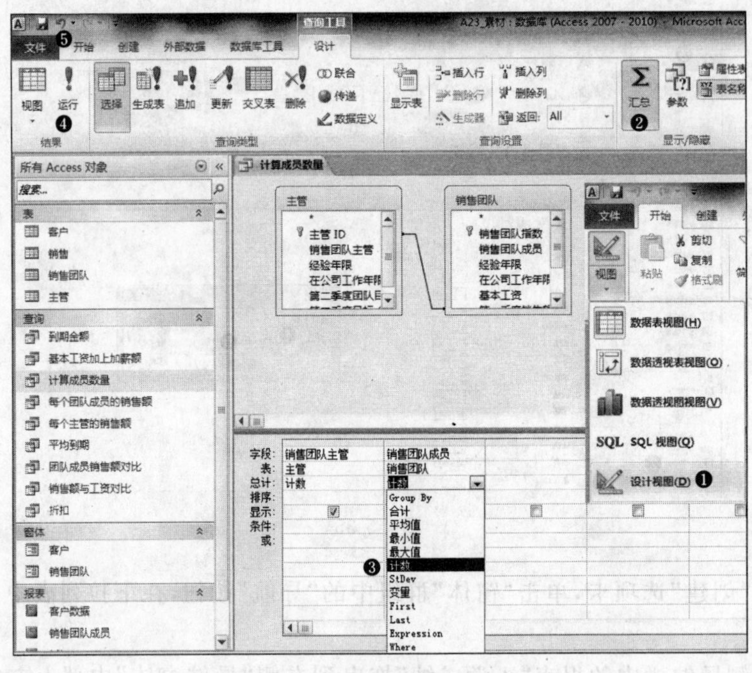

图 5-36

❶ 在左侧导航栏中双击打开"计算成员数量"查询,选择"创建"选项卡,单击"结果"群组的"视图"按钮,打开下拉列表,选择"设计视图",用"设计视图"打开"计算成员数量"查询。

❷ 选择"查询工具设计"选项卡,单击"显示/隐藏"群组的"汇总"按钮。

❸ 在"销售团队成员"字段的"总计"栏的下拉列表中选择"计数"选项。

❹ 单击"查询工具设计"选项卡"结果"群组中"运行"按钮。

❺ 单击"保存"按钮。

题目 24

试题内容

更改"每个教师的月收入"查询,使"超课时津贴"字段为第 5 列,"班主任津贴"为第 6 列。然后,添加"业务评价"作为最后一列。运行并保存该查询。

准备

打开练习文档(\Access 素材\A24_素材.accdb)。

注释

本题考查对查询的布局修改。添加现有字段到查询中,实现显示数据,并且注意添加字段的位置。

解法

如图 5-37 所示。

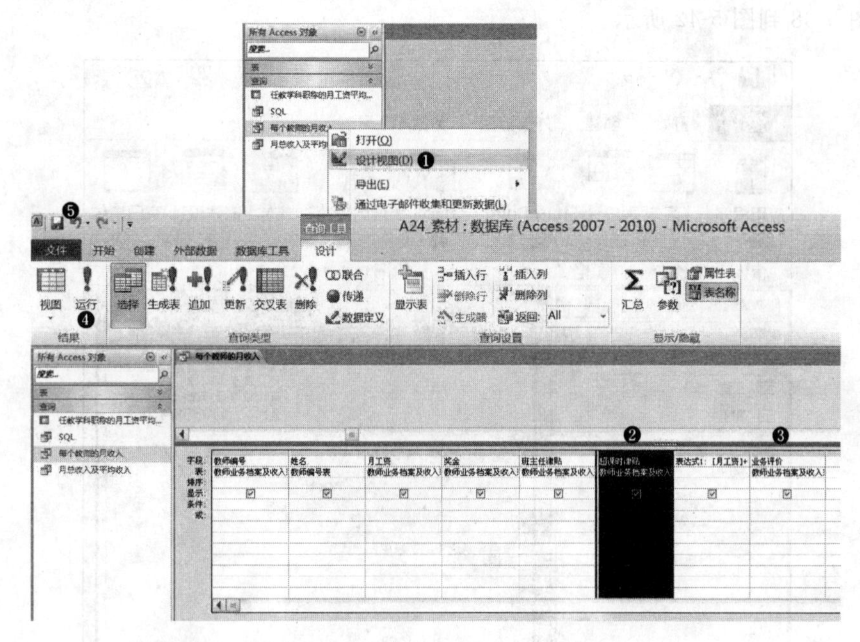

图　5-37

❶ 在左侧导航栏中右击“每个教师的月收入”查询,在弹出的快捷菜单中选择“设计视图”打开查询。

❷ 选择“超课时津贴”字段并选中该字段的整列,按住鼠标左键选中该列时在高亮部分左侧出现竖线,将其拖曳至第 5 列位置。

❸ 单击到第 8 列(即首个空白列位置),在下拉菜单中选择“业务评价”字段,该字段属于“教师业务档案及收入表”数据表。

❹ 单击“查询工具设计”选项卡中“结果”群组的“运行”按钮。

❺ 单击标题栏处的“保存”按钮。

题目 25

试题内容

使用“查询向导”创建一个名为“基本工资 3000 元以上”的 QY1 简单查询,包含 QY1 查询中的所有字段,然后编辑该查询标准,使其仅显示“基本工资”高于 3000 元的记录。

运行并保存该查询。

准备

打开练习文档(\Access 素材\A25_素材.accdb)。

注释

本题考查利用“查询向导”创建查询的操作。“查询向导”帮助用户方便快捷地创建功能不同的查询。本题考查的是简单查询的创建,根据题目步骤即可完成操作。

解法

如图 5-38 到图 5-42 所示。

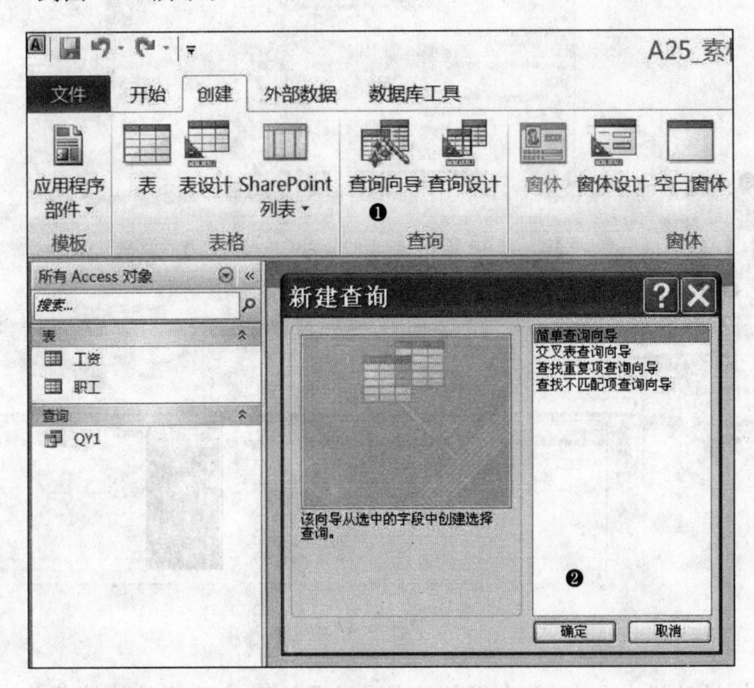

图 5-38

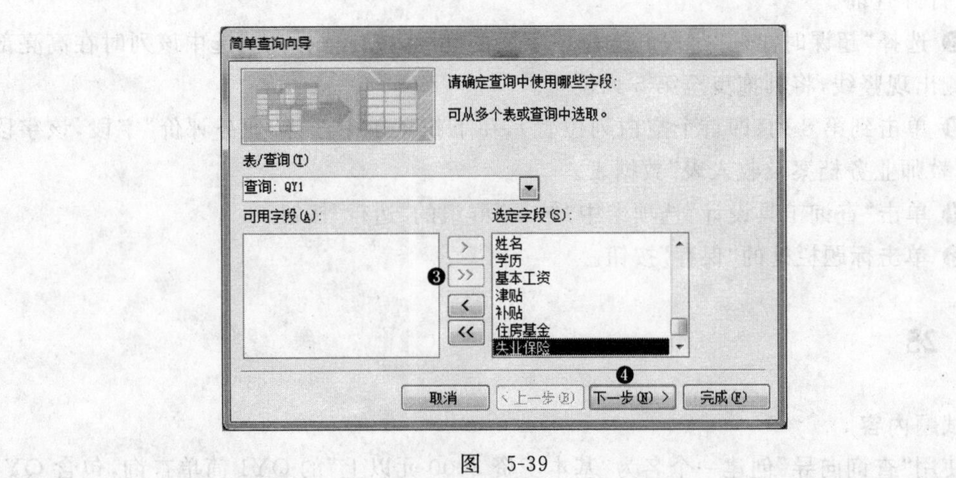

图 5-39

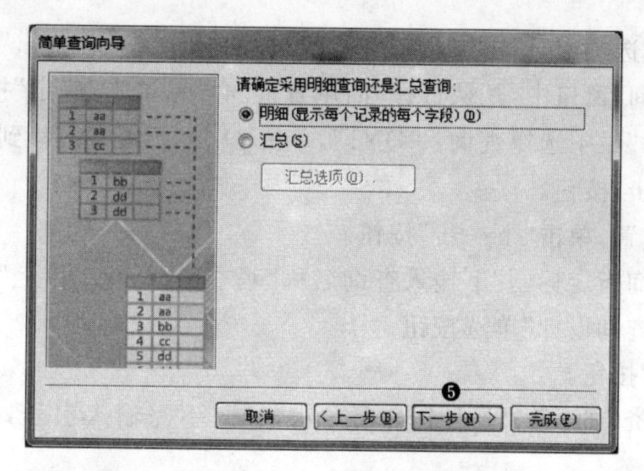

图 5-40

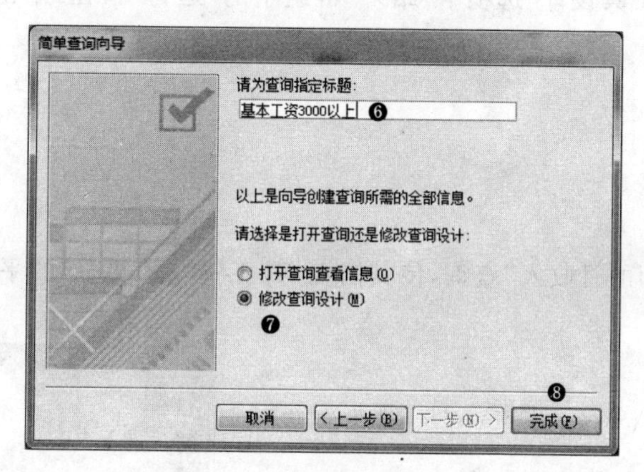

图 5-41

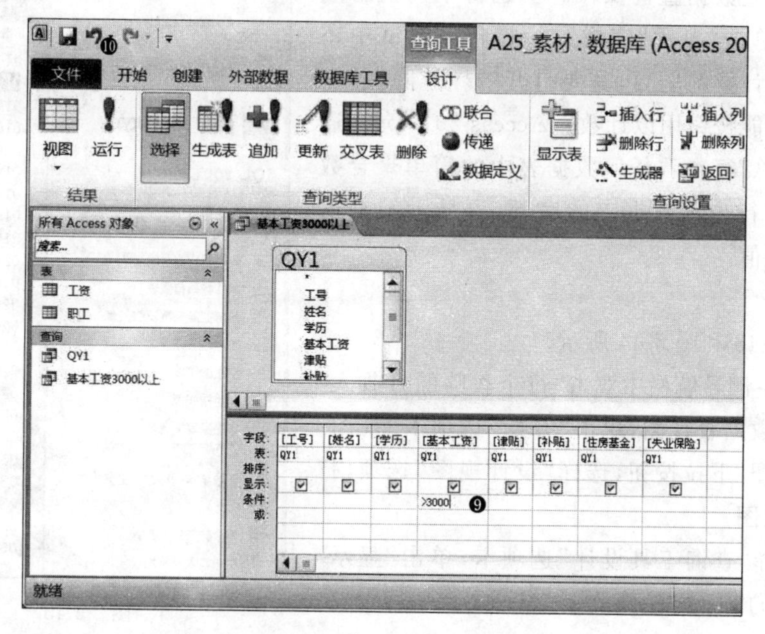

图 5-42

❶ 选择“创建”选项卡，单击“查询”群组的“查询向导”按钮，弹出“新建查询”窗口。

❷ 在“新建查询”窗口中，默认选择“简单查询向导”，单击“确定”按钮。

❸ 在“表/查询”栏中选择查询：“QY1”，单击 » 将所用字段移到选中字段栏下。

❹ 单击“下一步”按钮。

❺ 选用默认设置，单击“下一步”按钮。

❻ 在“请为查询指定标题”下输入查询名称“基本工资 3000 以上”。

❼ 选择“修改查询设计”单选按钮。

❽ 单击“完成”按钮。

❾ 在“基本工资”的“条件”栏中输入“＞3000”(不需输入引号，大于号用英文半角符号)。

❿ 单击“查询工具设计”选项卡“结果”群组中的“运行”按钮，单击“保存”按钮，完成操作。

题目 26

试题内容

更改“每个教师的月收入”查询，使其隐藏“月工资”和“奖金”的平均值。运行并保存该查询。

准备

打开练习文档(\Access 素材\A26_素材.accdb)。

注释

本题考查数据查询操作。本题将平均值隐藏掉，则需要单击“显示”完成这一操作。考试中还会出现显示计数的题目，需要打开“显示/隐藏”组的“汇总”功能按钮用以计数。Access 2010 允许通过添加“汇总”行查看任何数据表中的简单聚合数据。“汇总”行位于数据表的底部，可显示汇总值或其他聚合值。

解法

如图 5-43 和图 5-44 所示。

❶ 在左侧导航栏中双击“每个教师的月收入”查询，打开数据表视图，单击“开始”选项卡“视图”群组中“视图”下拉按钮，选择“设计视图”选项，打开其设计视图。

❷ 选择“查询工具设计”选项卡，单击“显示/隐藏”群组的“汇总”按钮。

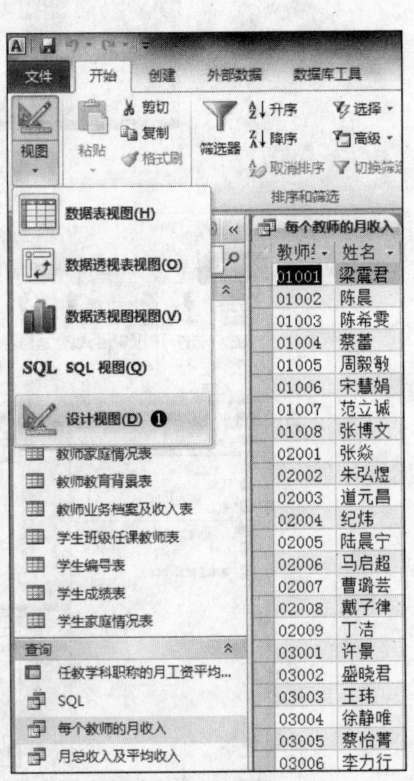

图 5-43

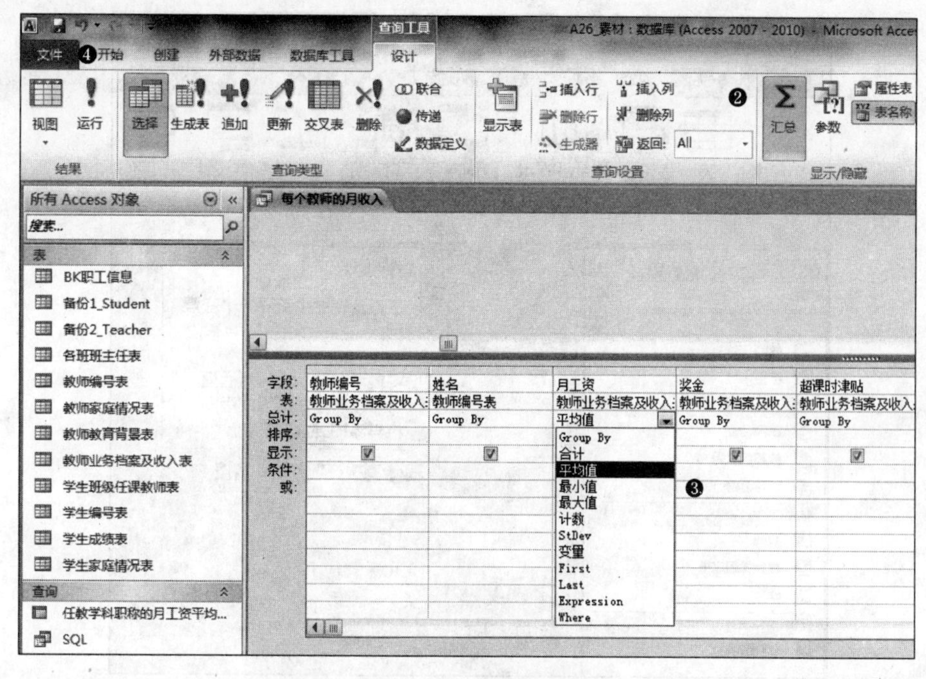

图 5-44

❸ 在“月工资”字段的“总计”栏，单击下拉列表，选择“平均值”，在“奖金”字段的“总计”栏，单击下拉列表，选择“平均值”；在“月工资”和“奖金”字段“显示”栏中去掉复选框的勾选。

❹ 单击“查询工具设计”选项卡，单击“结果”群组的“运行”按钮，单击“保存”按钮，保存设置。

题目 27

试题内容

创建新的查询，仅显示取得学习障碍教师资格认证的教师。显示“教师姓名”、“经验年限”和“计时工资”。包含“取得学习障碍教师资格认证”字段，但将其隐藏。运行该查询，将其保存为“教师考核”。

准备

打开练习文档(\Access 素材\A27_素材.accdb)。

注释

本题考查创建限定条件的查询。“条件”行可筛选出符合用户要求的数据，从而在数据表视图中只显示出符合条件的数据。在“条件”行中输入“Yes”表示只想看到值为“真”的数据。

解法

如图 5-45 到图 5-47 所示。

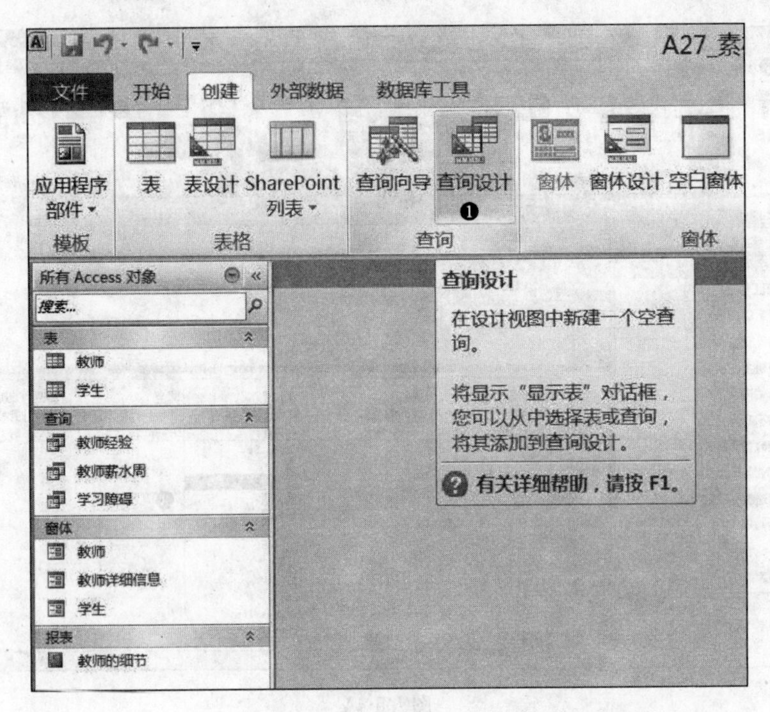
A27_素
文件
开始
创建
外部数据
数据库工具
应用程序部件
表
表设计
SharePoint 列表
查询向导
查询设计
❶
窗体
窗体设计
空白窗体
模板
表格
查询
窗体
所有 Access 对象
搜索...
表
教师
学生
查询
教师经验
教师薪水周
学习障碍
窗体
教师
教师详细信息
学生
报表
教师的细节
查询设计
在设计视图中新建一个空查询。
将显示"显示表"对话框，您可以从中选择表或查询，将其添加到查询设计。
有关详细帮助，请按 F1。

图 5-45

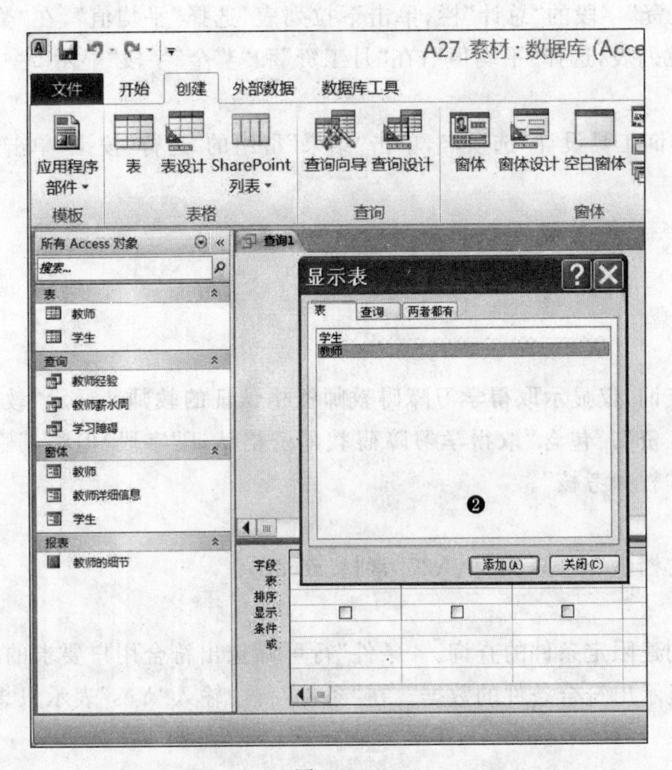
A27_素材：数据库 (Acce
文件
开始
创建
外部数据
数据库工具
应用程序部件
表
表设计
SharePoint 列表
查询向导
查询设计
窗体
窗体设计
空白窗体
模板
表格
查询
窗体
所有 Access 对象
搜索...
表
教师
学生
查询
教师经验
教师薪水周
学习障碍
窗体
教师
教师详细信息
学生
报表
教师的细节
查询1
显示表
表
查询
两者都有
学生
教师
❷
添加(A)
关闭(C)
字段:
表:
排序:
显示:
条件:
或:

图 5-46

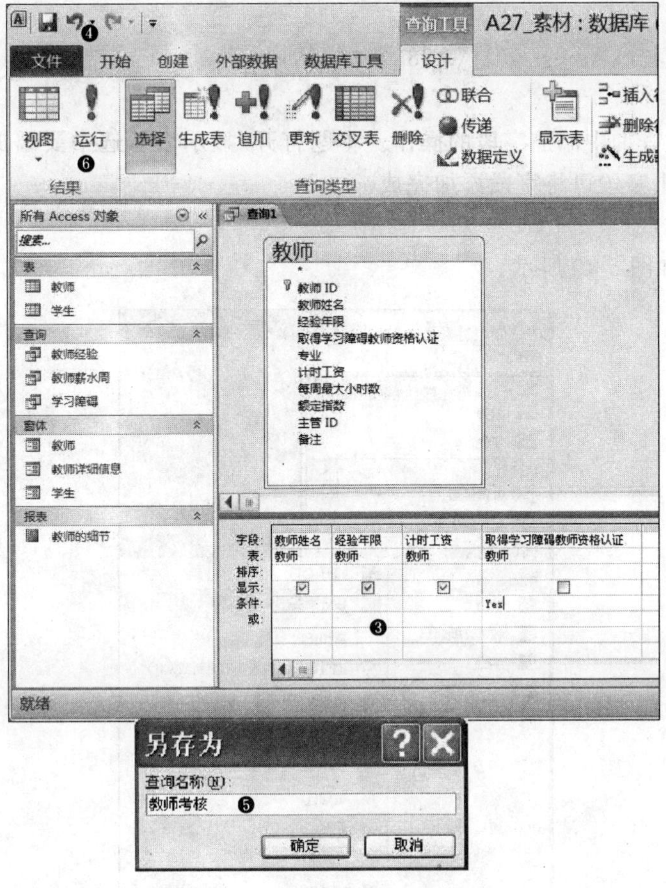

图 5-47

❶ 选择“创建”选项卡，单击“查询”群组中“查询设计”按钮。

❷ 弹出“显示表”窗口，选择“表”标签页，选中“教师”表，单击“添加”按钮，关闭“显示表”窗口。

❸ 在“字段”栏下拉列表中，分别选择“教师姓名”、“经验年限”、“计时工资”和“取得学习障碍教师资格认证”四个字段，在“取得学习障碍教师资格认证”字段下方“显示”栏去掉复选框的勾选，在“条件”栏中输入“Yes”。

❹ 单击“保存”按钮，弹出“另存为”对话框。

❺ 在“另存为”对话框中，在“查询名称”栏中输入“教师考核”，单击“确定”按钮。

❻ 选择“查询工具设计”选项卡，单击“结果”群组中的“运行”按钮。

题目 28

试题内容

修改“学习障碍”查询使其包含“学生”表中的“学习障碍”字段，并将其作为最后一列字段。保存该查询。

准备

打开练习文档(\Access 素材\A28_素材.accdb)。

注释

本题考查在查询中添加字段的操作。本题打开“显示表”，选中要添加的字段所在的表，添加表后双击字段可将字段添加完成。

解法

如图 5-48 和图 5-49 所示。

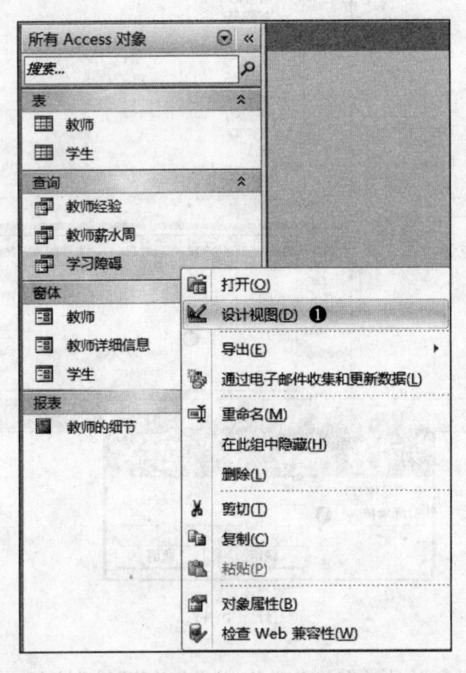

图 5-48

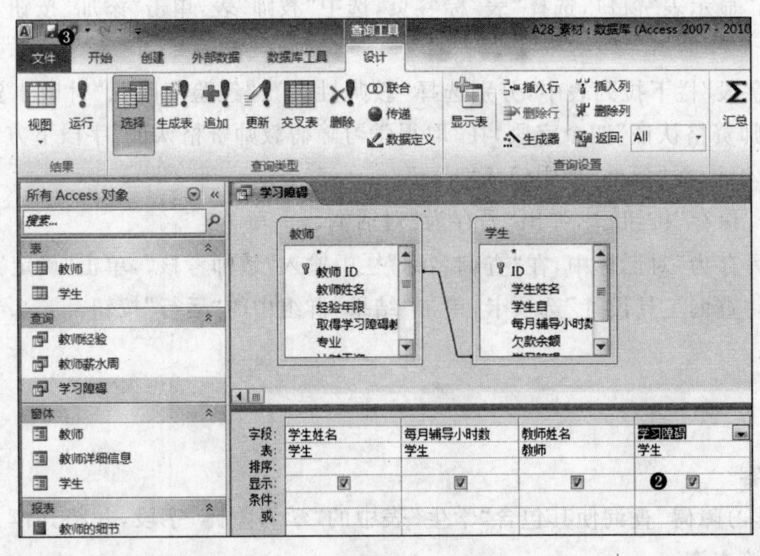

图 5-49

❶ 在左侧导航栏中右击“学习障碍”查询，在弹出的快捷菜单中选择“设计视图”命令。

❷ 在“字段”栏添加“学习障碍”字段。在第 4 列(首个空白列)，在“表”下拉列表中选择“学生”表，在“字段”下拉列表中选择“学习障碍”字段。

❸ 单击“保存”按钮，保存修改。

题目 29

试题内容

在“产品查询”中添加“单价”乘以“数量”的计算字段。将该计算字段放入第 5 列，并将其命名为“总价”。运行并保存该查询。

准备

打开练习文档(\Access 素材\A29_素材.accdb)。

注释

本题考查在已有查询中添加字段的操作。一般情况下，用户需要查看通过间接计算得到的数据，因此需要通过基本计算来实现。在编辑框中输入适当的表达式就可计算出来。但是在某些情况下，计算得到的值可能会过期，因为这些值所基于的值发生了更改。例如，不应在表中存储某人的年龄，因为每年都必须更新该值；而应该存储此人的出生日期，然后在查询中使用表达式来计算此人的年龄。

解法

如图 5-50 和图 5-51 所示。

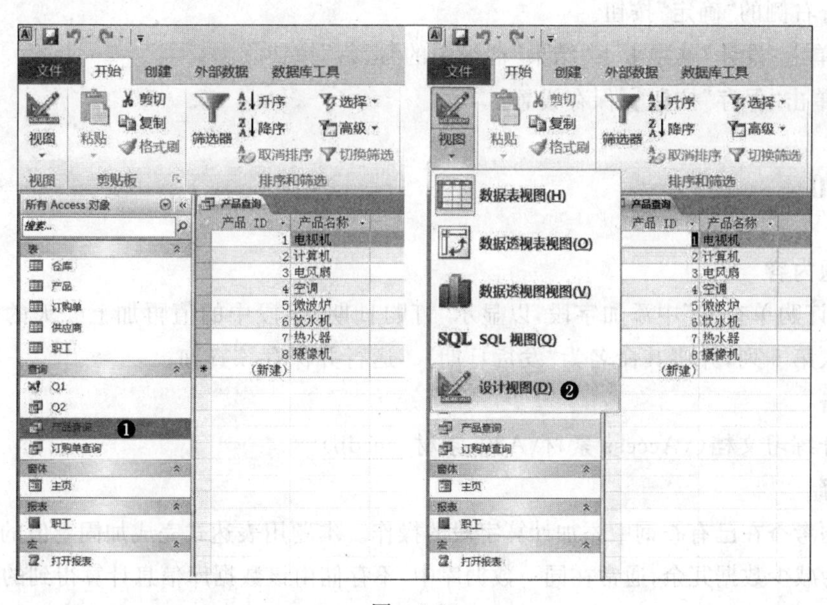

图 5-50

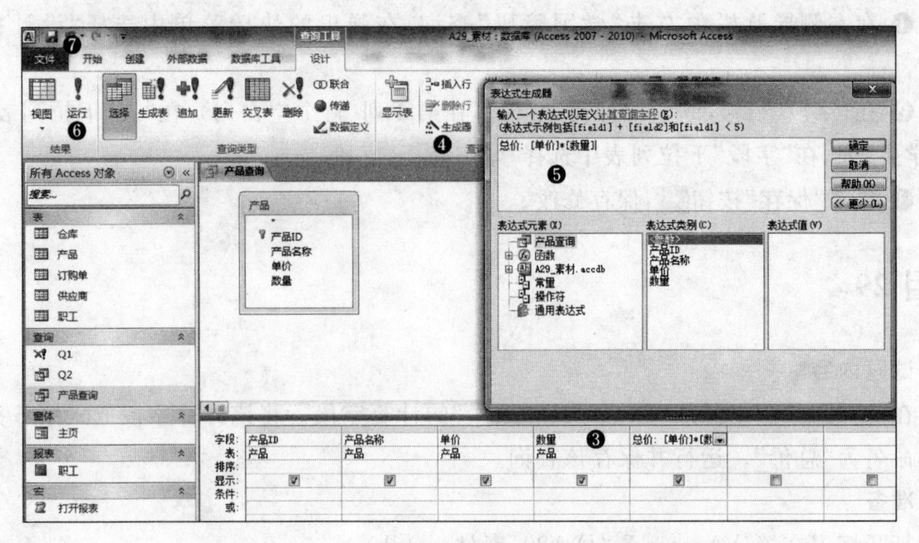

图 5-51

❶ 双击左侧导航栏中的“产品查询”，打开该查询的数据表视图。

❷ 单击“开始”选项卡“视图”群组中的“视图”按钮，在下拉菜单中选择“设计视图”命令。

❸ 单击最后一列字段后的首个空白字段，光标将停留在该空白字段。

❹ 单击“设计”选项卡下的“查询设置”群组的“生成器”按钮，打开“表达式生成器”对话框。

❺ 在表达式输入框中输入“总价:[单价] * [数量]”表达式（冒号和括号是英文半角符号），单击右侧的“确定”按钮。

❻ 单击“设计”选项卡下“结果”群组中的“运行”按钮。

❼ 单击“保存”按钮保存设置。

题目 30

试题内容

在“订购单查询”中添加字段，以显示“订购日期”字段中的值再加上 5 天的值。将该字段放入第 5 列，并将其命名为“发货日期”。运行并保存该查询。

准备

打开练习文档(\Access 素材\A30_素材.accdb)。

注释

本题考查在已有查询中添加计算字段的操作。本题用表达式完成加固定值的计算字段操作。为减少数据冗余，通常在同一数据库中，不存储由该数据库信息计算得到的数值。

解法

如图 5-52 和图 5-53 所示。

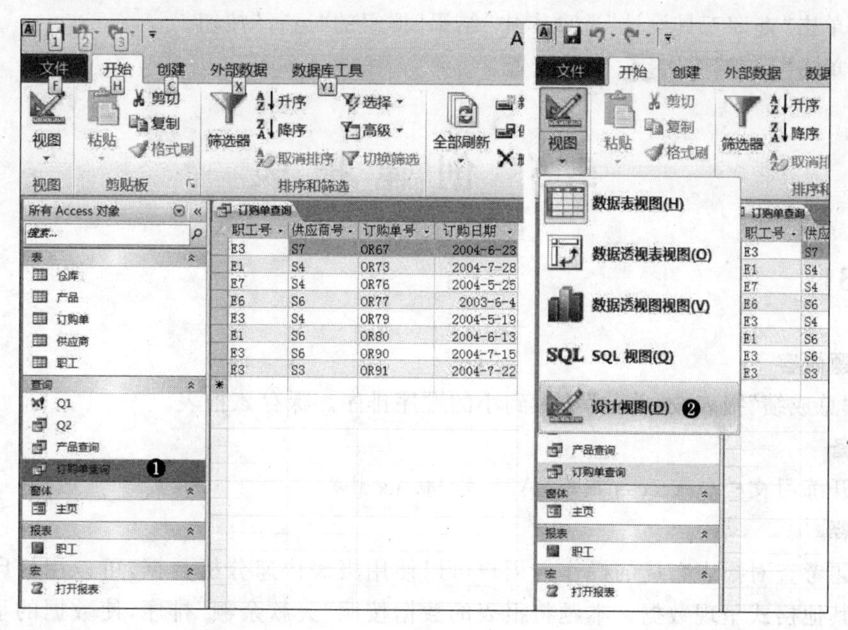

图 5-52

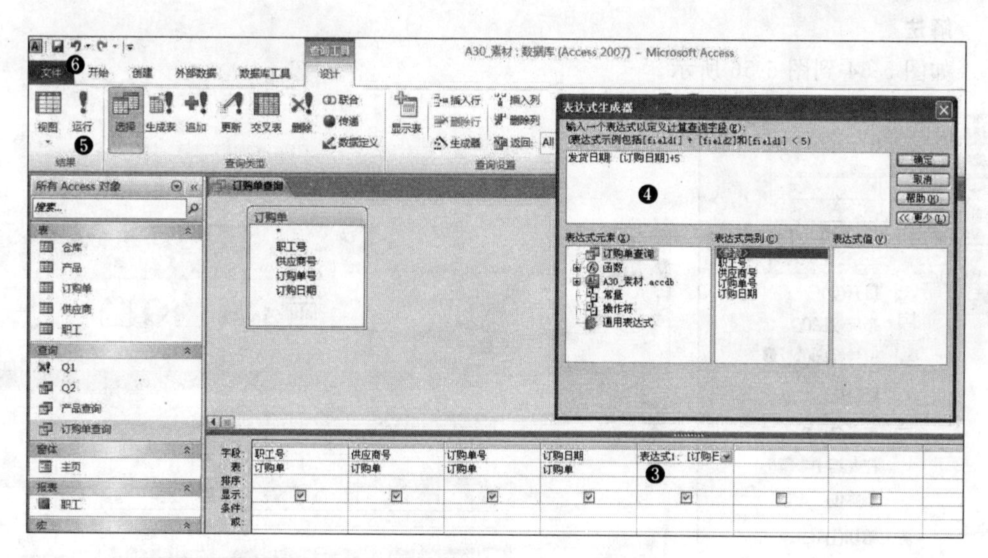

图 5-53

❶ 双击左侧导航栏中的“订购单查询”，打开该查询的数据表视图。

❷ 单击“开始”选项卡“视图”群组中的“视图”按钮，在下拉菜单中单击“设计视图”。

❸ 选择最后一个字段(第 5 个字段)，单击“查询工具设计”选项卡下的“查询设置”群组中的“生成器”按钮，打开“表达式生成器”窗口。

❹ 在“表达式生成器”窗口中，输入表达式“发货日期:[订购日期]+5”(冒号和括号是英文半角符号)到表达式输入框中，单击右侧的“确定”按钮。

❺ 单击“查询工具设计”选项卡中“结果”群组的“运行”按钮。

❻ 单击“保存”按钮，保存设置。

5.5 创建报表

题目 31

试题内容

将“总成绩”报表按“总分”从大到小的顺序排序。保存该报表。

准备

打开练习文档(\Access 素材\A31_素材.accdb)。

注释

本题考查对报表布局的操作。用户可以使用报表快速分析数据，可以用打印的固定格式或其他格式呈现数据。本题将报表的数据按照“欠款余额”排序，使数据的呈现更富有规律，看起来整齐清晰。

解法

如图 5-54 到图 5-56 所示。

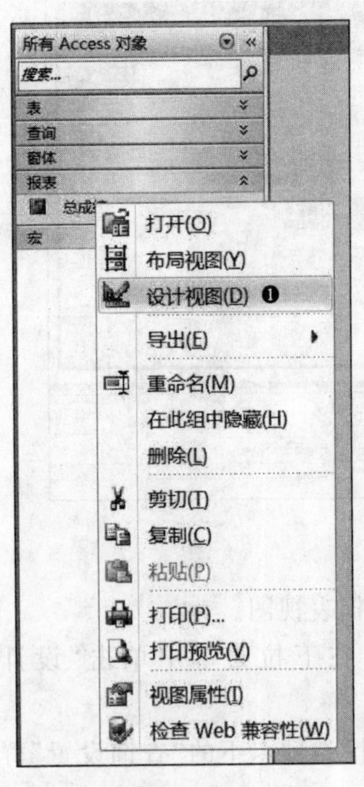

图 5-54

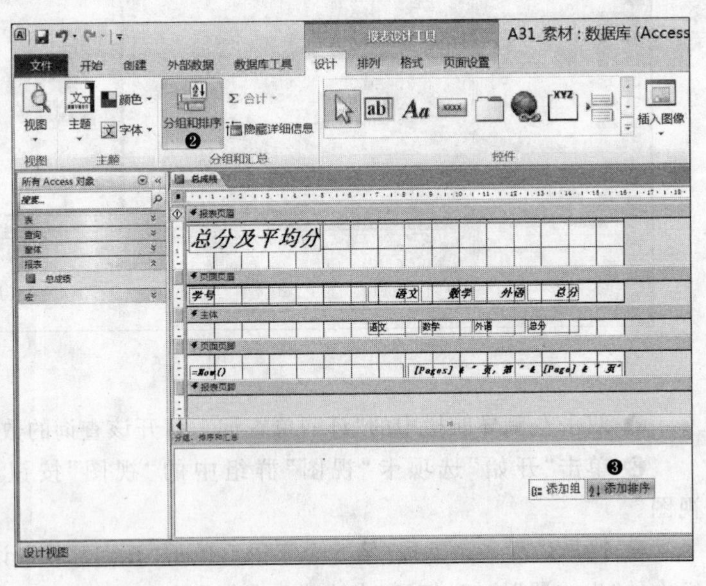

图 5-55

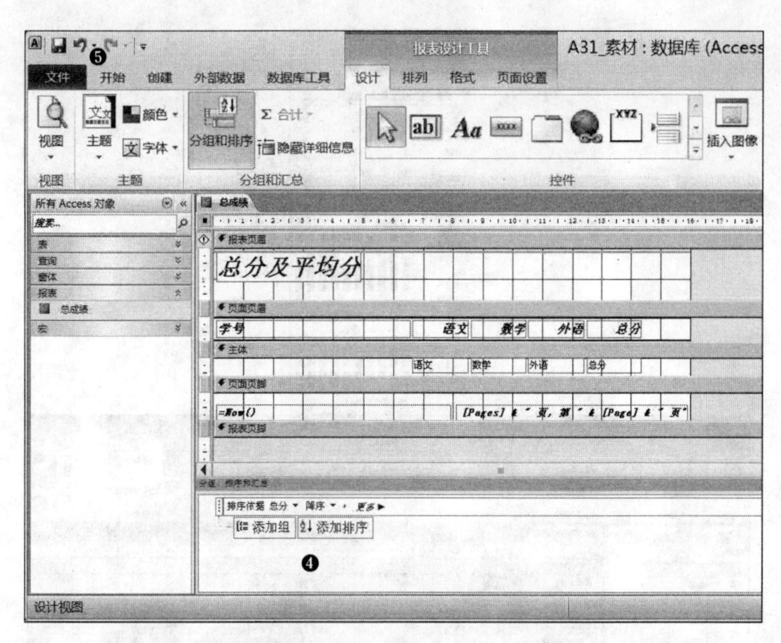

图 5-56

❶ 在左侧导航栏中，右击报表“总成绩”，在弹出的快捷菜单中选择以“设计视图”方式打开。

❷ 单击“报表设计工具设计”选项卡“分组和汇总”群组中的“分组和排序”按钮，将在报表“总成绩”设计视图下方出现“分组，排序和汇总”栏。

❸ 在报表下方的“分组，排序和汇总”栏中，单击“添加排序”按钮。

❹ 设置排序依次为“总分”和“降序”，单击“保存”按钮保存设置。

❺ 单击“保存”按钮，保存设置。

题目 32

试题内容

在“销售团队成员”报表中，将所有元素的字体背景色更改为“中灰”。保存该报表。

准备

打开练习文档(\Access 素材\A32_素材.accdb)。

注释

本题考查对报表布局的操作。可以更改所有元素的字体背景色，也可以更改部分元素的布局方向等属性。

解法

如图 5-57 和图 5-58 所示。

图 5-57

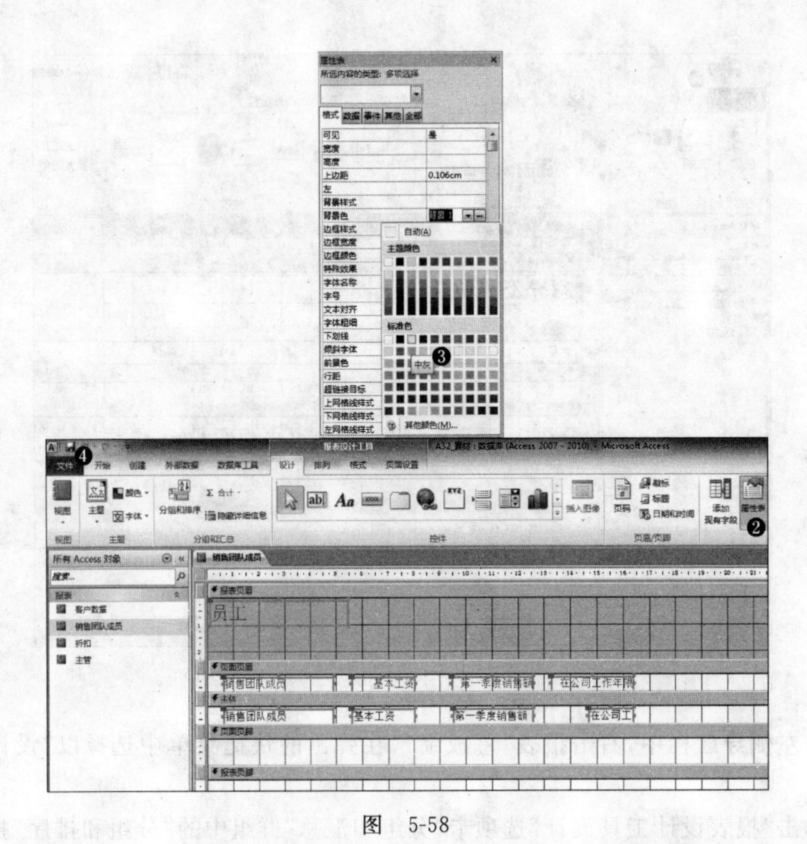

图 5-58

❶ 在左侧导航栏中右击“销售团队成员”报表，在弹出的快捷菜单中选择以“设计视图”打开。

❷ 在“报表设计工具”选项卡的“设计”选项卡中的“工具”群组中单击“属性表”按钮，打开“属性表”面板。

❸ 按 Ctrl＋A 组合键选中所有元素，使得所选择的元素呈现高亮颜色。选择“属性表”面板的“背景色”，在右侧下拉列表中选择“标准色”栏中的“中灰”颜色选项。

❹ 单击“保存”按钮，保存设置。

题目 33

试题内容

在“总成绩”报表中，添加“窄”控件边距以更改“语文”、“数学”、“外语”和“总分”数据库字段。保存该报表。

准备

打开练习文档(\Access 素材\A33_素材. accdb)。

注释

本题考查在“设计视图”下添加控件到报表的操作。利用控件可以查看和处理数据库中的数据。最常用的控件是文本框，其他控件包括命令按钮、标签、复选框和子窗体/子报表控件等。本题中添加的是“窄”控件，若要求添加“宽”控件或“中”控件等，操作与之类似。

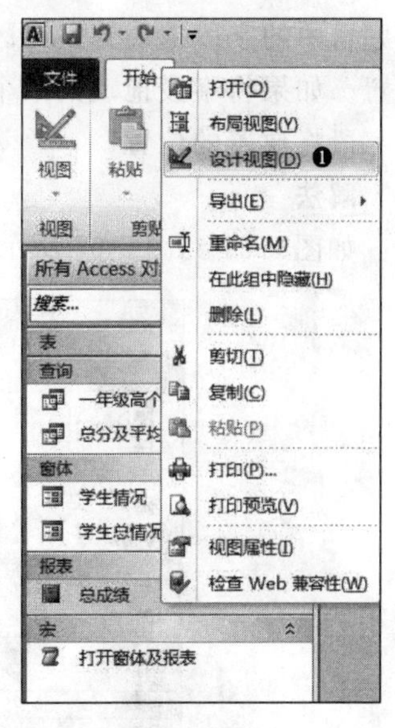

图 5-59

解法

如图 5-59 和图 5-60 所示。

❶ 在左侧导航栏中，右击“总成绩”报表，在弹出的快捷菜单中选择以“设计视图”方式打开。

❷ 按住 Ctrl 键，连续选中“总成绩”报表“主体”中的 4 个字段（“语文”、“数学”、“外语”和“总分”），使 4 个字段都为选中的高亮状态。选择“报表设计工具”选项卡中的“排列”选项卡，单击“位置”群组中的“控件边距”下拉按钮，选择“窄”选项。

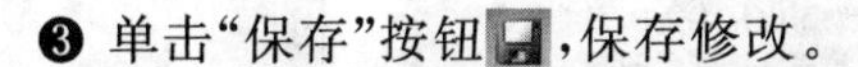

❸ 单击“保存”按钮，保存修改。

图 5-60

题目 34

试题内容

创建报表并添加位于“考试成绩表”表中的字段：“学号”、“数学”、“语文”和“外语”，将该报表保存为考试成绩报表。（注意：接受所有其他的默认设置。）

准备

打开练习文档(\Access 素材\A34_素材.accdb)。

注释

本题考查对报表布局的修改操作。将“字段列表”窗格中的字段拖曳到布局中。本题将题目中的字段拖动到空白区域。水平条或垂直条将指示在释放鼠标按钮时字段放置的位置。如果将字段拖动到某个空白单元格的上方，Access 2010 会突出显示该单元格以指示字段将放置的位置。

解法

如图 5-61 到图 5-63 所示。

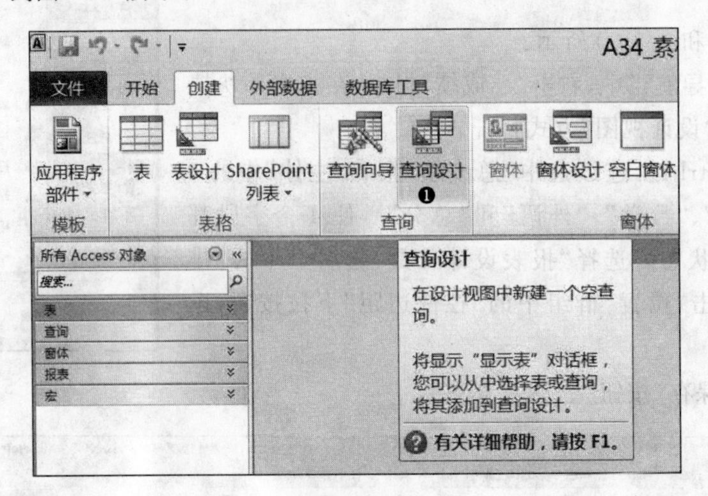

图 5-61

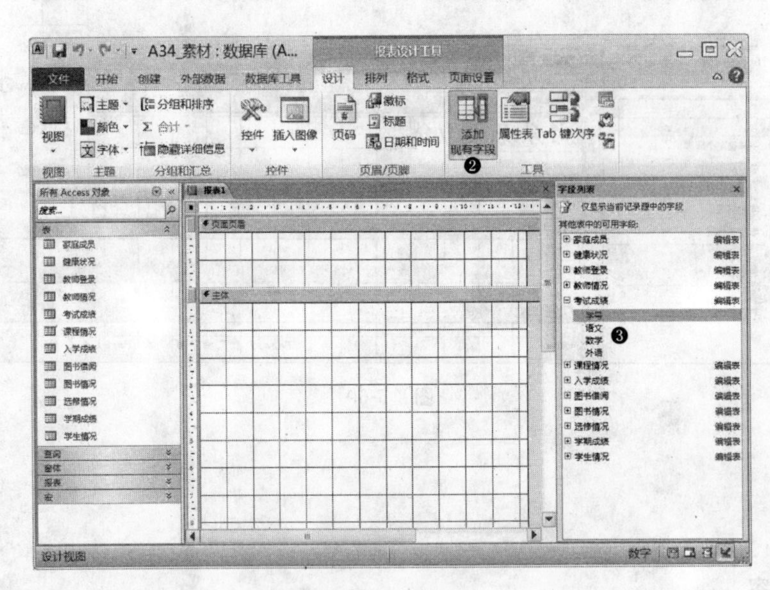

图 5-62

❶ 选择“创建”选项卡，单击“报表”群组中“报表设计”按钮。

❷ 选择“报表设计工具”选项卡中的“设计”选项卡，在“工具”群组中，单击“添加现有字段”按钮。

❸ 将“学号”、“数学”、“语文”和“外语”字段从“字段列表”窗格拖曳到报表设计界面的“主体”中。

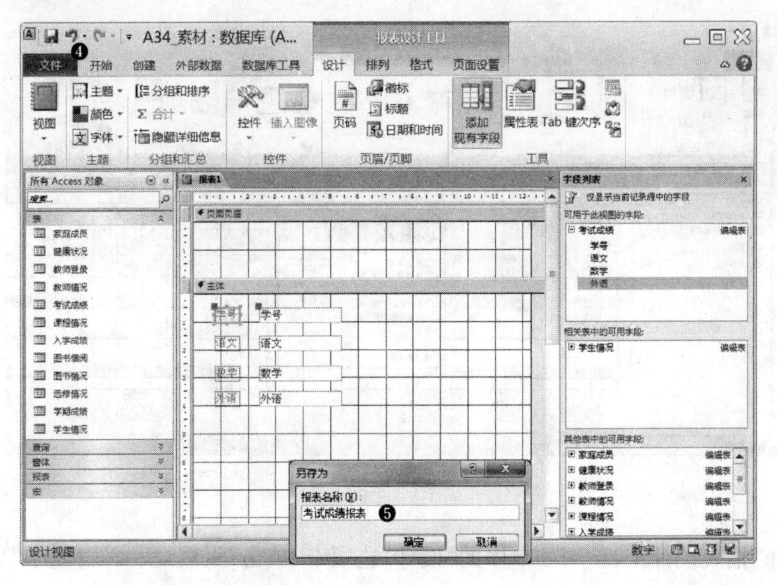

图 5-63

❹ 单击“保存”按钮，保存设置。

❺ 在弹出的“另存为”对话框中，输入“考试成绩报表”，单击“确定”按钮，完成操作。

题目 35

试题内容

在“销售团队成员”报表中，将标题更改为“销售团队”。以“第 N 页，共 M 页”格式将页码添加到所有页面底端居中的位置。

准备

打开练习文档(\Access 素材\A35_素材.accdb)。

注释

本题考查报表布局的修改。单击“设计”选项卡“页眉/页脚”群组中“页码”选项添加页码，根据要求添加选择页码的格式。页码能够帮助用户快速查找数据。

解法

如图 5-64 和图 5-65 所示。

❶ 在左侧导航栏中右击“销售团队成员”报表，在弹出的快捷菜单中选择以“设计视图”打开。

❷ 将页眉“员工”改为“销售团队”。

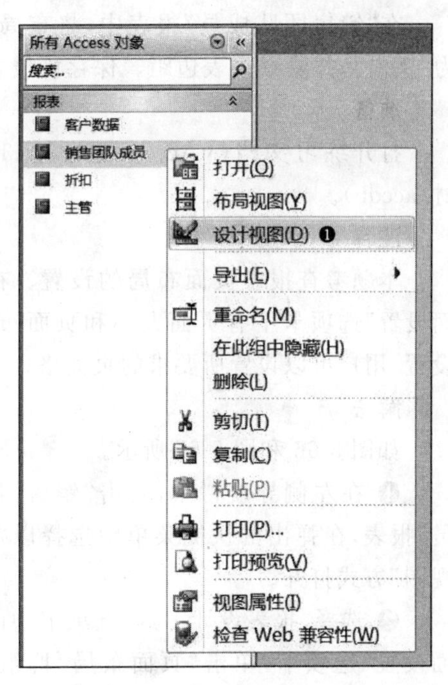

图 5-64

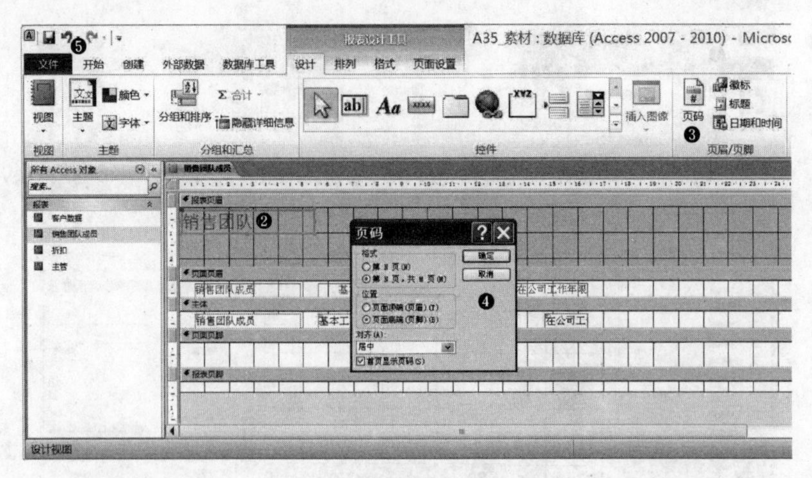

图 5-65

❸ 选择"报表设计工具"选项卡中的"设计"选项卡,单击"页眉/页脚"群组中"页码"按钮。

❹ 弹出"页码"对话框,选择"第 N 页,共 M 页"格式,选择"页面底端(页脚)"单选按钮,选择"居中"对齐,单击"确定"按钮。

❺ 单击"保存"按钮,保存设置。

题目 36

试题内容

在"销售团队成员"报表中,将布局更改为"横向",并隐藏报表边距。保存该报表。

准备

打开练习文档(\Access 素材\A36_素材.accdb)。

注释

本题考查报表页面布局的设置。在"页面设置"选项卡下有页面大小和页面布局的设置,用户可以设置所要求的页面格式。

解法

如图 5-66 和图 5-67 所示。

❶ 在左侧导航栏中,右击"销售团队成员"报表,在弹出的快捷菜单中选择以"设计视图"方式打开。

❷ 选择"报表设计工具"选项卡中的"页面设置"选项卡,单击"页面布局"群组中的"横向"按钮。

图 5-66

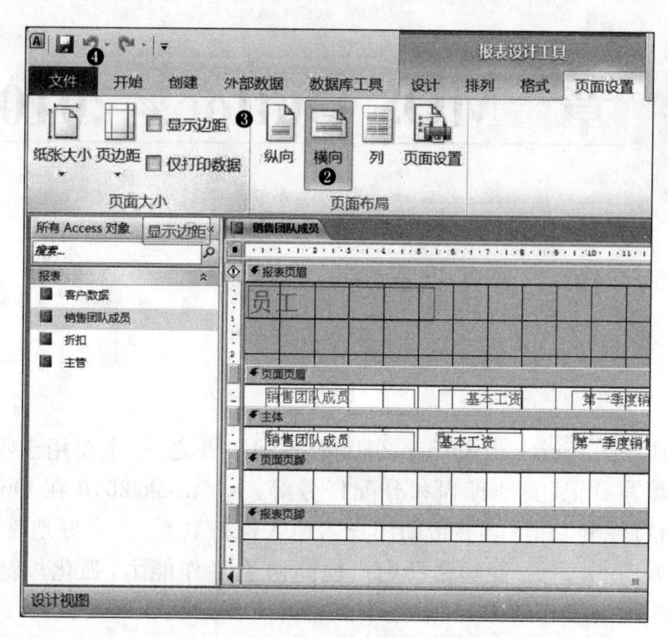

图 5-67

❸ 在“页面大小”群组中，去掉勾选“显示边距”复选框。

❹ 单击“保存”按钮，保存设置，完成操作。

第 6 章 MOS Outlook 2010

Outlook 2010 是 Microsoft Office 2010 软件的组件之一，主要用于收发电子邮件、管理联系人信息、填写日记、安排日程和分配任务等。Outlook 2010 在 Outlook 2007 基础上提供了一些新特性和功能，能够帮助用户与他人保持联系，并更好地管理时间和信息。

学习用好 Outlook 2010 能够帮助用户提高协调工作能力，强化规范的工作方式，有利于与他人合作，提高工作效率，并避免不必要的工作延误和损失。

在阅读 Outlook2010 试题解析之前，首先要导入素材“\Outlook 素材\backup. pst”，流程如图 6-1 到图 6-5 所示。

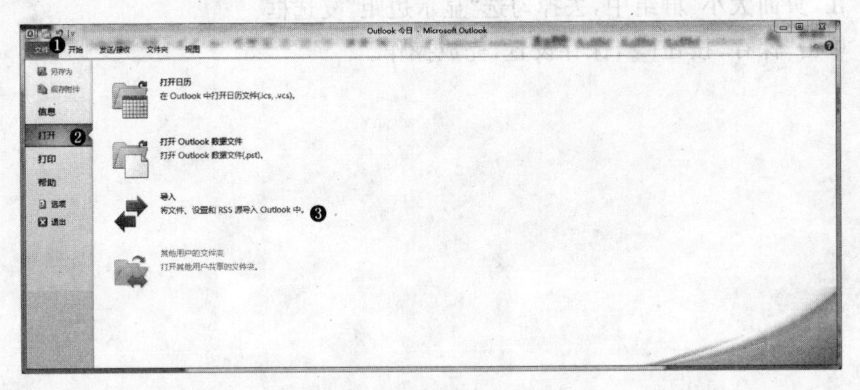

图 6-1

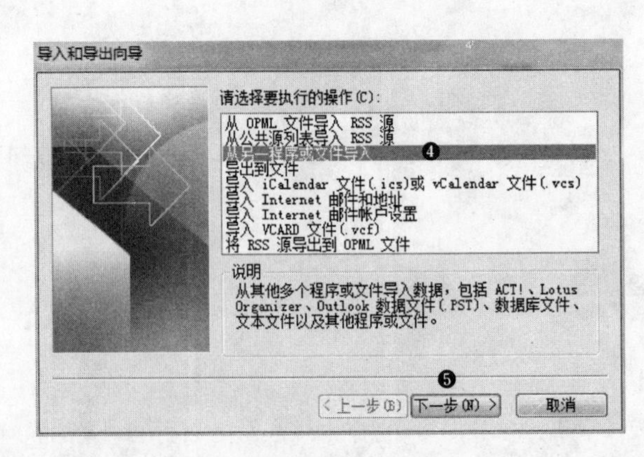

图 6-2

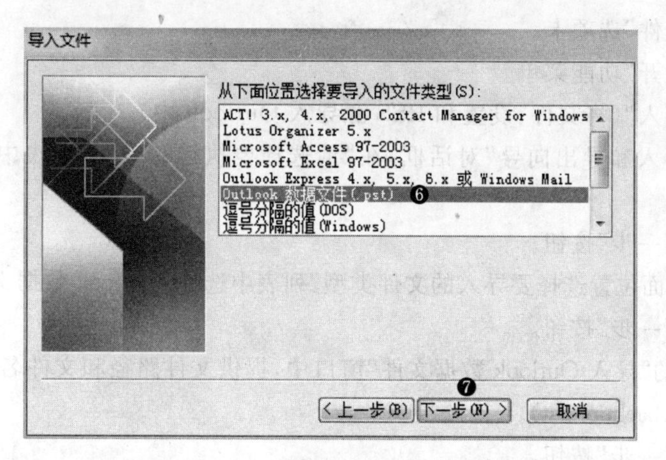
导入文件
从下面位置选择要导入的文件类型(S):
ACT! 3.x, 4.x, 2000 Contact Manager for Windows
Lotus Organizer 5.x
Microsoft Access 97-2003
Microsoft Excel 97-2003
Outlook Express 4.x, 5.x, 6.x 或 Windows Mail
Outlook 数据文件(.pst)
逗号分隔的值(DOS)
逗号分隔的值(Windows)
< 上一步(B)
下一步(N) >
取消

图 6-3

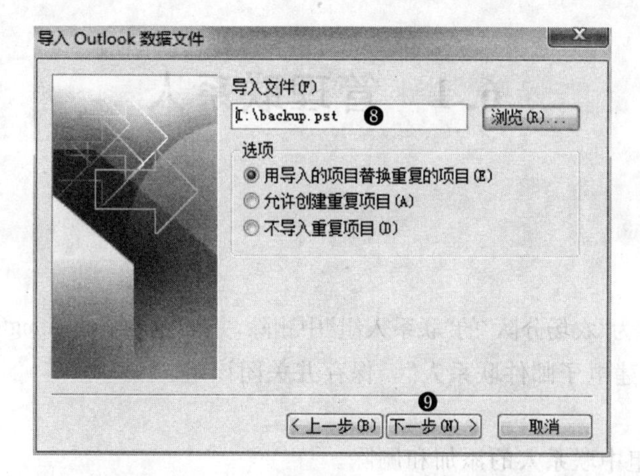
导入 Outlook 数据文件
导入文件(F)
C:\backup.pst
浏览(R)...
选项
用导入的项目替换重复的项目(R)
允许创建重复项目(A)
不导入重复项目(D)
< 上一步(B)
下一步(N) >
取消

图 6-4

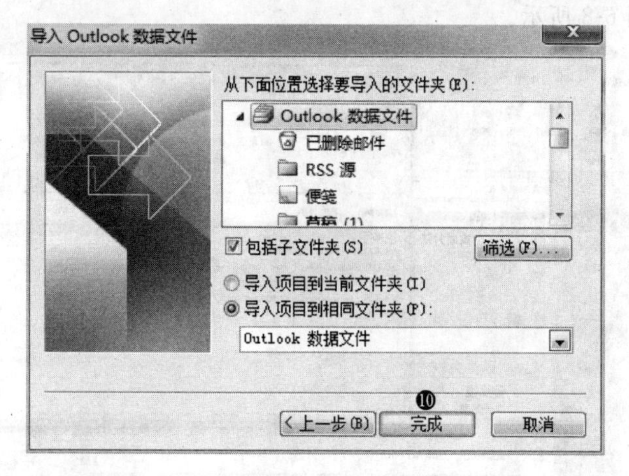
导入 Outlook 数据文件
从下面位置选择要导入的文件夹(E):
Outlook 数据文件
已删除邮件
RSS 源
便笺
包括子文件夹(S)
筛选(F)...
导入项目到当前文件夹(I)
导入项目到相同文件夹(P):
Outlook 数据文件
< 上一步(B)
完成
取消

图 6-5

❶ 选择“文件”选项卡。

❷ 选择“打开”功能菜单。

❸ 单击“导入”(将文件、设置和 RSS 源导入 Outlook 中)。

❹ 弹出“导入和导出向导”对话框，在“请选择要执行的操作”列表中选择“从另一程序或文件导入”。

❺ 单击“下一步”按钮。

❻ 在“从下面位置选择要导入的文件类型”列表中选择“Outlook 数据文件(.pst)”选项。

❼ 单击“下一步”按钮。

❽ 在弹出的“导入 Outlook 数据文件”窗口中，提供文件路径和文件名“I:\backup. pst”(\Outlook 素材\backup. pst)。

❾ 单击“下一步”按钮。

❿ 单击“完成”按钮，完成操作。

6.1 管理联系人

题目 1

试题内容

将“刘祥”从名为“农场分队”的“联系人组”中删除，并将“孙强(sunqiang@contoso. com)”添加到该组作为“新建电子邮件联系人”。保存并关闭该组。

注释

实现联系人组中联系人的添加和删除。

解法

如图 6-6 到图 6-8 所示。

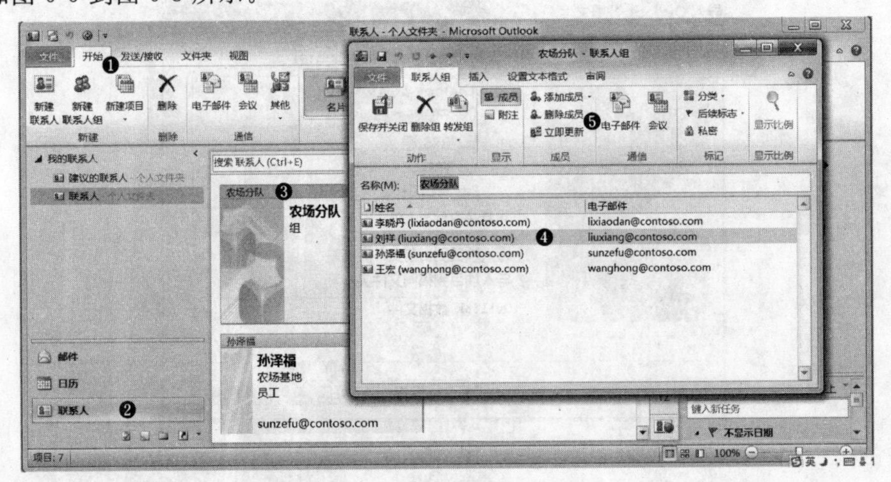

图 6-6

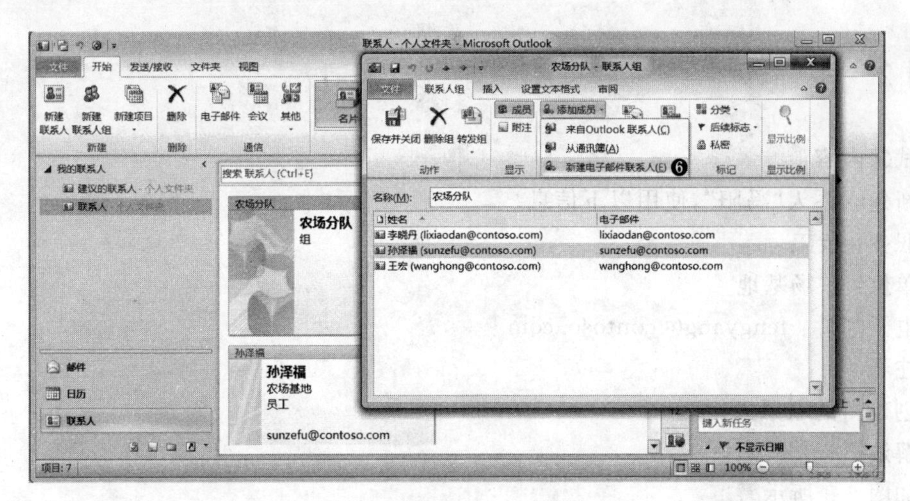

图 6-7

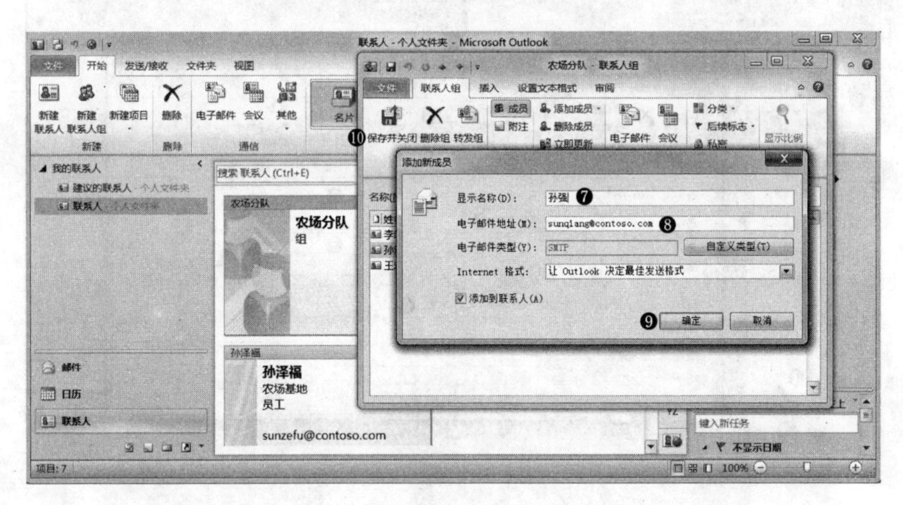

图 6-8

❶ 选择“开始”选项卡。

❷ 选择“联系人”功能选项卡。

❸ 双击“导航窗格”中“农场分队”联系人组，打开“农场分队-联系人组”窗口。

❹ 选择联系人“刘祥”。

❺ 单击“成员”群组的“删除成员”按钮。

❻ 单击“成员”群组的“添加成员”按钮，选择“新建电子邮件联系人”选项，弹出“添加新成员”对话框。

❼ 输入显示名称“孙强”。

❽ 输入电子邮件地址“sunqiang@contoso.com”。

❾ 单击“确定”按钮。

❿ 单击“动作”群组的“保存并关闭”按钮，完成操作。

题目 2

试题内容

新建联系人“冯阳”，使用以下信息。

职务：杂工

单位：农场基地

电子邮件：fengyang@contoso. com

注释

创建新的联系人。

解法

如图 6-9 所示。

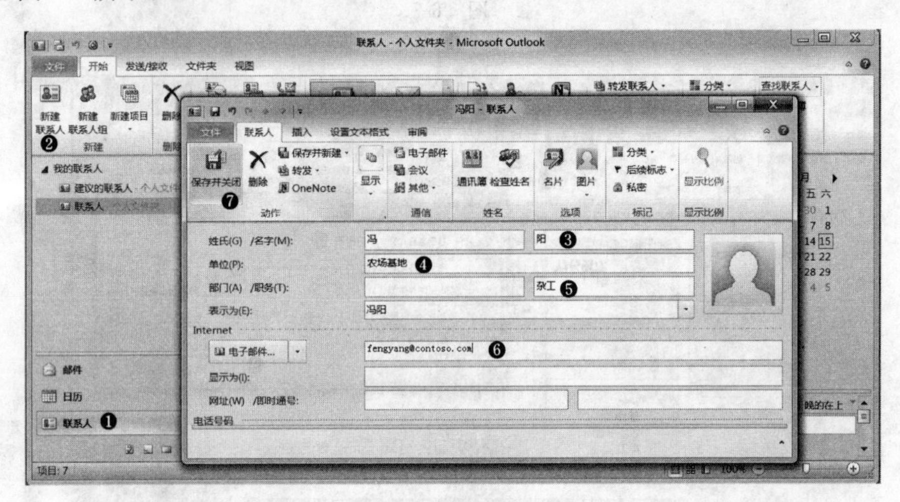

图 6-9

❶ 选择“联系人”功能选项卡。

❷ 单击“新建”群组的“新建联系人”按钮。

❸ 在“姓氏/名字”栏输入“冯阳”。

❹ 在“单位”栏输入“农场基地”。

❺ 在“部门/职务”栏输入“杂工”。

❻ 在“电子邮箱”栏输入电子邮箱地址“fengyang@contoso. com”。

❼ 单击“动作”群组的“保存并关闭”按钮，完成操作。

题目 3

试题内容

将“张鹏远”的联系人信息作为“Outlook 联系人”转发给“王宏”。

注释

发送联系人“名片”中所有信息。

解法

如图 6-10 和图 6-11 所示。

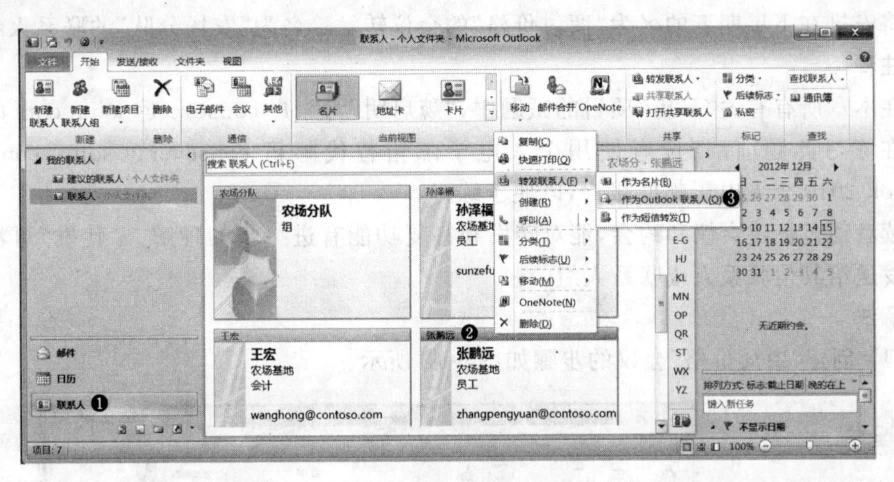

图 6-10

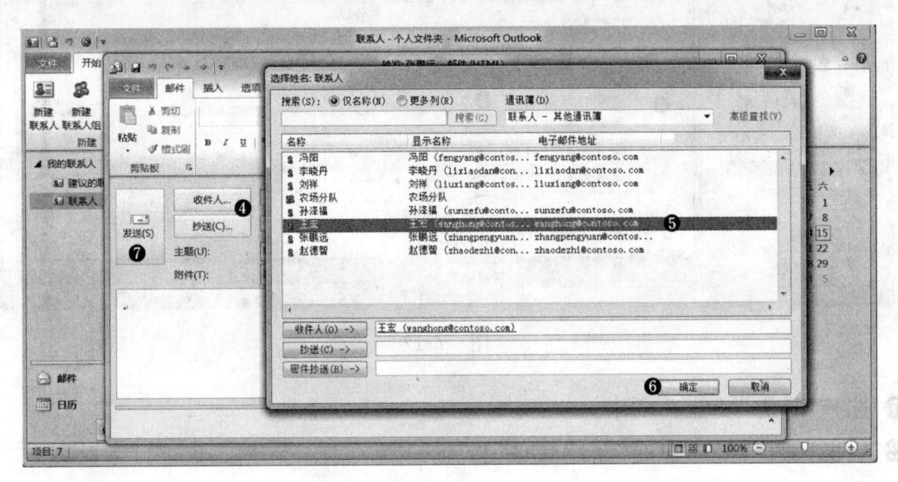

图 6-11

❶ 选择“联系人”功能选项卡。

❷ 选择导航窗格中的联系人“张鹏远”。

❸ 鼠标右击名片“张鹏远”后,在弹出的快捷菜单中选择“转发联系人”→“作为Outlook 联系人”命令。

❹ 在邮件窗口中进行设置,单击“收件人”按钮,打开“选择姓名:联系人”对话框。

❺ 双击设置联系人“王宏”为收件人。

❻ 单击“确定”按钮。

❼ 单击“发送”按钮,完成操作。

题目 4

试题内容

将安排在下星期五的名为“商讨价格”的会议转发给名为“农场分队”的联系人组。

注释

在本章所有有关“日历”项目的试题中，“魏启明”为账户 consever@sohu. com 的使用者。在练习此题前，请读者使用个人电子邮箱替代邮箱 consever@sohu. com 作为 Outlook 2010 个人电子邮件账户，以便于练习。

读者通过创建会议和约会，能对转发和答复功能有进一步的理解。“转发”可将会议内容发送给其他联系人或联系人组。

解法

(1) 创建“商讨价格”会议的步骤如图 6-12 所示。

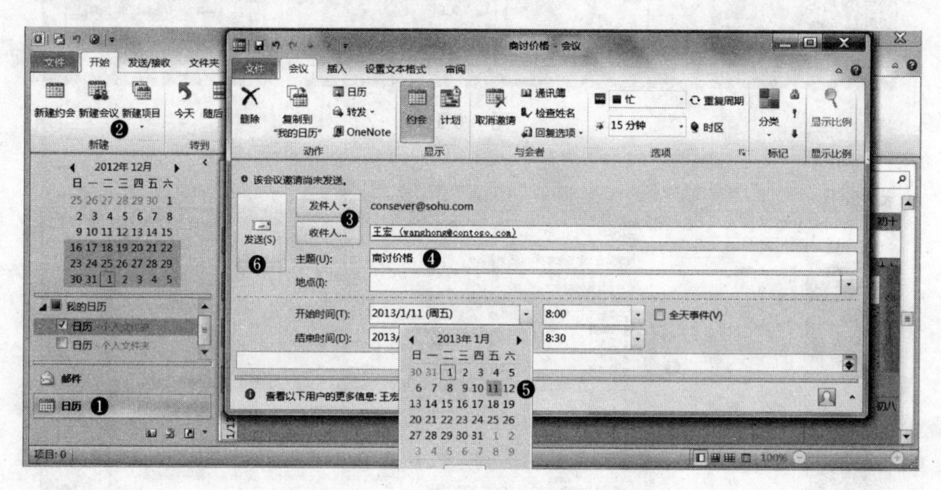

图 6-12

❶ 选择“日历”功能选项卡。

❷ 单击“新建”群组中的“新建会议”按钮。

❸ 在会议窗口中设置，设置“王宏”为收件人。

❹ 在“主题”栏输入“商讨价格”。

❺ 根据读者计算机的系统时间，修改“开始时间”为下周五。

❻ 单击“发送”按钮，完成操作。

(2) 转发“商讨价格”会议的步骤如图 6-13 和图 6-14 所示。

❶ 选择“待办事项栏”中的“商讨价格”会议。

❷ 单击“动作”群组中的“转发”按钮，选择“转发”选项。

❸ 在邮件窗口中进行设置，单击“收件人”按钮，打开“选择与会者及资源：联系人”对话框。

❹ 双击设置联系人组“农场分队”为收件人。

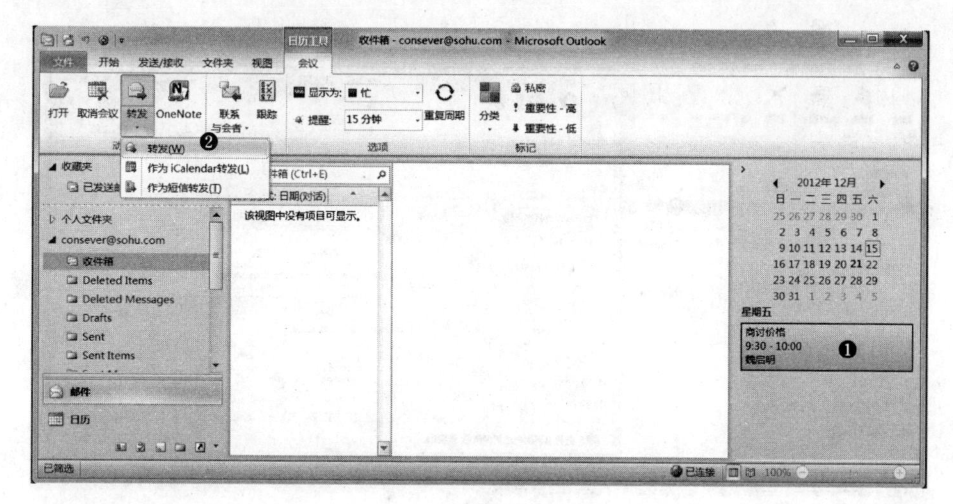

图 6-13

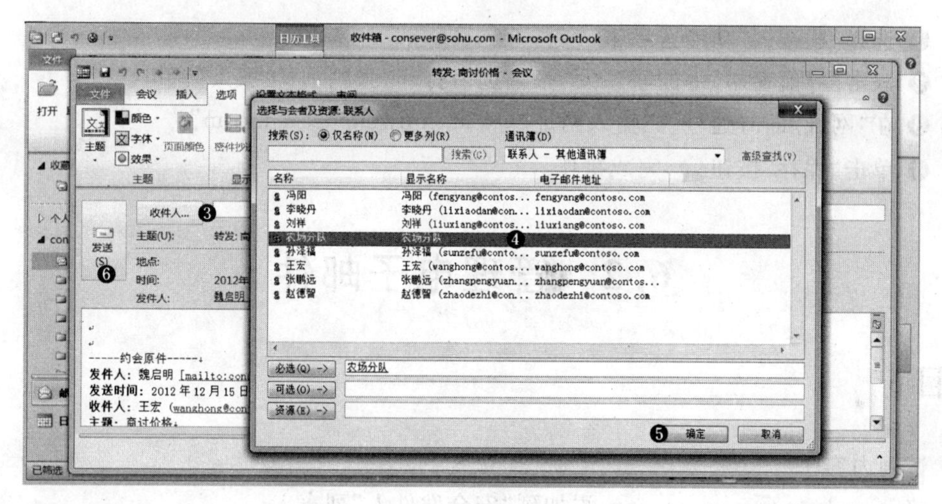

图 6-14

❺ 单击“确定”按钮。

❻ 单击“发送”按钮,完成操作。

题目 5

试题内容

将网址 www.youwellsucceed.com 添加到“张鹏远”的联系人详细信息中。

注释

更新联系人信息。

解法

如图 6-15 所示。

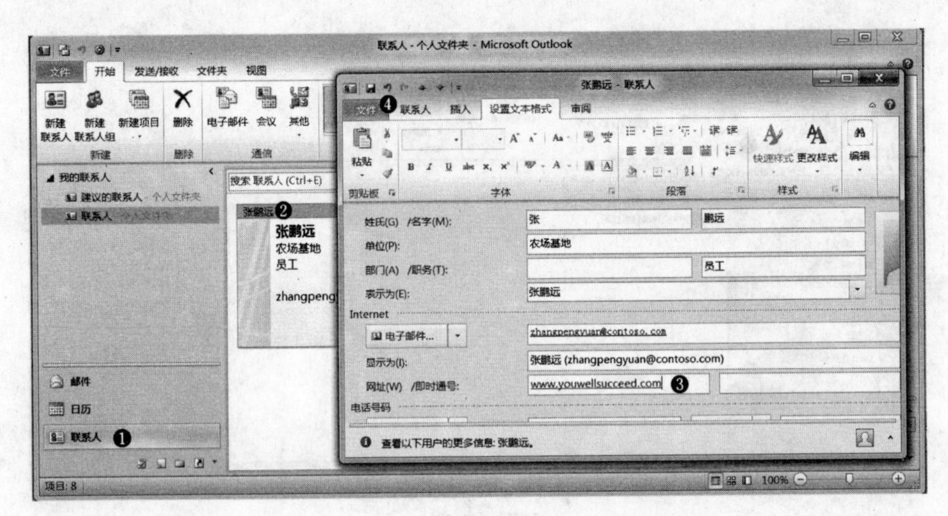

图 6-15

❶ 选择“联系人”功能选项卡。

❷ 双击“导航窗格”中的联系人“张鹏远”，打开“张鹏远-联系人”窗口。

❸ 在“网址/即时通号”栏输入网址“www. youwellsucceed. com”。

❹ 单击“保存”按钮，完成操作。

6.2 管理电子邮件

题目 6

试题内容

将 wanghong@contoso. com 添加到“安全发件人”列表。

注释

来自“安全发件人”列表中地址或域名的电子邮件不会被视为垃圾邮件。本题考查设置“安全发件人”列表。

解法

如图 6-16 和图 6-17 所示。

❶ 选择“邮件”功能选项卡。

❷ 单击“删除”群组中的“垃圾邮件”按钮。

❸ 选择“垃圾邮件选项”。

❹ 选择“安全发件人”选项卡。

❺ 单击“添加”按钮。

❻ 弹出“添加地址或域”对话框，在“邮件地址/域名”栏输入邮件地址 wanghong@contoso. com。

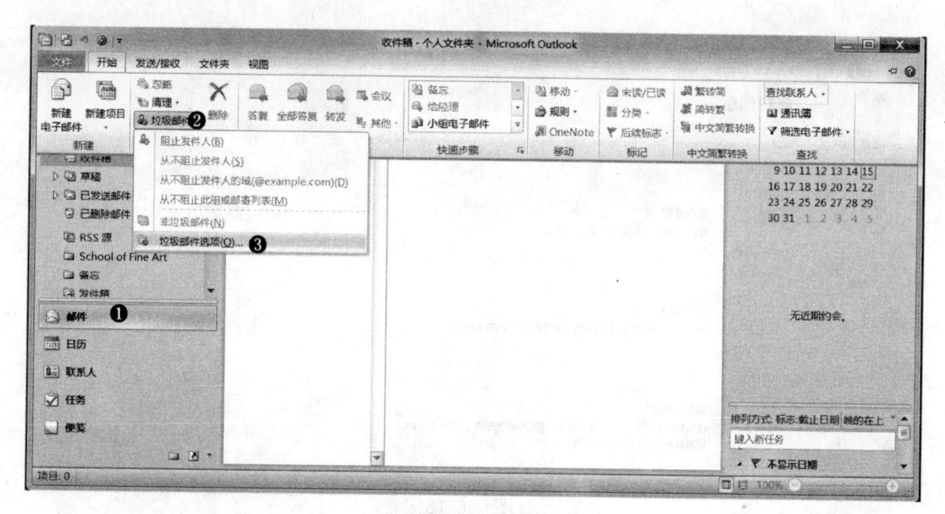

图 6-16

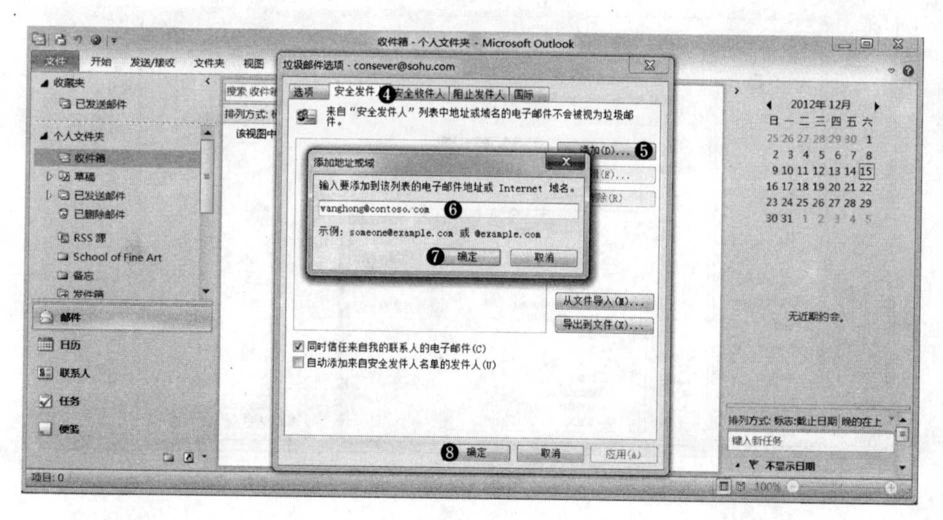

图 6-17

❼ 单击"确定"按钮。

❽ 单击"确定"按钮，完成操作。

题目 7

试题内容

设置选项，将清理的邮件发送到"备忘"文件夹。

注释

保留已清理邮件，可做备份或再处理。

解法

如图 6-18 和图 6-19 所示。

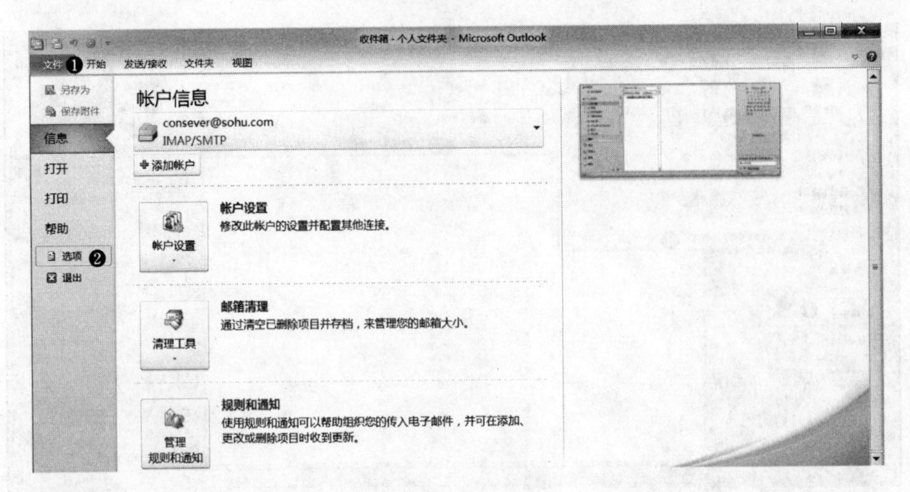

图 6-18

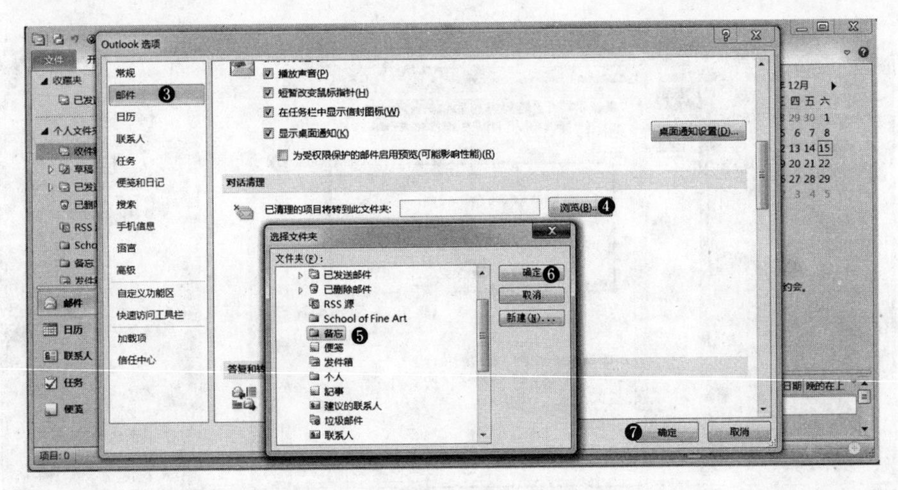

图 6-19

❶ 选择“文件”选项卡。
❷ 单击“选项”按钮。
❸ 选择“邮件”选项卡。
❹ 在“对话清理”窗格中单击“浏览”按钮。
❺ 在弹出的“选择文件夹”对话框中选择“备忘”文件夹。
❻ 单击“确定”按钮。
❼ 单击“确定”按钮，完成操作。

题目 8

试题内容

删除名为“购买”的规则。

注释

删除用户对邮件的过时操作。

解法

如图 6-20 和图 6-21 所示。

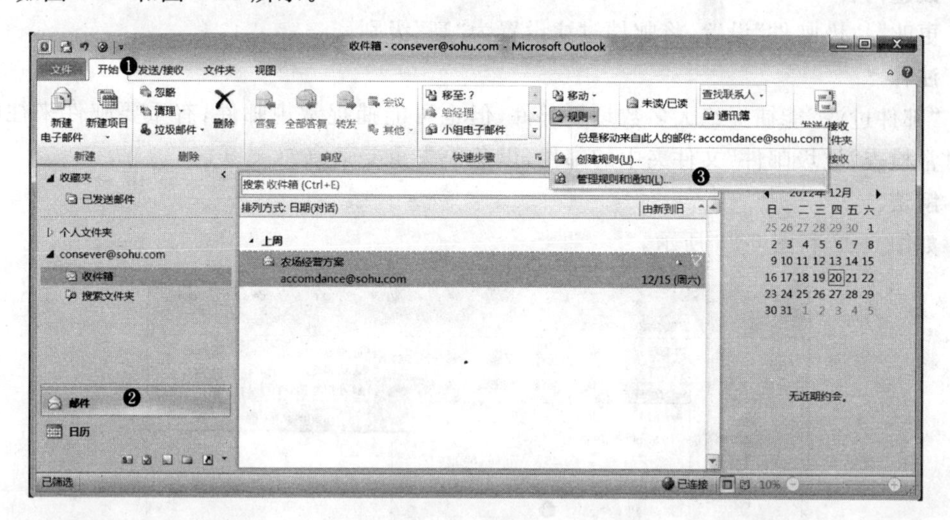

图 6-20

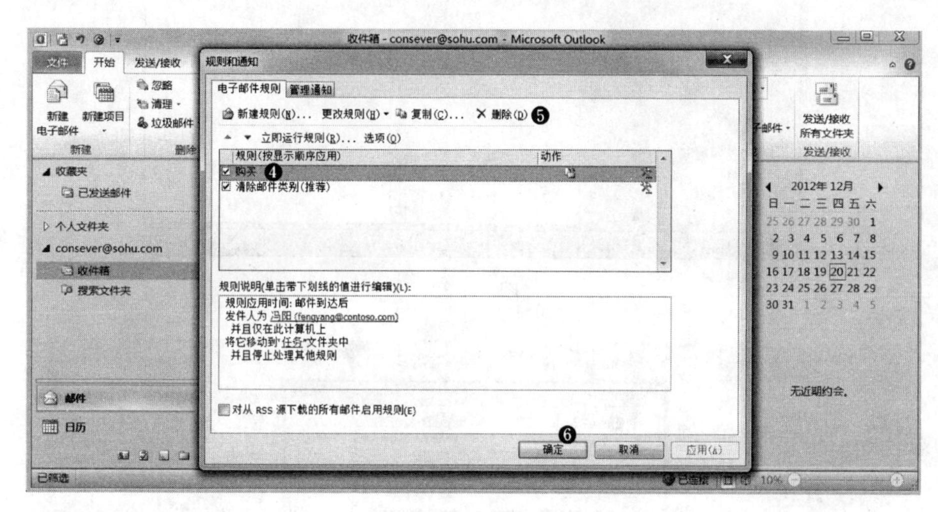

图 6-21

❶ 选择“开始”选项卡。

❷ 选择“邮件”功能选项卡。

❸ 单击“移动”群组中的“规则”按钮，选择“管理规则和通知”选项。

❹ 选择“购买”规则。

❺ 单击“删除”按钮。

❻ 单击“确定”按钮，完成操作。

题目 9

试题内容

更改“垃圾邮件”设置，将邮件过滤设置为“高”级别。

注释

“邮件过滤”能捕捉绝大多数垃圾邮件，但也可能捕捉常规邮件，有重要邮件来往时，应时常检查“垃圾邮件”文件夹中的邮件，以免丢失重要信息。

解法

如图 6-22 和图 6-23 所示。

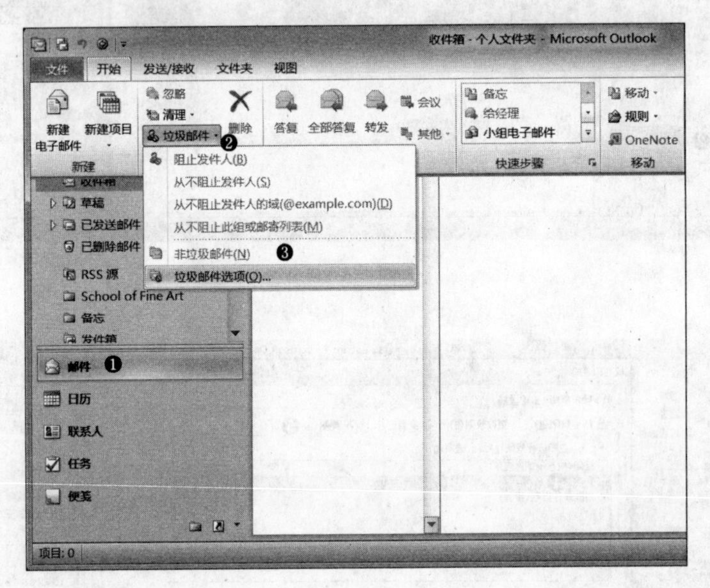

图 6-22

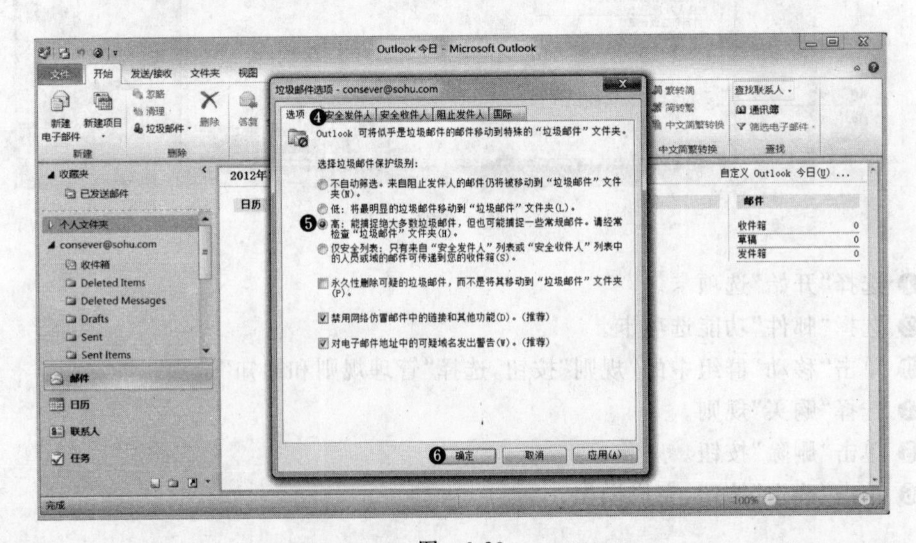

图 6-23

❶ 选择“邮件”功能选项卡。

❷ 单击“删除”群组中“垃圾邮件”按钮。

❸ 选择“垃圾邮件选项”。

❹ 选择“选项”选项卡。

❺ 选择“高:能捕捉…”单选按钮。

❻ 单击“确定”按钮,完成操作。

题目 10

试题内容

忽略主题为“商讨价格”的会话。

注释

将所选对话中当前和未来的邮件移至“已删除邮件”文件夹。

解法

如图 6-24 所示。

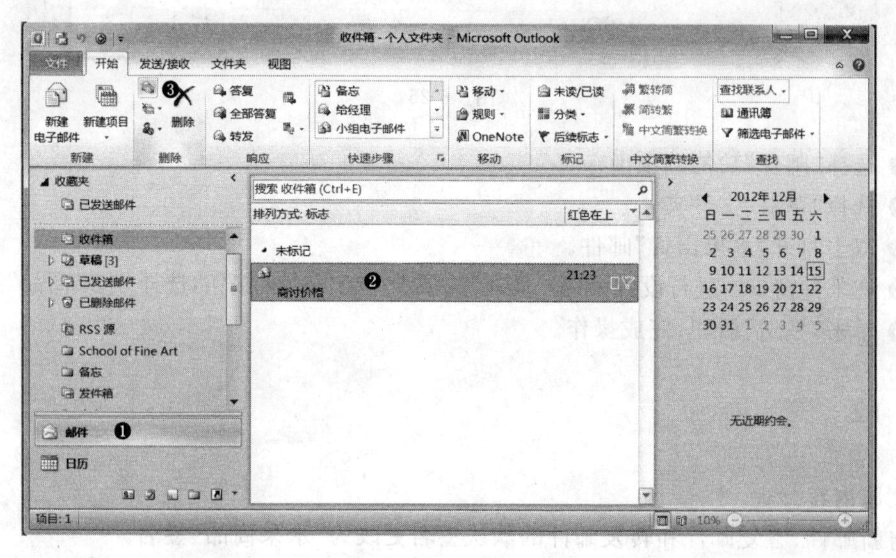

图 6-24

❶ 选择“邮件”功能选项卡。

❷ 选择“商讨价格”邮件。

❸ 单击“删除”群组中的“忽略”按钮,完成操作。

题目 11

试题内容

仅向名为“水果出货”的邮件“草稿”添加“水果商品”签名。发送该邮件。

注释

本题考查添加签名的功能，快捷方便地将个性化信息添加到邮件中。

解法

如图 6-25 所示。

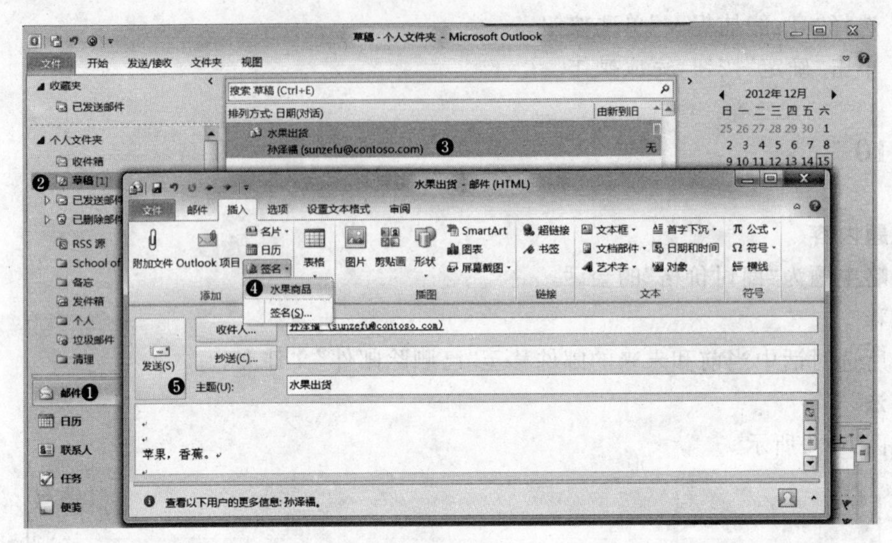

图 6-25

❶ 选择“邮件”功能选项卡。

❷ 选择“草稿”文件夹。

❸ 双击打开“水果出货”邮件。

❹ 在邮件窗口中进行设置，单击“插入”选项卡中的“签名”按钮，选择“水果商品”签名。

❺ 单击“发送”按钮，完成操作。

题目 12

试题内容

将新邮件、答复邮件和转发邮件的默认签名更改为“水果商品”签名。

注释

在这 3 类邮件正文中添加签名，无须再次在邮件正文中插入签名。

解法

如图 6-26 到图 6-28 所示。

❶ 选择“文件”选项卡。

❷ 选择“选项”菜单中的“邮件”选项卡。

❸ 在“撰写邮件”窗格中单击“签名”按钮。

❹ 选择“新邮件”选项卡中的“水果商品”签名。

❺ 选择“答复/转发”选项卡中的“水果商品”签名。

❻ 单击“确定”按钮，完成操作。

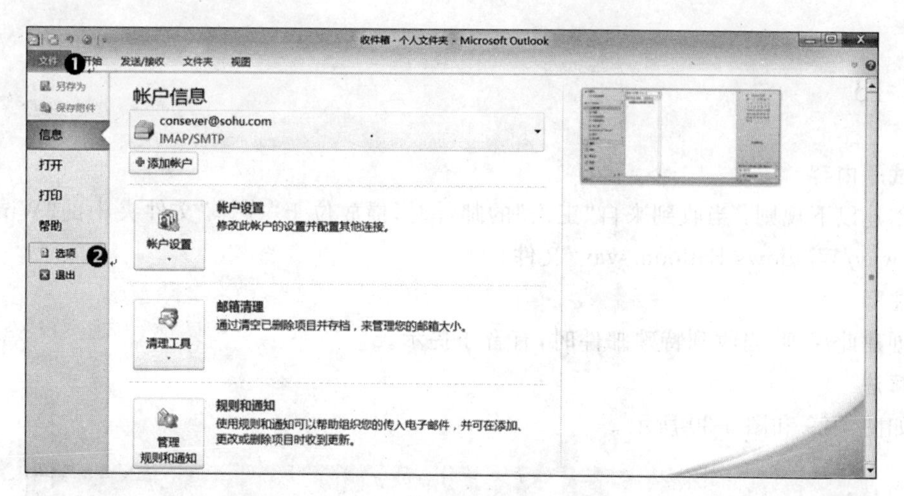

图　6-26

图　6-27

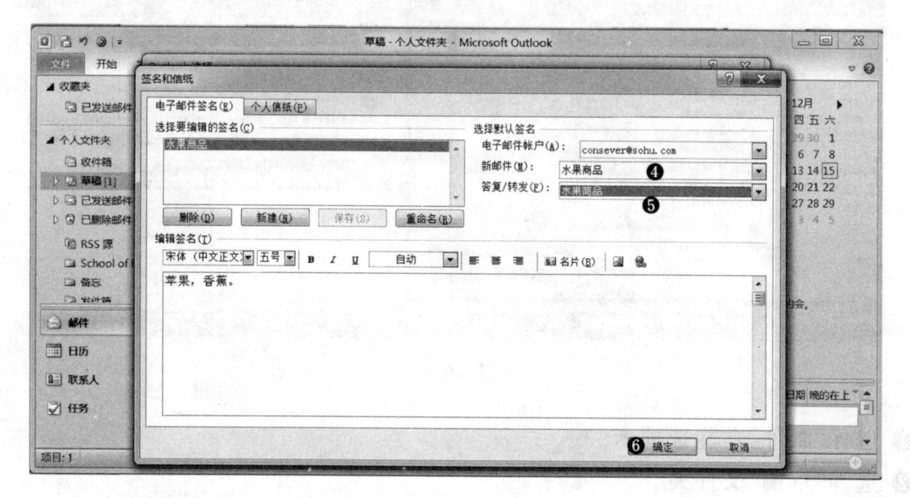

图　6-28

题目 13

试题内容

创建以下规则：当收到来自“王宏”的邮件时，播放位于“媒体”文件夹中的“Windows 气球.wav/Windows Balloon.wav”文件。

注释

创建此规则，当收到特殊邮件时，有音乐提示。

解法

如图 6-29 和图 6-30 所示。

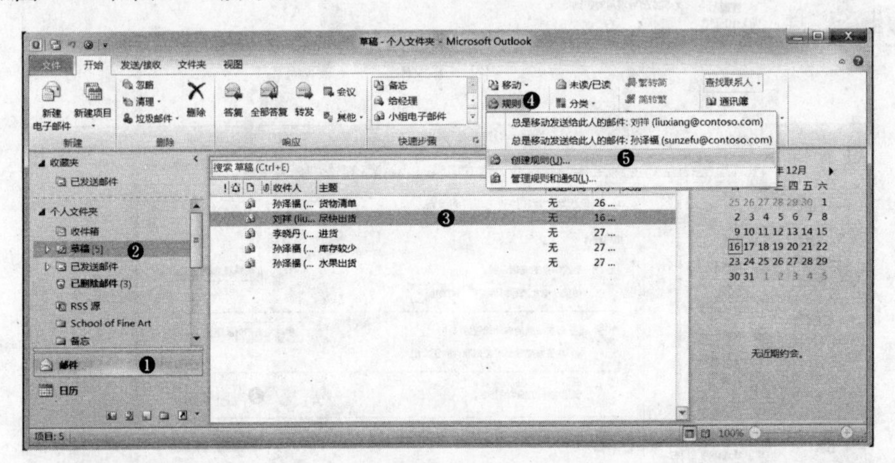

图 6-29

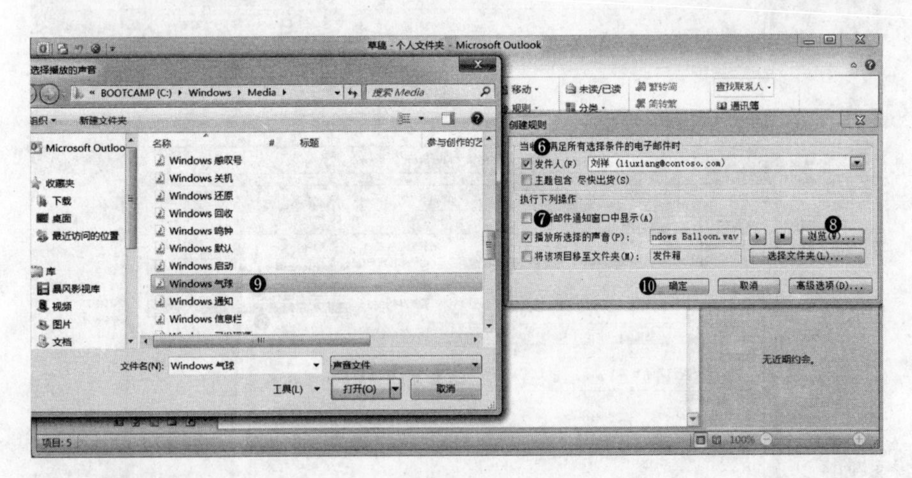

图 6-30

❶ 选择“邮件”功能选项卡。

❷ 选择“草稿”文件夹。

❸ 选择“尽快出货”邮件。

❹ 单击“移动”群组中的“规则”按钮。

❺ 选择“创建规则”选项。

❻ 勾选“发件人”复选框。

❼ 勾选“播放所选择的声音”复选框。

❽ 单击“浏览”按钮。

❾ 在弹出的“选择播放的声音”对话框中选择“Windows 气球”文件，单击“打开”按钮。

❿ 单击“确定”按钮，完成操作。

题目 14

试题内容

创建以下规则：将“魏启明”为唯一收件人的所有电子邮件移到“备忘”文件夹。

注释

使用该规则能将某用户为唯一收件人的所有邮件移至特定文件夹，常用于分类或备份。图 6-31 和图 6-32 中，因“魏启明”为账户 consever@sohu.com 的使用者，所以图 6-32 中“收件人”为“只是我”。在做此题前，请读者使用个人电子邮箱替代邮箱 consever@sohu.com 作为 Outlook 2010 个人电子邮件账户，以便于练习。

解法

如图 6-31 和图 6-32 所示。

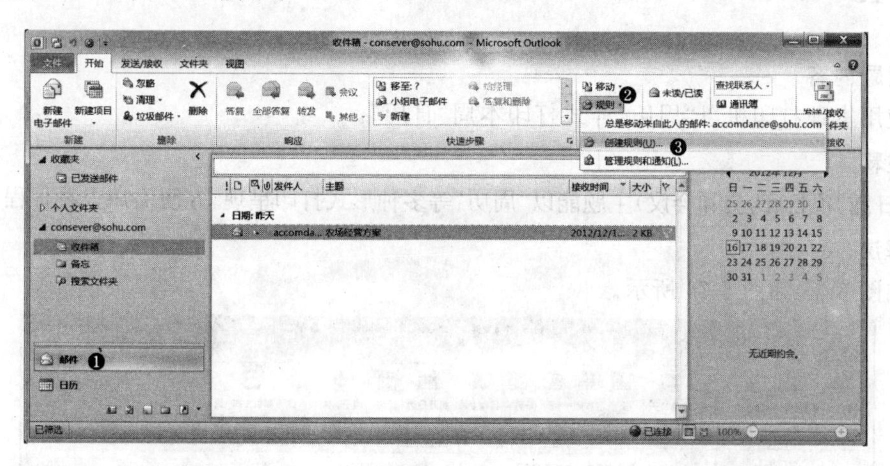

图 6-31

❶ 选择“邮件”功能选项卡。

❷ 单击“移动”群组中的“规则”按钮。

❸ 在下拉列表中选择“创建规则”选项。

❹ 在弹出的“创建规则”窗口中，勾选“收件人”复选框。

❺ 选择“只是我”选项。

❻ 勾选“将该项目移至文件夹”复选框。

❼ 单击“选择文件夹”按钮。

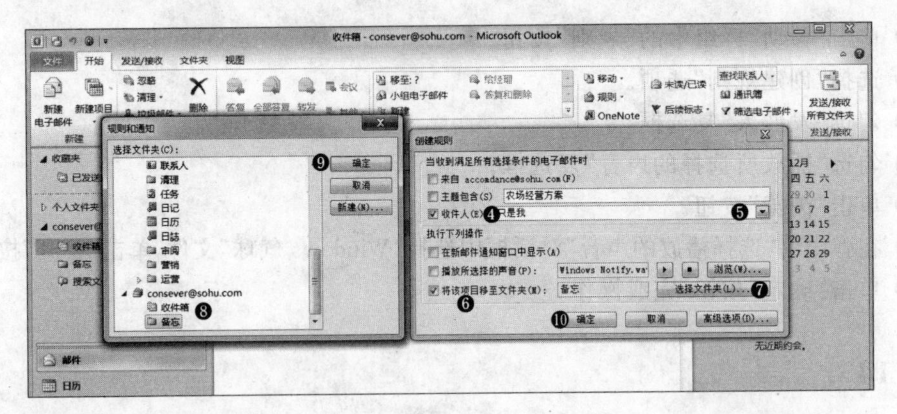

图 6-32

❽ 在弹出的“规则和通知”对话框中选择“备忘”文件夹。

❾ 单击“确定”按钮。

❿ 单击“确定”按钮，完成操作。

6.3 管理 Outlook 环境

题目 15

试题内容

使用本地打印机以“周历”样式打印本周“日历”。

注释

“日历”项目(约会和会议)主题能以“周历”等多种形式打印呈现，方便用户查看日程安排。

解法

如图 6-33 和图 6-34 所示。

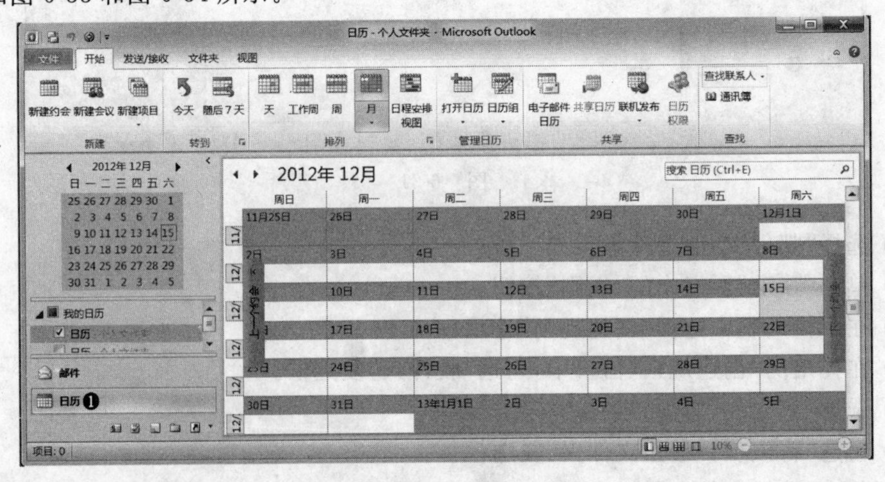

图 6-33

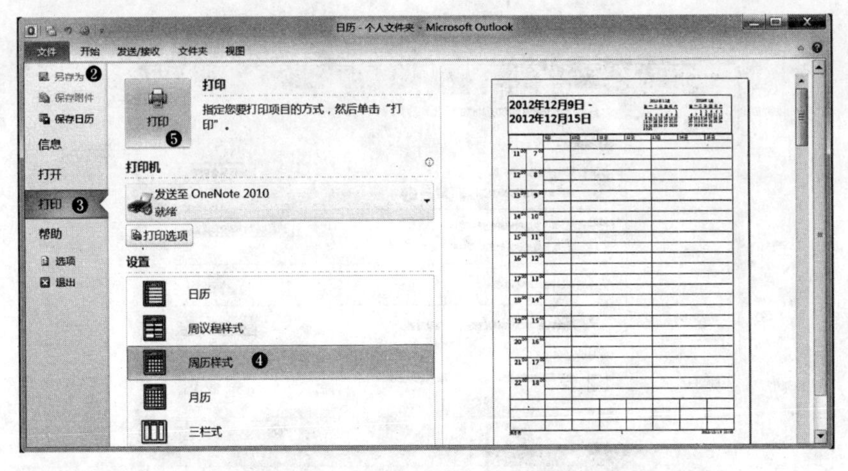

图 6-34

❶ 选择"日历"功能选项卡。
❷ 选择"文件"选项卡。
❸ 选择"打印"功能菜单。
❹ 单击"周历样式"选项。
❺ 单击"打印"按钮，完成操作。

题目 16

试题内容

设置选项以使用"纯文本"格式撰写邮件。

注释

共有 RTF、纯文本和 HTML 3 种格式撰写邮件。

解法

如图 6-35 和图 6-36 所示。

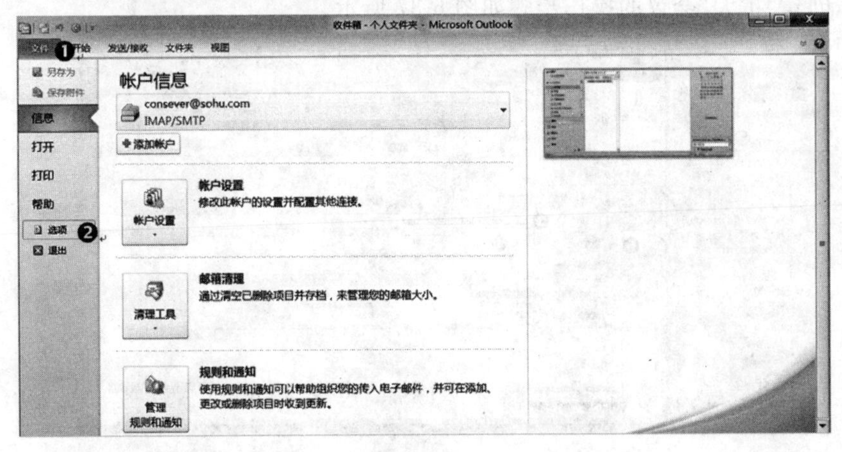

图 6-35

图　6-36

❶ 选择“文件”选项卡。

❷ 单击“选项”按钮。

❸ 选择“邮件”选项卡。

❹ 在“撰写邮件”窗格中，选择“使用此格式撰写邮件”下拉列表中的“纯文本”。

❺ 单击“确定”按钮，完成操作。

题目 17

试题内容

将名为“扩大”的日历项目标记为“私密”。

注释

将项目标记为私密可以防止他人查看项目的详细信息。

解法

(1) 创建“扩大”会议的操作步骤如图 6-37 所示。

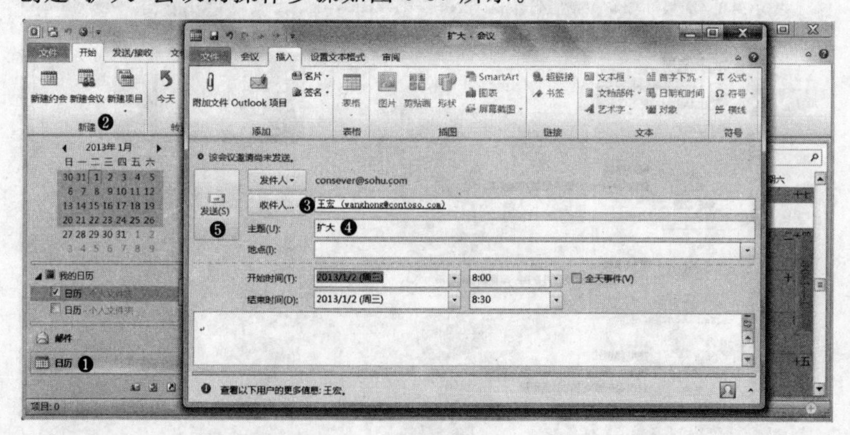

图　6-37

❶ 选择“日历”功能选项卡。

❷ 单击“新建”群组的“新建会议”按钮。

❸ 在会议窗口中设置“王宏”为收件人。

❹ 在“主题”栏输入“扩大”。

❺ 单击“发送”按钮，完成操作。

(2) 将“扩大”会议设为私密的操作如图 6-38 所示。

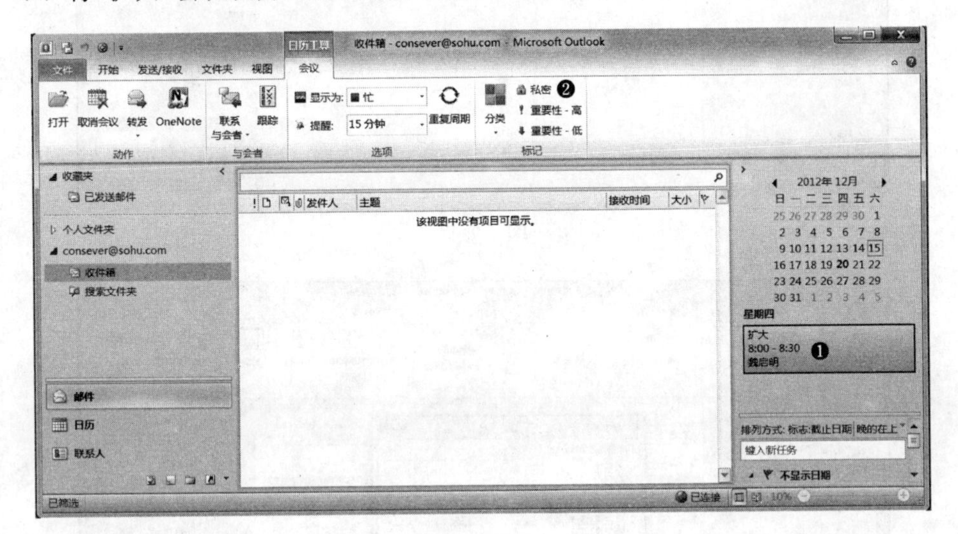

图 6-38

❶ 选择“待办事项栏”中的“扩大”会议。

❷ 单击“标记”群组中的“私密”按钮，完成操作。

题目 18

试题内容

从“导航窗格”删除“文件夹列表”。

注释

可按用户的需要定制导航窗格，删除不需要的功能选项卡，例如“任务”和“邮件”功能选项卡，使导航窗格更加简洁。

解法

如图 6-39 和图 6-40 所示。

❶ 选择“视图”选项卡。

❷ 单击“布局”群组中的“导航窗格”命令。

❸ 单击“选项”。

❹ 在弹出的“导航窗格选项”对话框中去掉已勾选的“文件夹列表”复选框。

❺ 单击“确定”按钮，完成操作。

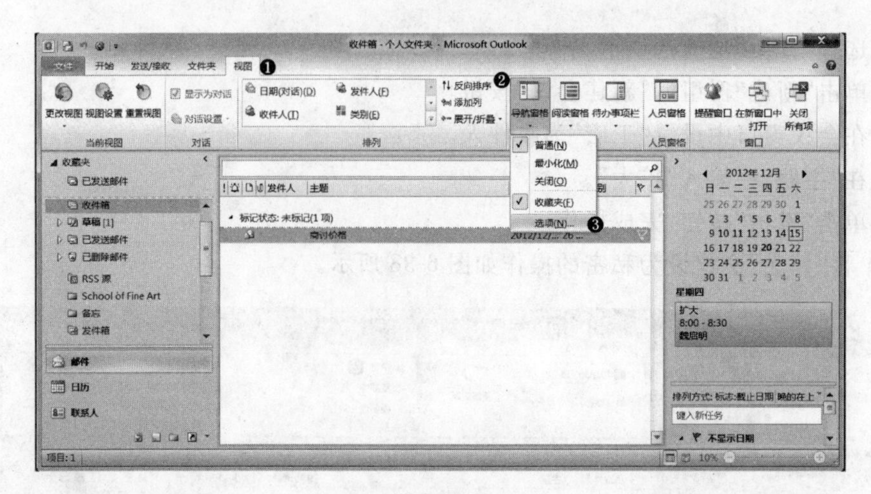

图 6-39

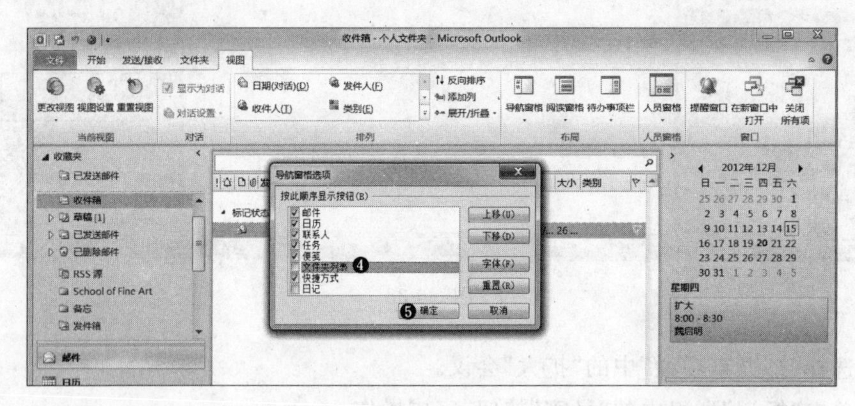

图 6-40

题目 19

试题内容

创建一个新的搜索文件夹，使其包含与“王宏”的所有往来邮件。

注释

创建搜索文件夹能快速搜集某个联系人的所有往来邮件。

解法

如图 6-41 所示。

❶ 选择“邮件”功能选项卡。

❷ 右击“搜索文件夹”，在弹出的快捷菜单中选择“新建搜索文件夹”命令。

❸ 在弹出的“新建搜索文件夹”对话框中选择“来自或发送给特定人员的邮件”选项。

❹ 单击“选择”按钮。

❺ 双击联系人“王宏”为“发件人或收件人”。

❻ 单击“确定”按钮。

图 6-41

❼ 单击“确定”按钮，完成操作。

6.4 管理日历对象

题目 20

试题内容

修改名为“批发商品”的会议的设置，以便在会议开始之前两小时提醒与会者。

注释

更改会议提醒时间，例如提前一天或提前三天。

解法

(1) 创建“批发商品”会议的步骤如图 6-42 所示。

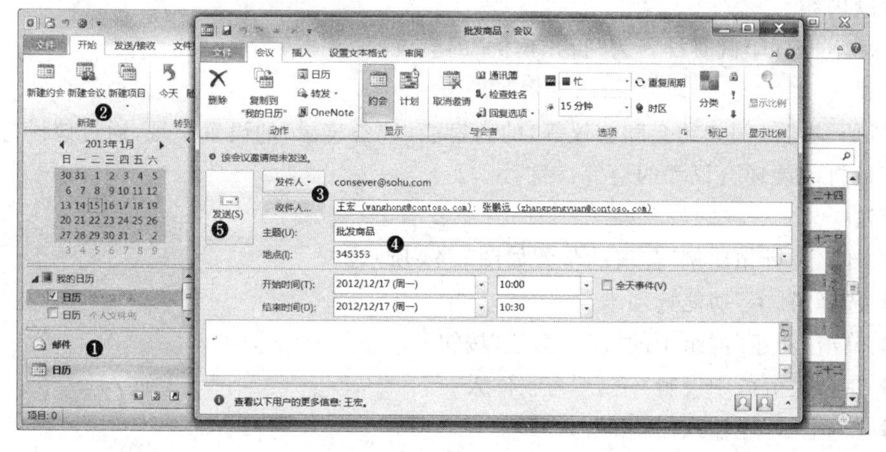

图 6-42

❶ 选择“日历”功能选项卡。

❷ 单击“新建”群组的“新建会议”按钮。

❸ 在会议窗口中设置“王宏”和“张鹏远”为收件人。

❹ 在“主题”栏输入“批发商品”。

❺ 单击“发送”按钮，完成操作。

(2) 更改提醒时间的步骤如图 6-43 所示。

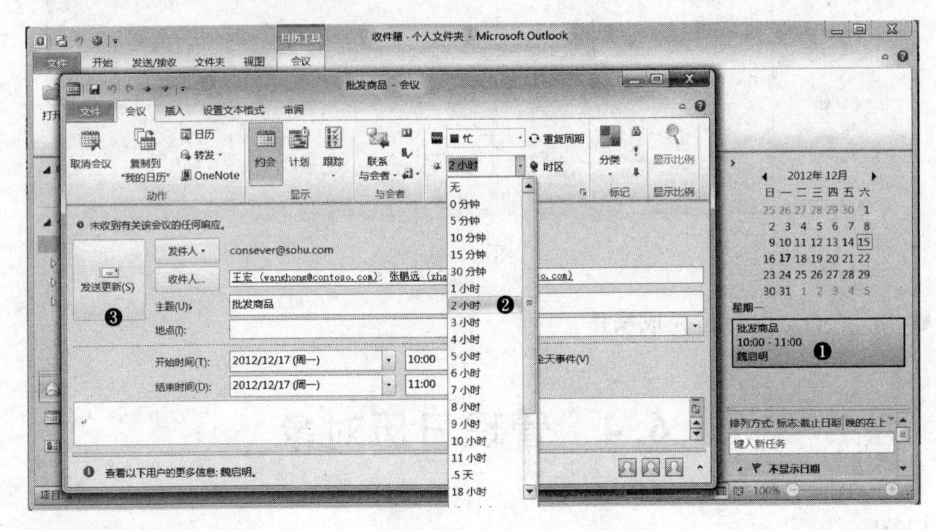

图　6-43

❶ 双击打开“待办事项栏”中的“批发商品”会议。

❷ 更新“选项”群组中的“提醒”时间为“2 小时”。

❸ 单击“发送更新”按钮，完成操作。

题目 21

试题内容

使用本地打印机安排名为“折扣比例”的会议。

注释

“日历”项目(例如约会和会议等)的内容能以“备忘录”的设置呈现，通过该设置，能完整有序地打印展现会议和约会等信息。

解法

(1) 创建“折扣比例”会议的步骤如图 6-44 所示。

❶ 选择“日历”功能选项卡。

❷ 单击“新建”群组中的“新建会议”按钮。

❸ 在会议窗口中设置“王宏”为收件人。

❹ 在“主题”栏输入“折扣比例”。

❺ 单击“发送”按钮，完成操作。

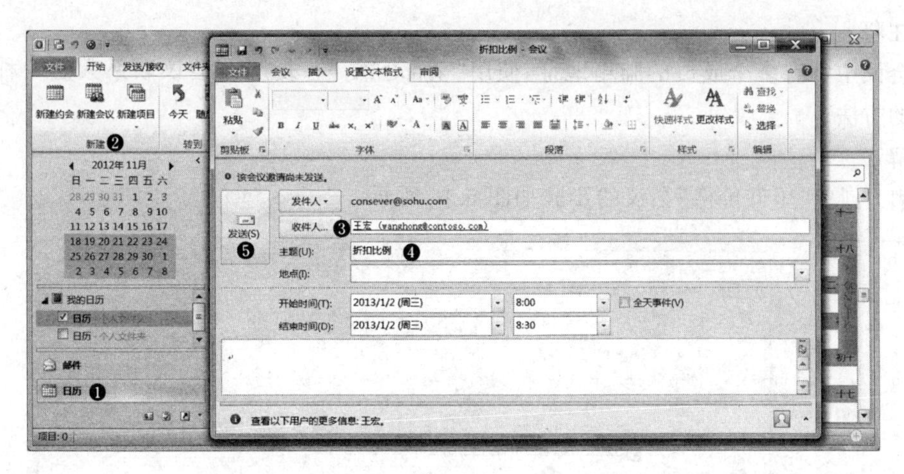

图 6-44

(2) 打印“折扣比例”会议的步骤如图 6-45 所示。

图 6-45

❶ 双击打开待办事项栏中的“折扣比例”会议。

❷ 选择“文件”选项卡。

❸ 在“打印”功能菜单中单击“备忘录”设置。

❹ 单击“打印”按钮,完成操作。

题目 22

试题内容

使用电子邮件的“全部答复”来“联系”名为“压低价格”的会议的与会者。在邮件正文中输入“请立即发送折扣最新消息”,然后发送邮件。

注释

会议中常有多个成员的邮箱地址，使用“全部答复”答复所有会议联系人是一种快捷方便的方法。

解法

(1) 创建“压低价格”会议的步骤如图 6-46 所示。

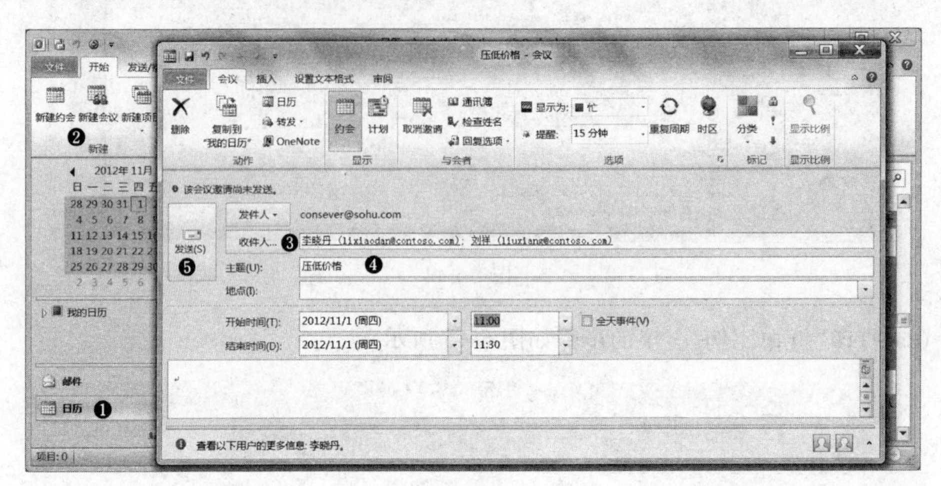

图 6-46

❶ 选择“日历”功能选项卡。

❷ 单击“新建”群组中的“新建会议”按钮。

❸ 在会议窗口中设置“李晓丹”和“刘祥”为收件人。

❹ 在“主题”栏输入“压低价格”。

❺ 单击“发送”按钮，完成操作。

(2) 全部答复的步骤如图 6-47 和图 6-48 所示。

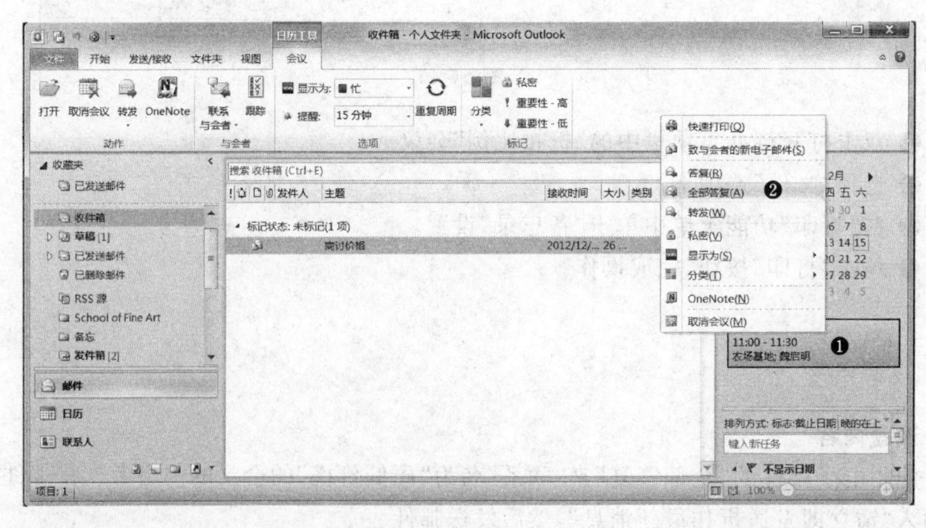

图 6-47

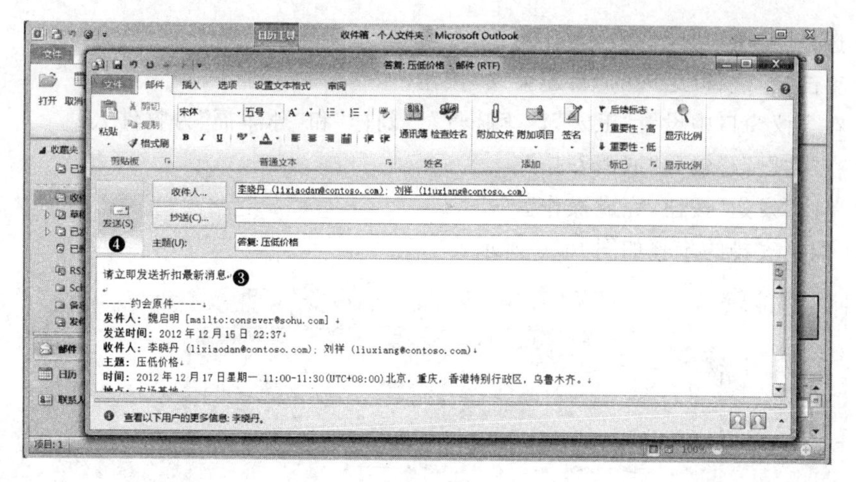

图 6-48

❶ 右击待办事项栏中的“压低价格”会议。

❷ 选择“全部答复”命令。

❸ 在邮件窗口中进行设置，在“正文”处输入“请立即发送折扣最新消息”。

❹ 单击“发送”按钮，完成操作。

题目 23

试题内容

取消名为“取消安排”的会议。在邮件正文输入“天气影响”，并发送取消通知。

注释

在已发送会议的情况下，遭遇突发情况不得不取消该事件时，可另发一封“取消会议”邮件通知该事件的取消。

解法

(1) 创建“取消安排”会议的步骤如图 6-49 所示。

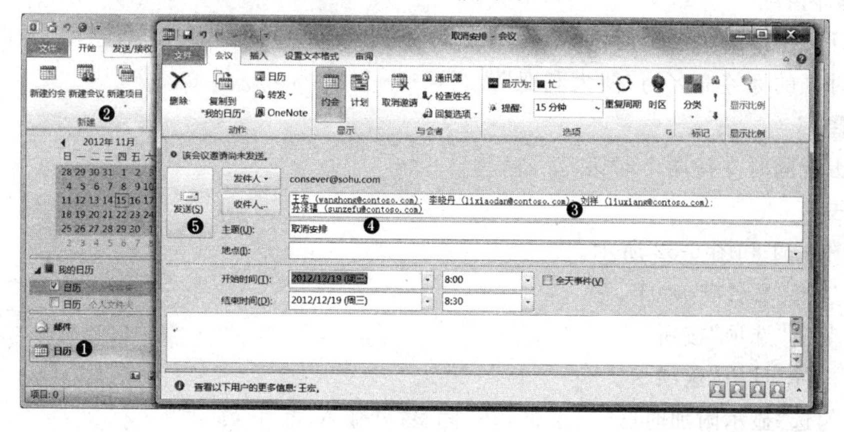

图 6-49

❶ 选择“日历”功能选项卡。

❷ 单击“新建”群组中的“新建会议”按钮。

❸ 在会议窗口中设置“王宏”、“李晓丹”、“刘祥”和“孙泽福”为收件人。

❹ 在“主题”栏输入“取消安排”。

❺ 单击“发送”按钮,完成操作。

(2) 取消安排的步骤如图 6-50 所示。

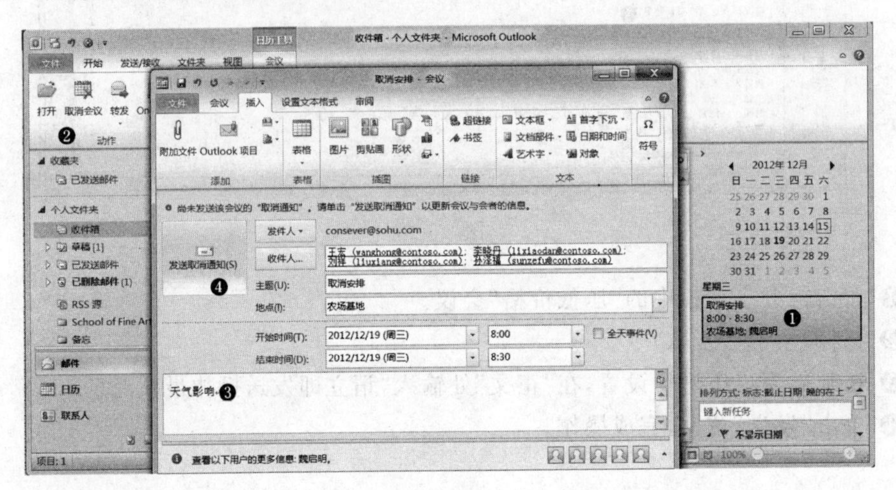

图 6-50

❶ 双击打开待办事项栏中的“取消安排”会议。

❷ 单击“动作”群组“取消会议”按钮。

❸ 在邮件窗口中进行设置,在“正文”处输入“天气影响”。

❹ 单击“发送取消通知”按钮,完成操作。

题目 24

试题内容

在日历中添加第二个时区,显示“(UCT+10:00)堪培拉,墨尔本,悉尼”的时间。将第二个时区的标签命名为“澳大利亚”。

注释

日历能同时支持两个时区。

解法

如图 6-51 和图 6-52 所示。

❶ 选择“文件”选项卡。

❷ 单击“选项”按钮。

❸ 选择“日历”选项卡。

❹ 勾选“显示附加时区”复选框,在“标签”处输入“悉尼”。

❺ 在“时区”下拉列表中选择“(UCT+10:00)堪培拉,墨尔本,悉尼”时区。

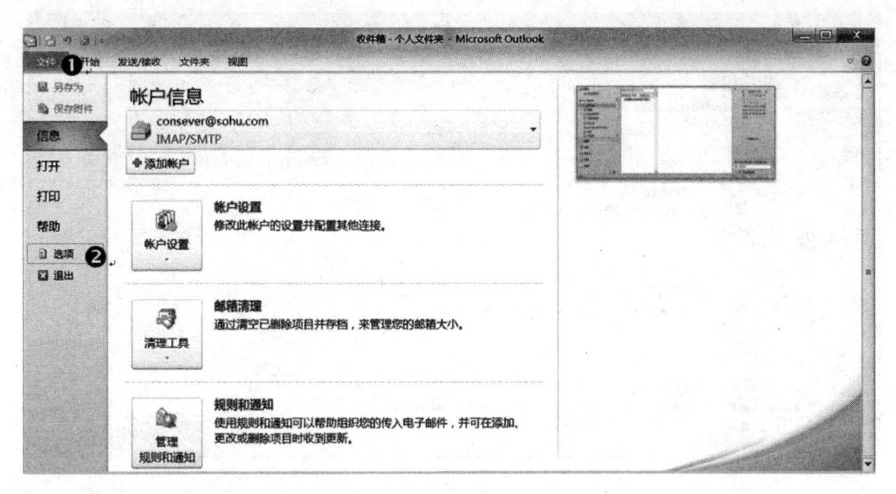

图 6-51

图 6-52

❻ 单击“确定”按钮，完成操作。

题目 25

试题内容

更改“日历”，将“工作时间”显示为 1:00AM(1:00)到 8:00AM(8:00)。

注释

根据用户的作息要求，调整“工作时间”的显示区间。

解法

如图 6-53 和图 6-54 所示。

❶ 选择“文件”选项卡。

❷ 单击“选项”按钮，弹出“Outlook 选项”对话框。

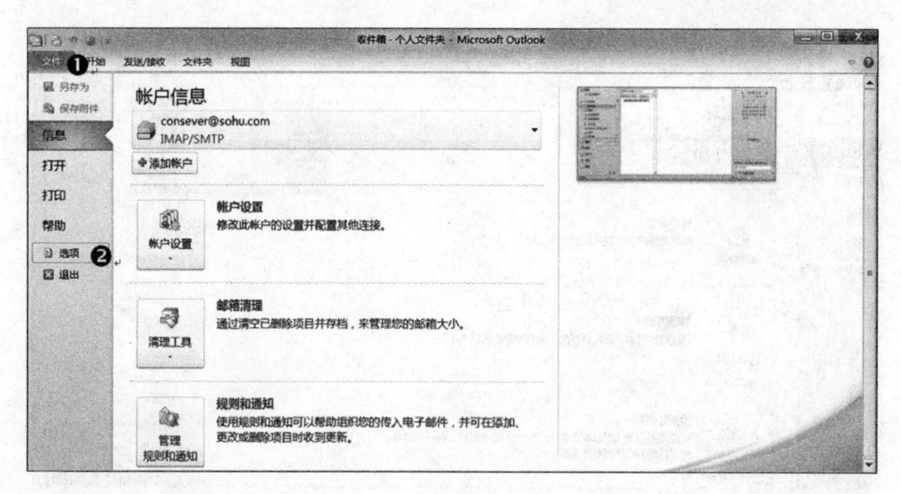

图　6-53

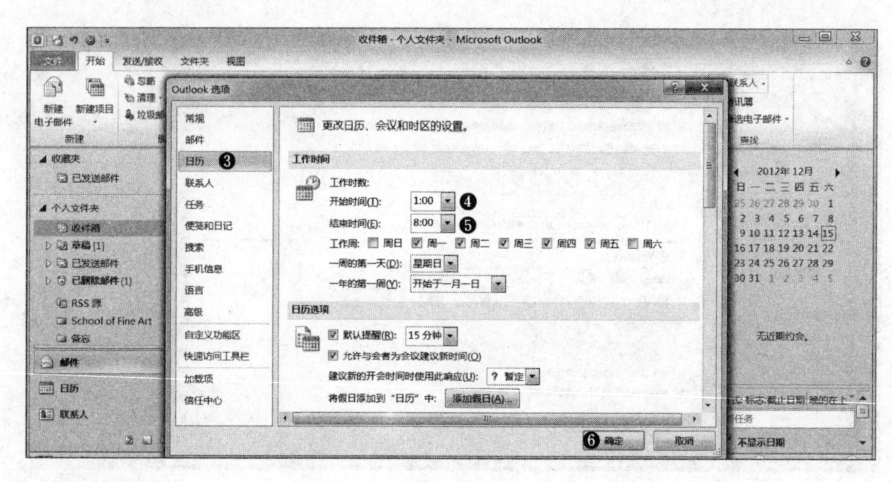

图　6-54

❸ 选择“日历”选项卡。

❹ 在“工作时间”窗格中，在“开始时间”下拉列表中选择“1:00”。

❺ 在“结束时间”下拉列表中选择“8:00”。

❻ 单击“确定”按钮，完成操作。

6.5　创建项目内容并设置其格式

题目 26

试题内容

将位于“图片”文件夹中的“\Outlook 素材\Chrysanthemum.jpg”作为图片，插入名为“库存较少”的邮件“草稿”。保存该草稿但不发送。

注释

在正文中插入图片。

解法

如图 6-55 和图 6-56 所示。

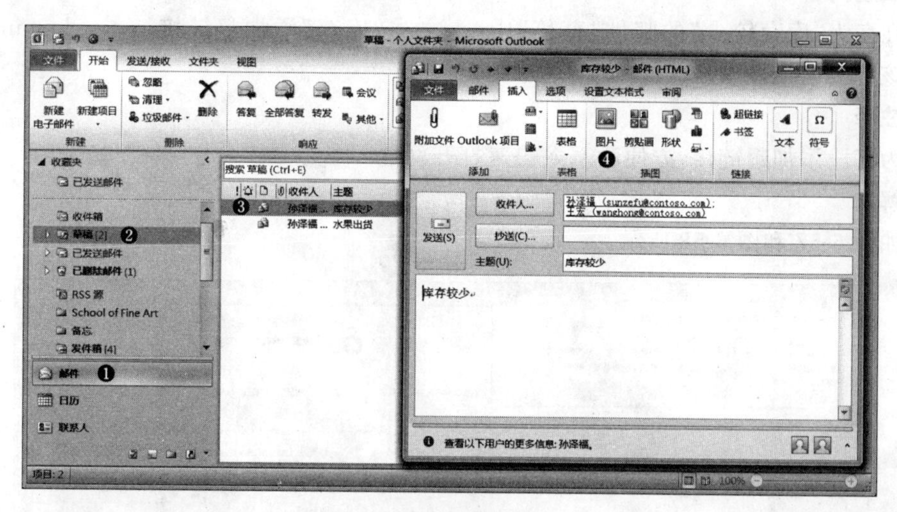

图 6-55

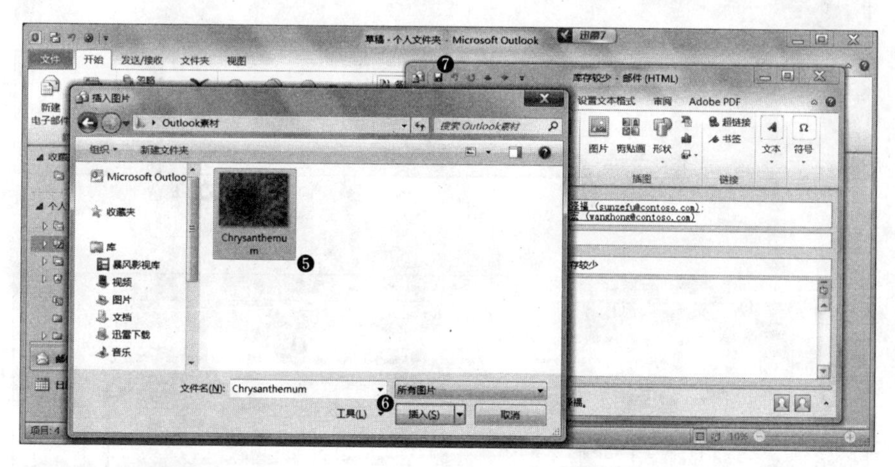

图 6-56

❶ 选择“邮件”功能选项卡。

❷ 选择“草稿”文件夹。

❸ 双击打开“库存较少”邮件。

❹ 单击“插图”群组中“图片”按钮。

❺ 在弹出的“插入图片”对话框中选择 Chrysanthemum.jpg 图片。

❻ 单击“插入”按钮。

❼ 单击“保存”按钮，完成操作。

题目 27

试题内容

在名为“库存较少”的邮件“草稿”中，为文本“库存”添加超链接 www. kucun. com。保存该草稿但不发送。

注释

为字段添加超链接，方便联系人快速打开网址。

解法

如图 6-57 和图 6-58 所示。

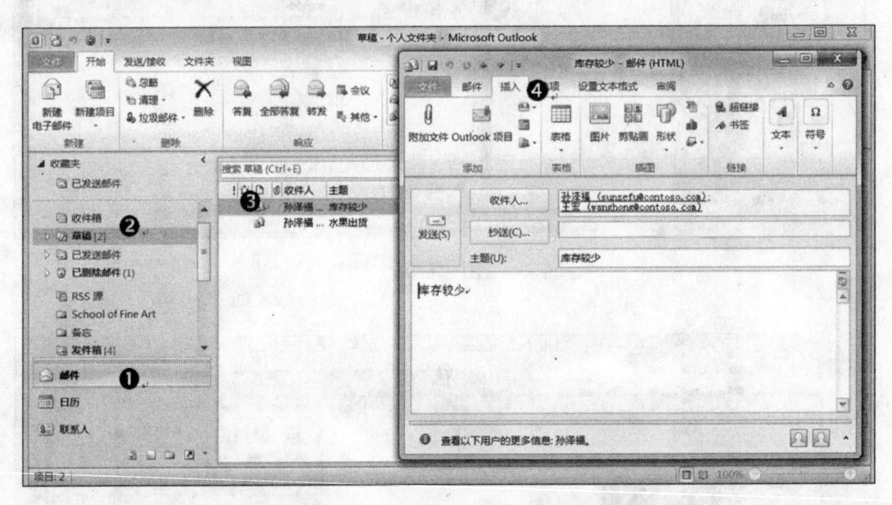

图 6-57

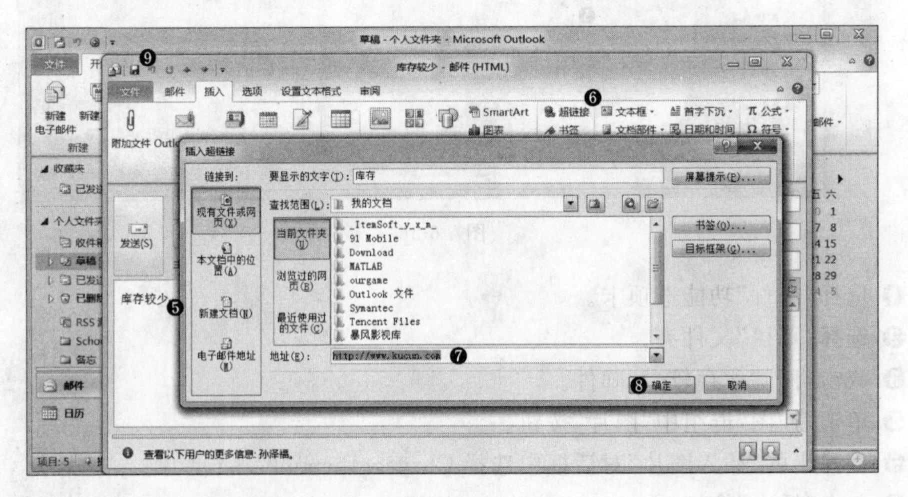

图 6-58

❶ 选择“邮件”功能选项卡。

❷ 选择“草稿”文件夹。
❸ 双击打开“库存较少”邮件。
❹ 在邮件窗口中进行设置,选择“插入”选项卡。
❺ 选择正文中“库存”字样。
❻ 单击“链接”群组的“超链接”按钮。
❼ 在“地址”栏输入地址 http://www.kucun.com。
❽ 单击“确定”按钮。
❾ 单击“保存”按钮,完成操作。

题目 28

试题内容

在名为“进货”的邮件“草稿”中,对正文文本的第二句应用“要点”样式。保存该草稿但不发送。

注释

更改正文内容字体样式。

解法

如图 6-59 所示。

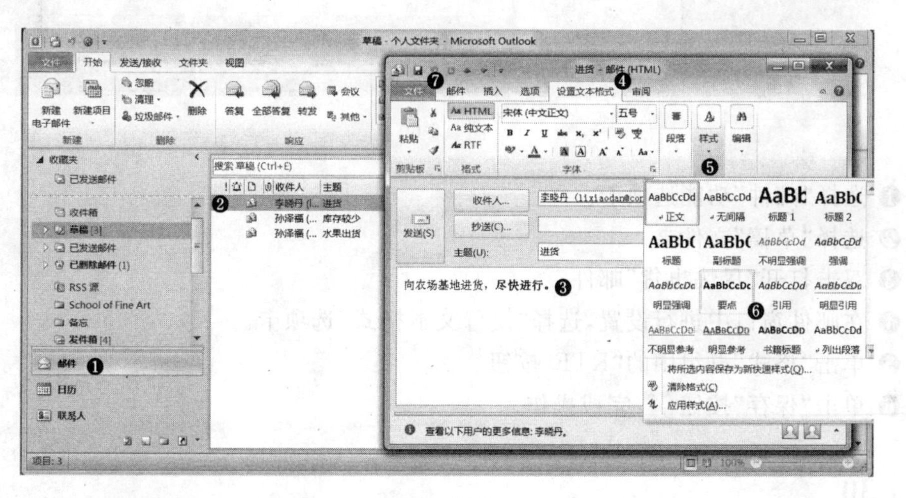

图 6-59

❶ 选择“邮件”功能选项卡。
❷ 双击打开“草稿”文件夹中“进货”邮件。
❸ 选择正文中的“尽快进行”字段。
❹ 在邮件窗口中进行设置,选择“设置文本格式”选项卡。
❺ 单击“样式”群组中“样式”按钮。
❻ 选择“要点”样式。
❼ 单击“保存”按钮,完成操作。

题目 29

试题内容

将名为“尽快出货”的邮件“草稿”更改为“RTF”。保存该草稿但不发送。

注释

更改撰写邮件格式。

解法

如图 6-60 所示。

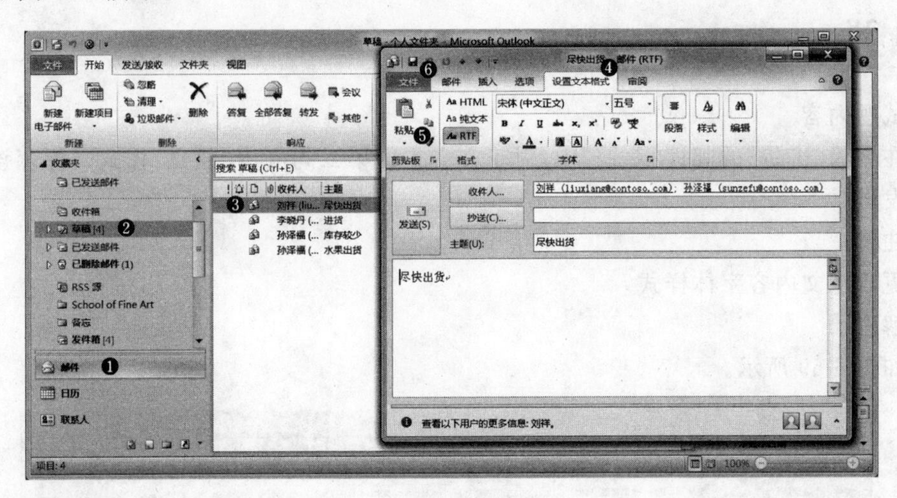

图 6-60

❶ 选择“邮件”功能选项卡。

❷ 选择“草稿”文件夹。

❸ 双击打开“尽快出货”邮件。

❹ 在邮件窗口中进行设置，选择“设置文本格式”选项卡。

❺ 单击“格式”群组中的“RTF”按钮。

❻ 单击“保存”按钮，完成操作。

题目 30

试题内容

向“王宏”发送一封新邮件，并将文件夹中的“\Outlook 素材\结果.docx”附加到该邮件。在“主题”字段输入“商讨结果”，并在邮件正文输入“请检查”。发送该邮件。

注释

在邮件中添加附件。

解法

如图 6-61 所示。

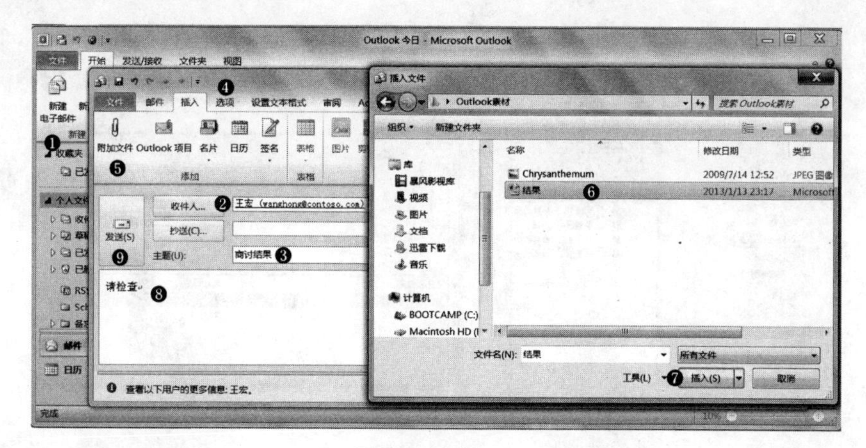

图 6-61

❶ 单击“新建”群组中的“新建电子邮件”按钮。

❷ 在邮件窗口中进行设置，添加“王宏（wanghong@contoso.com）”为收件人。

❸ 在“主题”栏输入“商讨结果”。

❹ 选择“插入”选项卡。

❺ 单击“添加”群组中的“附加文件”按钮。

❻ 选择“结果”文档。

❼ 单击“插入”按钮。

❽ 在正文中输入“请检查”。

❾ 单击“发送”按钮，完成操作。

题目 31

试题内容

将名为“安排出货”的任务附加到名为“货物清单”的邮件“草稿”。发送该邮件。

注释

在邮件中可添加“Outlook 项目”，如任务和会议等。

解法

如图 6-62 所示。

❶ 选择“邮件”功能选项卡。

❷ 选择“草稿”文件夹。

❸ 双击打开“货物清单”邮件。

❹ 在邮件窗口中进行设置，选择“插入”选项卡。

❺ 单击“添加”群组中的“Outlook 项目”按钮。

❻ 选择“任务”中的“安排项目”选项。

❼ 单击“确定”按钮。

❽ 单击“发送”按钮，完成操作。

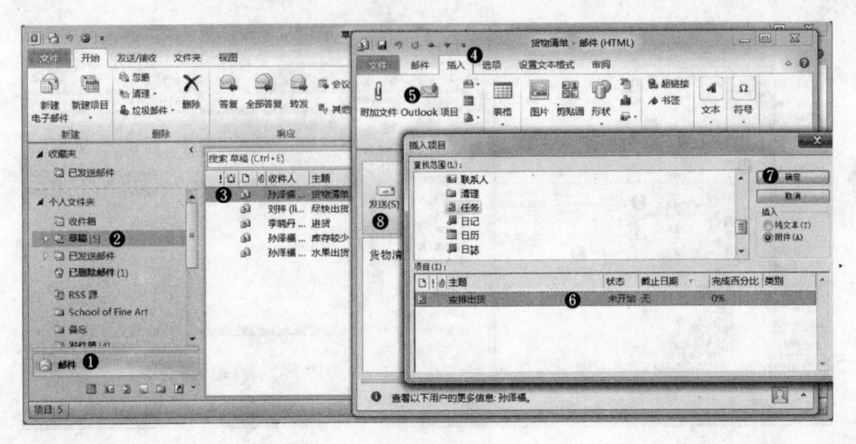

图 6-62

题目 32

试题内容

按照如下要求向“张鹏远”发送电子邮件：在“主题”行输入“价格”，在电子邮件正文中输入“在清单上”，将文本格式更改为“RTF”，然后发送该邮件。

注释

创建新电子邮件并发送。

解法

如图 6-63 所示。

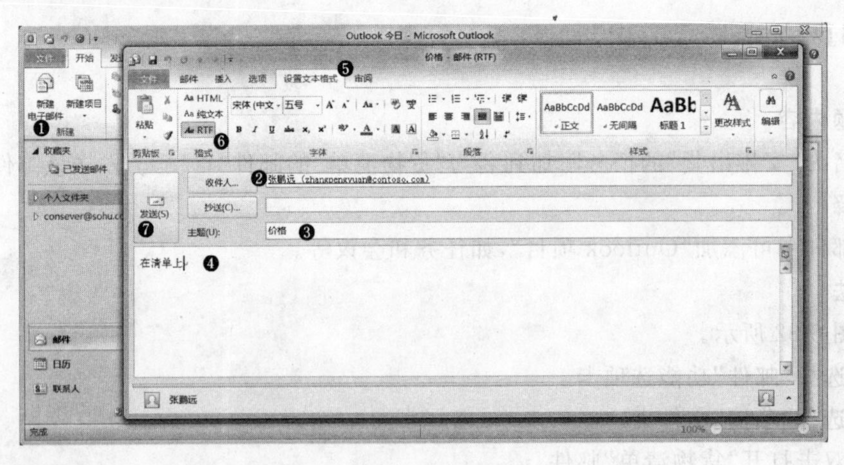

图 6-63

❶ 单击“新建”群组中的“新建电子邮件”按钮。

❷ 在邮件窗口中进行设置，添加“张鹏远(zhangpengyuan@contoso. com)”为收件人。

❸ 在“主题”栏输入“价格”。

❹ 在正文中输入“在清单上”。

❺ 选择“设置文本格式”选项卡。

❻ 单击“格式”群组中的“RTF”按钮。

❼ 单击“发送”按钮，完成操作。

题目 33

试题内容

更新名为“货物清单”的邮件“草稿”，将其发送至“王宏”、“赵德智”和“刘祥”。同时将该邮件以“密件抄送”的方式抄送给“孙泽福”，这样其他人无法看到抄送至“孙泽福”。发送该邮件。

注释

“收件人”中的联系人无法看见“密件抄送”中的联系人。

解法

如图 6-64 和图 6-65 所示。

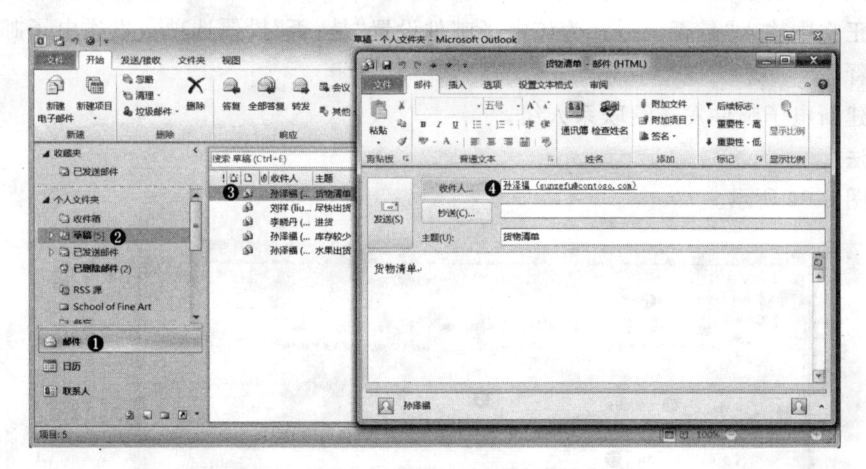

图 6-64

图 6-65

❶ 选择“邮件”功能选项卡。

❷ 选择“草稿”文件夹。

❸ 双击打开“货物清单”邮件。

❹ 在邮件窗口中进行设置，单击“收件人”按钮。

❺ 添加联系人“王宏”、“赵德智”和“刘祥”为收件人。

❻ 选择“孙泽福”联系人。

❼ 单击“密件抄送”按钮。

❽ 单击“确定”按钮。

❾ 单击“发送”按钮，完成操作。

题目 34

试题内容

按照如下要求向“农场分队”联系人组发送电子邮件：在“主题”行输入“预算”，在电子邮件正文中输入“是否合适？”为该电子邮件设置“是；否”投票选项。发送电子邮件。

注释

创建新电子邮件发送给联系人组。

解法

如图 6-66 所示。

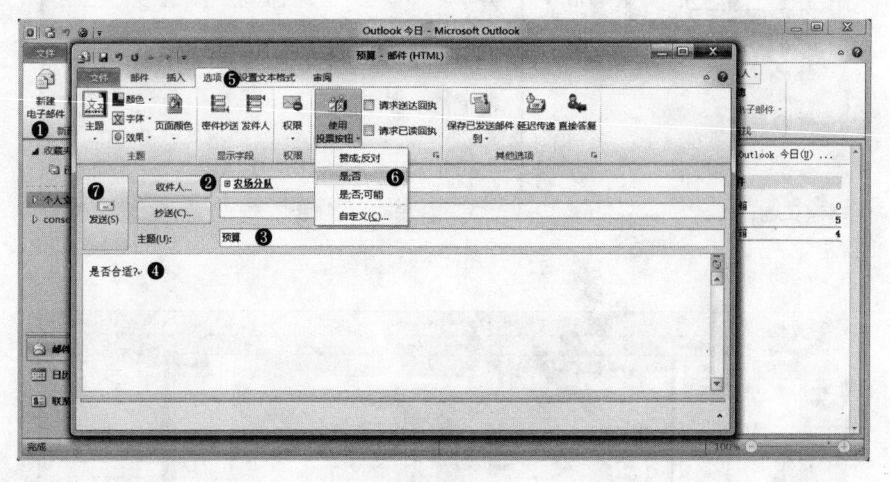

图 6-66

❶ 单击“新建”群组中的“新建电子邮件”按钮。

❷ 在邮件窗口中进行设置，添加“农场分队”联系人组为收件人。

❸ 在“主题”栏输入“预算”。

❹ 在正文中输入“是否合适？”。

❺ 选择“选项”选项卡。

❻ 单击“使用投票按钮”按钮，选择“是；否”选项。

❼ 单击“发送”按钮，完成操作。

6.6 使用任务、便笺和日记条目

题目 35

试题内容

创建便笺，内容为“发送通知”。关闭该便笺。

注释

便笺的功能相当于电子“百事贴”，灵活方便。

解法

如图 6-67 和图 6-68 所示。

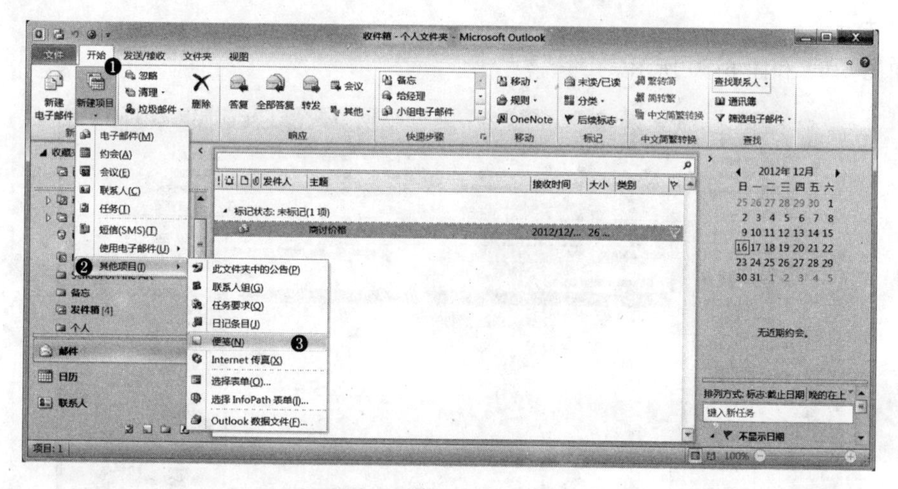

图 6-67

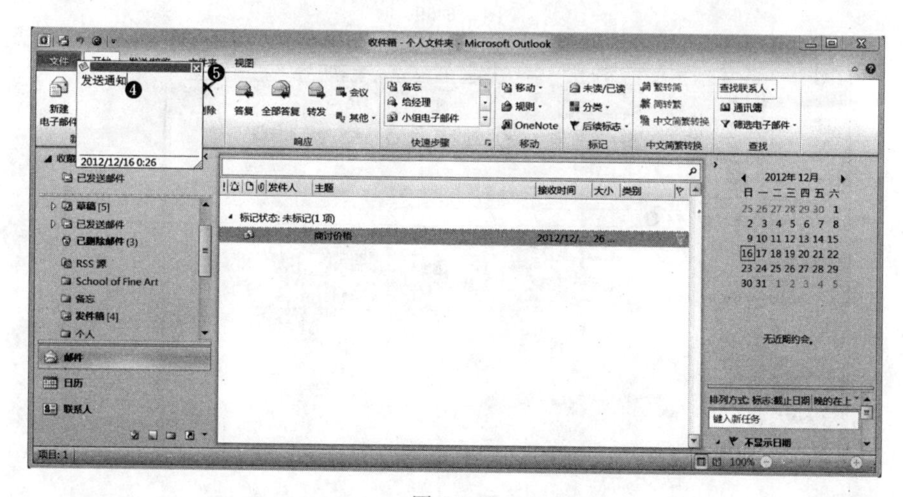

图 6-68

❶ 单击“新建”群组中的“新建项目”按钮。

❷ 选择“其他项目”命令。

❸ 选择“便笺”命令。

❹ 在便笺正文处输入“发送通知”。

❺ 关闭便笺，完成操作。

题目 36

试题内容

创建主题为“取货”的任务。将该任务标为“私密”，“优先级”设为“低”。保存并关闭该任务。

注释

创建新任务。

解法

如图 6-69 和图 6-70 所示。

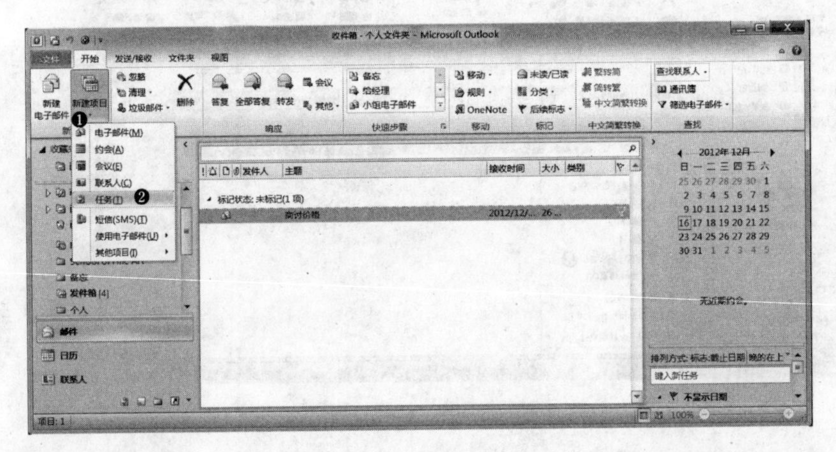

图 6-69

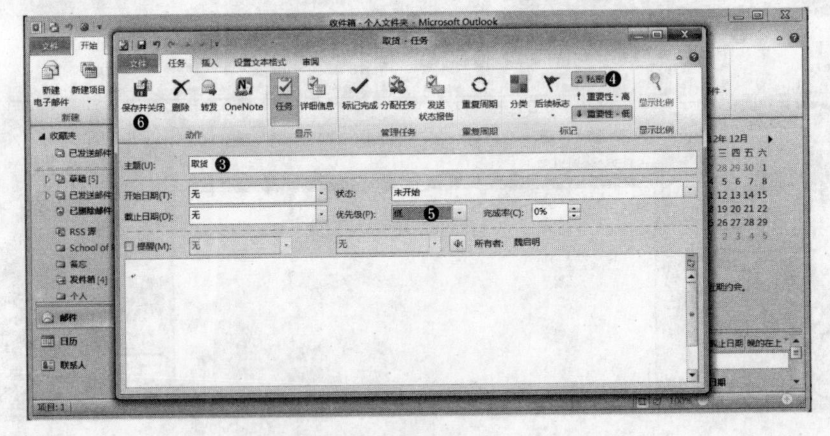

图 6-70

❶ 单击“新建”群组中的“新建项目”按钮。

❷ 选择“任务”命令。

❸ 在“任务”窗口中进行设置，在主题栏输入“取货”。

❹ 单击“标记”群组中的“私密”按钮。

❺ 在“优先级”下拉列表中选择“低”选项。

❻ 单击“动作”群组的“保存并关闭”按钮，完成操作。

题目 37

试题内容

按照以下要求创建类型为“电话呼叫”的“日记条目”。

单位：农场基地。

持续时间：15 分钟。

主题：安排。

注释

创建新的日记条目。

解法

如图 6-71 和图 6-72 所示。

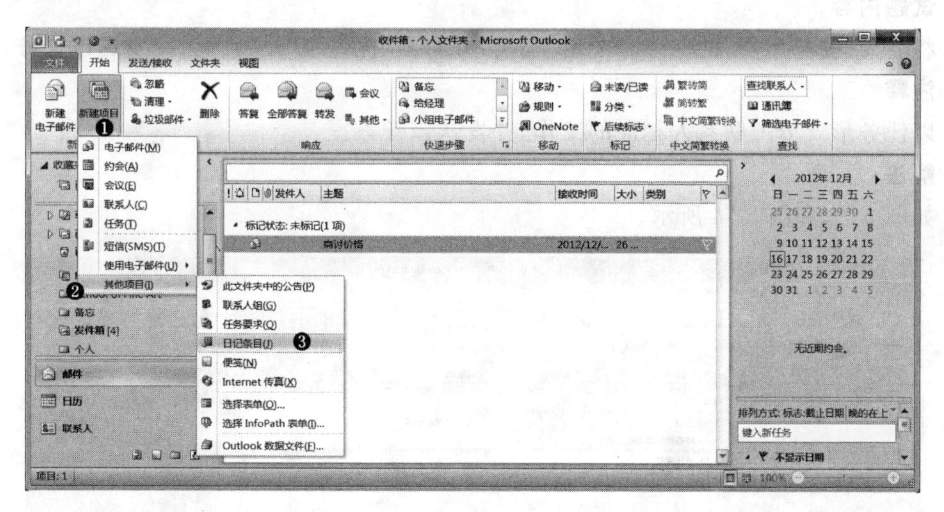

图 6-71

❶ 单击“新建”群组中的“新建项目”按钮。

❷ 选择“其他项目”命令。

❸ 选择“日记条目”命令。

❹ 在“日记条目”窗口中进行设置，在主题栏输入“安排”。

❺ 在“单位”栏输入“农场基地”。

❻ 在“持续时间”下拉列表中选择“15 分钟”。

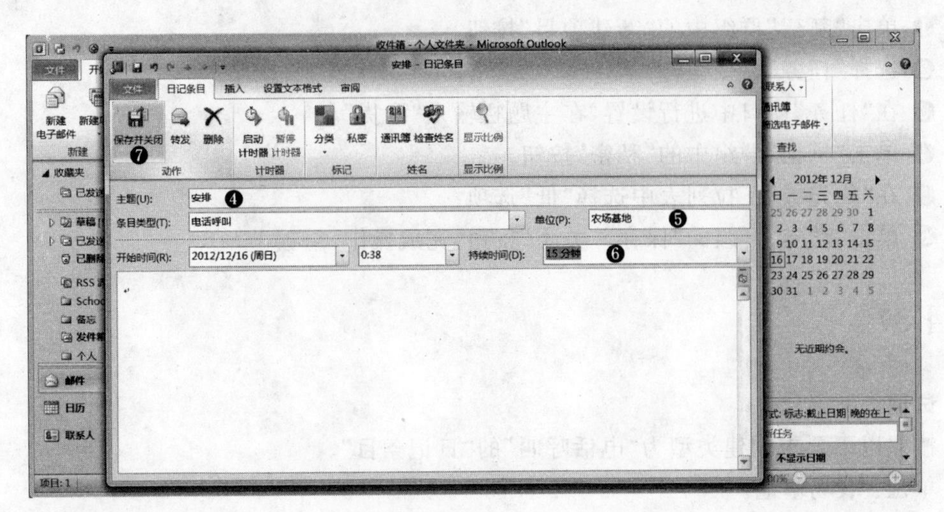

图　6-72

❼ 单击“动作”群组中的“保存并关闭”按钮，完成操作。

题目 38

试题内容

将名为“安排出货”的任务分配给“王宏”并将其“优先级”设为“高”。发送该任务。

注释

以任务形式分配联系人相应的工作，并发送该任务。

解法

如图 6-73 和图 6-74 所示。

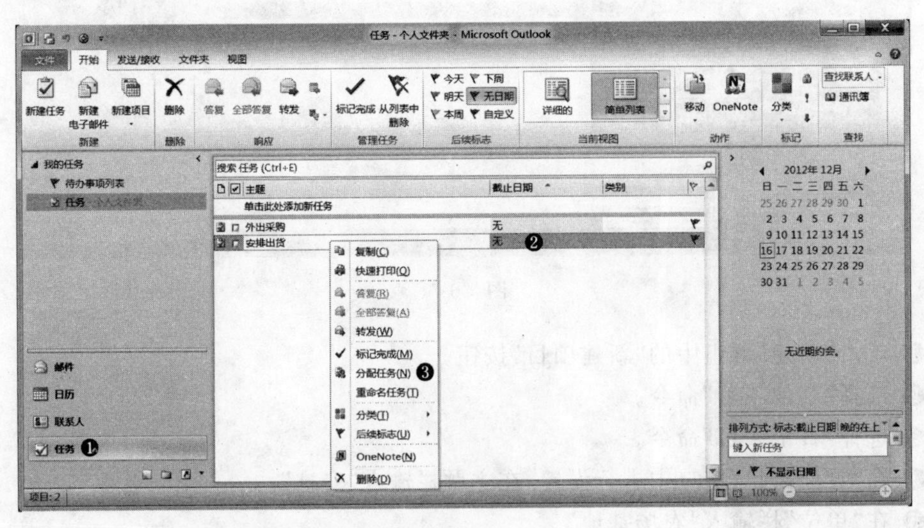

图　6-73

图　6-74

❶ 选择"任务"功能选项卡。

❷ 右击"安排出货"任务。

❸ 在弹出的快捷菜单中选择"分配任务"命令。

❹ 在"任务"窗口中进行设置,在"优先级"下拉列表中选择"高"选项。

❺ 单击"发送"按钮,完成操作。